Simulation elektronischer Schaltungen

Eine exemplarische und projektorientierte
Einführung in die Elektronik

von
Dieter Kaiser

Mit 105 Bildern, 84 Aufgaben mit Lösungen.
Mit CD-ROM.

R. Oldenbourg Verlag München Wien 1997

Die Deutsche Bibliothek - CIP-Einheitsaufnahme

Simulation elektronischer Schaltungen : eine exemplarische und
projektorientierte Einführung in die Elektronik / von Dieter Kaiser. -
München ; Wien : Oldenbourg
   ISBN 3-486-23875-2

Buch. 1997
   brosch.

CD-ROM. 1997

© 1997 R. Oldenbourg Verlag
Rosenheimer Straße 145, D-81671 München
Telefon: (089) 45051-0, Internet: http://www.oldenbourg.de

Lektorat: Elmar Krammer
Herstellung: Rainer Hartl
Umschlagkonzeption: Kraxenberger Kommunikationshaus, München
Gedruckt auf säure- und chlorfreiem Papier
Gesamtherstellung: R. Oldenbourg Graphische Betriebe GmbH, München

Vorwort

Die Elektronik hat durch die *Integrierten Schaltungen,* die *Digitaltechnik* und die *Schaltungssimulation* einen außerordentlichen Wandel erfahren, der sich in den Lehrplänen der Schulen niederschlägt. An den Fachschulen für Technik ist das einst umfangreiche Fach *Elektronik* zu einer *Einführung in die Elektronik* geschrumpft. Wichtige *Bauelemente, Grundschaltungen* und *Schaltungsprinzipien* stehen im Vordergrund. Spezialschaltungen werden nur noch als *black box* oder *Ersatzschaltung* behandelt und durch ihr *Eingangs- und Ausgangsverhalten* beschrieben. Diese Entwicklung berücksichtigt das vorliegende Buch. Es wendet sich an die Studierenden der Fachschulen für Technik und der Fachhochschulen, darüber hinaus an alle, die sich mit der Methode der Schaltungssimulation vertraut machen möchten.

Ziele. In diesem Buch sollen *Grundlagen der Elektronik* erarbeitet werden, auf denen der Leser aufbauen kann. Folgende Ziele werden angestrebt:

- wichtige elektronische Bauelemente beschreiben und anwenden
- elektronische Grundschaltungen beschreiben und dimensionieren
- Schaltungsprinzipien beschreiben und anwenden
- moderne Methoden der Schaltungsanalyse und Schaltungsentwicklung anwenden
- einfache elektronische Systeme beschreiben und analysieren

Methoden. In diesem Buch sorgt ein *Projekt* für einen roten Faden, der die elektronischen Bauelemente, die Grundschaltungen und die Schaltungprinzipien miteinander verbindet. Das Projekt beginnt als Blockschaltbild und wird Stufe für Stufe als Schaltung realisiert. Es ist so gewählt, daß die erarbeiteten Kenntnisse aufeinander aufbauen.

Entsprechend der Praxis werden die Bauelemente durch *Modelle* beschrieben und die Integrierten Schaltungen durch *Ersatzschaltungen.* Ergänzt werden diese Beschreibungen durch *Kenngrößen* und *Kennlinien.*

Alle Schaltungen des Buches werden mit dem *Simulationsprogramm* MICRO-CAP IV S (Studentenversion des professionellen Programms MICRO-CAP IV) eingeführt und analysiert. Die Schaltungen können auch mit der Demonstrations-Diskette von MICO-CAP V bearbeitet werden.

Nach der Schaltungsanalyse folgt die Dimensionierung der Schaltungen.

Inhalte. Folgende *Bauelemente der Elektronik* werden ausführlich behandelt:

- Gleichrichterdioden
- Z-Dioden
- Integrierte Spannungsregler als black box
- Heiß- und Kaltleiter
- Bipolare Transistoren
- Operationsverstärker als black box und Ersatzschaltung

Im Zusammenhang mit diesen Bauelementen lernen Sie folgende *Grundschaltungen* kennen:

- Gleichrichterschaltungen
- Stabilisierungsschaltungen
- Transistor-Schalter
- Schmitt-Trigger

Als wichtiges Schaltungsprinzip wird die *Rückkopplung* am Beispiel der Mitkopplung ausführlich behandelt.

Da Wärmeprobleme bei allen Halbleiter-Bauelementen eine große Rolle spielen, beginnt das Buch mit den *Wärme-Kenngrößen* der elektronischen Bauelemente.

Schaltungsdikette. Zum Buch gehört eine Diskette mit allen Schaltungen, die simuliert werden können. Die Schaltungen finden Sie in den Verzeichnissen DATAKA und DATAMC5. Nähere Informationen zu den den Verzeichnissen und den Simulationsprogrammen MICRO-CAP IV, MICRO-CAP IV S, MICRO-CAP V entnehmen Sie bitte der Datei LIESMICH.TXT, die Sie mit dem DOS-EDITOR EDIT.COM lesen können.

Danksagung. Das Abschlußsemester 1995/96 der Informationselektronik an der Staatlichen Technikerschule Weilburg hat den vorliegenden Text im Unterricht intensiv durchgearbeitet und zahlreiche Verbesserungen vorgeschlagen. Frau Inge Bietz, Gießen, hat als Fachfremde die Mühe auf sich genommen, den Text sprachlich zu korrigieren. Bei allen Beteiligten bedanke ich mich herzlich für die Verbesserungen und die wohlmeinende Kritik.

Weilburg, Oktober 1996   Dieter Kaiser

Inhalt

1 Wärme-Kenngrößen

Alle Halbleiter-Bauelemente ändern ihre Kennwerte mit der Temperatur. Schon bei einer Temperatur von 175°C werden viele Halbleiter-Bauelemente zerstört. Es ist daher wichtig, daß wir uns mit einigen Wärme-Kenngrößen vertraut machen. Aus diesem Grund wählen wir als Projekt einen *Wärmeschrank*, dessen Temperatur geregelt wird. Die Temperaturregelung wird uns später zu wichtigen Halbleiter-Bauelementen und Schaltungen führen.

1.1 Wärmeschrank mit Temperaturregelung

Für biologische Untersuchungen soll ein Wärmeschrank elektrisch beheizt werden. Die Temperatur soll eingestellt und geregelt werden. Das Bild 1.1 zeigt die Prinzipschaltung des Wärmeschranks.

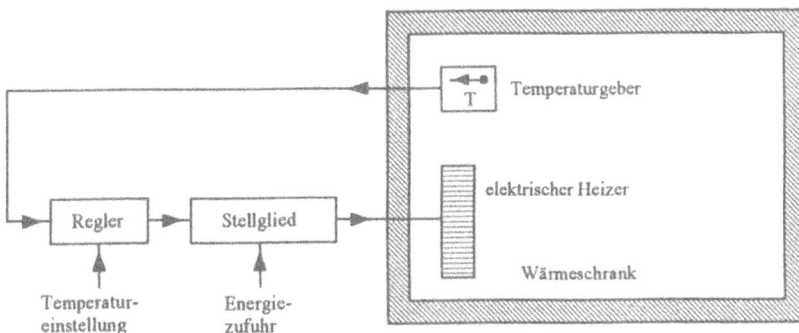

Bild 1.1: Prinzipschaltung des Wärmeschranks

Der Schrank wird ohne Heizung und Regelung geliefert. Unsere Aufgabe ist es, seine elektrische und elektronische Ausstattung zu realisieren. Wir wollen uns zunächst nur mit der Heizung des Schranks beschäftigen. Die Temperatureinstellung und -regelung behandeln wir in späteren Kapiteln.

Spezifizierung des Wärmeschranks:

Innentemperatur	25°C ... 75°C ± 1°C
Umgebungstemperatur	15°C ... 20°C
Innenabmessungen	20cm × 20cm × 20cm
Wandstärke	70mm
Wandisolierung	Polyuretan
Wärmewiderstand zwischen Innenwand und Umgebung	4,6K/W
Wärmezeitkonstante	150 min

Die vorstehenden Angaben enthalten folgende Wärmekenngrößen:

- Wärmewiderstand
- Wärmezeitkonstante

Wir werden uns in den nächsten Abschnitten umfassend mit Wärmekenngrößen beschäftigen. Zuvor jedoch klären wir in der folgenden Aufgabe noch eine wichtige Frage, die den Wärmeschrank betrifft.

Aufgabe 1.1

Aus den Angaben zum Wärmeschrank müssen wir eine Größe berechnen, die für die Realisierung der höchsten Innentemperatur benötigt wird. Welche Größe ist das? (Lösung am Ende des Kapitels 1)

Wir wenden uns jetzt den Wärmekenngrößen zu. Danach kehren wir zum Projekt zurück.

1.2 Wärmekapazität

Aus der Physik wissen Sie, daß *Wärme* eine Form der Energie ist, die sogenannte *thermische Energie*. Das Formelzeichen der Wärme ist W_{th} und die Einheit der Wärme ist 1 Joule = 1J = 1Ws. Wärme kann in Körpern gespeichert werden. Führt man einem Körper mit der Masse m die Wärme W_{th} zu, dann erhöht sich seine Temperatur um $\Delta\vartheta$. Gibt der Körper keine Wärme an seine Umgebung ab, dann gilt zwischen der zugeführten Wärme W_{th}, der Masse m und der Temperaturzunahme $\Delta\vartheta$ folgende Beziehung:

$$\boxed{W_{th} = c \bullet m \bullet \Delta\vartheta} \tag{1.1}$$

c *spezifische Wärmekapazität*

$$[c] = \frac{kJ}{kg \bullet K}, \qquad K \ Kelvin, Einheit \ der \ Kelvin-Temperatur$$

Dividieren wir die Gleichung (1.1) durch $\Delta\vartheta$, dann erhalten wir die Wärmekapazität

$$\boxed{C_{th} = \frac{W_{th}}{\Delta\vartheta} = c \bullet m}$$ (1.2)

$$[C_{th}] = \frac{J}{K}$$

> Die Wärmekapazität ist gleich derjenigen Wärme, die ein Körper je 1K Temperaturerhöhung speichern kann.

Die Wärmekapazität beeinflußt die Geschwindigkeit, mit der sich ein Körper abkühlt oder erwärmt.

> Je größer die Wärmekapazität eines Körpers ist, desto langsamer erwärmt er sich und desto langsamer kühlt er ab.

Aufgabe 1.2

Ein Aluminium-Kühlkörper hat eine Masse von 89,3g. Um seine Wärmekapazität zu messen, wird er gegenüber seiner Umgebung wärmeisoliert. Dem Kühlkörper wird 5min lang eine Wärmeleistung P_{th} = 10W zugeführt. Während dieser Zeit gibt er praktisch keine Wärme an die Isolation ab. Durch die zugeführte Wärme erhöht sich seine Temperatur um 37,5°C.

Wie groß sind die Wärmekapazität und die spezifische Wärmekapazität des Kühlkörpers?

1.3 Wärmewiderstand und Wärmeleitwert

Eine weitere Wärme-Kenngröße, die einen Körper kennzeichnet, ist der *Wärmewiderstand*. Der Wärmewiderstand bestimmt maßgeblich die Temperaturzunahme eines Körpers, dem Wärme zugeführt wird, und der gleichzeitig Wärme an die Umgebung abgibt. Bevor wir jedoch den Wärmewiderstand näher betrachten können, müssen wir die Begriffe *Wärmegleichgewicht* und *Umgebungstemperatur* klären.

Wärmegleichgewicht. Führt man dem ohmschen Widerstand im Bild 1.2 *elektrische Leistung* zu, so wandelt er diese vollständig in *Wärmeleistung* um. Dadurch steigt die Temperatur ϑ_B des Bauelementes zunächst einmal über die Temperatur ϑ_U der Umgebung an. Wenn $\vartheta_B > \vartheta_U$ ist, dann führt das Bauelement auch Wärmeleistung an die Umgebung ab.

Die Bauelementtemperatur ϑ_B steigt so lange, bis die abgeführte Wärmeleistung gleich der zugeführten Wärmeleistung ist. Dieser Zustand wird als Wärmegleichgewicht bezeichnet. Allgemein gilt:

> Im Wärmegleichgewicht ist die elektrische Wirkleistung, die einem Bauelement zugeführt wird, genauso groß wie die Wärmeleistung, die das Bauelement an die Umgebung abgibt.

Umgebungstemperatur. Wir betrachten jetzt ein erwärmtes Bauelement, das von Luft umgeben ist. Im Wärmegleichgewicht hat das Bauelement die Celsius-Temperatur ϑ_B. Mißt man die Temperatur der Luft in verschiedenen Entfernungen vom Bauelement, dann erhält man das Diagramm Bild 1.2. Unmittelbar an der Oberfläche des Bauelementes ist die Lufttemperatur gleich ϑ_B. Sie sinkt mit zunehmender Entfernung, bis die konstante Umgebungstemperatur ϑ_U erreicht ist.

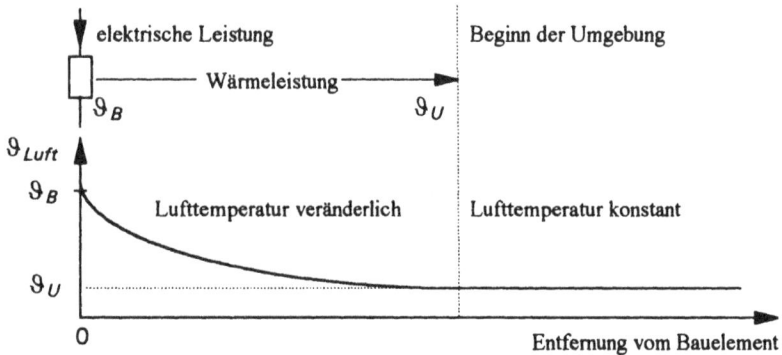

Bild 1.2: Temperaturverlauf in der Umgebung eines erwärmten Bauelementes

Aus dem Bild 1.2 gewinnen wir folgende Definition für die Umgebungstemperatur:

> Die Umgebungstemperatur eines Bauelementes wird in demjenigen Entfernungsbereich vom Bauelement gemessen, in dem die Temperatur konstant ist.

Wärmewiderstand. Hat sich das Wärmegleichgewicht eines Bauelementes eingestellt, dann besteht zwischen dem Temperaturunterschied $\vartheta_B - \vartheta_U$ und der zugeführten Wirkleistung P ein proportionaler Zusammenhang:

$$\vartheta_B - \vartheta_U \sim P \tag{1.3}$$

Fügen wir in diese Proportion den Proportionalitätsfaktor R_{thU} ein, so erhalten wir

$$\vartheta_B - \vartheta_U = R_{thU} \bullet P \qquad (1.4)$$

R_{thU} nennt man *Wärmewiderstand zwischen Bauelement und Umgebung.* Da ϑ_B, ϑ_U und P gemessen werden können, läßt sich der Wärmewiderstand mit der Gleichung (1.4) berechnen:

$$\boxed{R_{thU} = \frac{\vartheta_B - \vartheta_U}{P}} \qquad (1.5)$$

$$[R_{thU}] = \frac{K}{W}$$

Wenn wir die Gleichung (1.4) betrachten, dann erkennen wir:

> Der Wärmewiderstand R_{thU} eines Bauelementes ist um so größer, je größer die Differenz *Bauelementtemperatur - Umgebungstemperatur* ist.

Aufgabe 1.3

Einem Heißleiter (NTC-Widerstand) mit einem Wärmewiderstand R_{thU} = 0,1K/mW wird eine elektrische Wirkleistung von 0,5W zugeführt.

Wie groß ist die Celsius-Temperatur des Heißleiters im Wärmegleichgewicht, wenn die Umgebungstemperatur a) 25°C, b) 55°C beträgt?

Die vorstehende Aufgabe zeigt:

> Ändert sich die Umgebungstemperatur um einen bestimmten Wert, dann ändert sich die Bauelementtemperatur um denselben Wert.

Genaue Untersuchungen des Wärmewiderstandes ergaben:

> Der Wärmewiderstand eines Bauelementes hängt von seiner *Oberfläche*, *Farbe* und *Lage* ab.
> - Je größer die Oberfläche ist, desto kleiner ist der Wärmewiderstand.
> - Schwarze Oberflächen haben einen kleineren Wärmewiderstand als helle Oberflächen.
> - Der Wärmewiderstand eines Kühlbleches ist am kleinsten, wenn es senkrecht steht.

Wärmewiderstände einer Gleichrichterdiode. Viele Bauelemente haben mehrere Wärmewiderstände. Zum Beispiel werden bei Transistoren und Dioden zwei Wärmewiderstände angegeben. Das Bild 1.3 zeigt die beiden Wärmewiderstände R_{thU} und R_{thG} der Gleichrichterdiode:

- R_{thU} ist der Wärmewiderstand zwischen Sperrschicht und Umgebung bzw. zwischen Sperrschichttemperatur ϑ_j (junction temperature) und Umgebungstemperatur ϑ_U.
- R_{thG} ist der Wärmewiderstand zwischen Sperrschicht und Gehäuse bzw. zwischen Sperrschichttemperatur ϑ_j und Gehäusetemperatur ϑ_G.

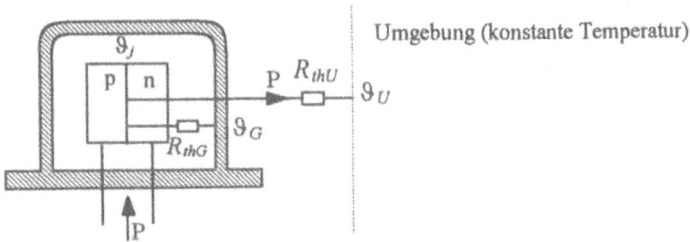

Bild 1.3: Wärmewiderstände einer Gleichrichterdiode und Wärmeabfuhr an die Umgebung

Für die Wärmeberechnug von Dioden sind folgende Punkte wichtig:

- Der Wärmewiderstand R_{thG} ist ein Teil des Wärmewiderstandes R_{thU} und stets wesentlich kleiner als R_{thU}.
- R_{thU} wird benötigt, wenn die Diode ohne Kühlkörper betrieben wird.
- R_{thG} wird benötigt, wenn die Diode auf einem Kühlkörper montiert ist.

Wärmeberechnung einer Gleichrichterdiode ohne Kühlkörper. Im Bild 1.3 wird der pn-Übergang (Sperrschicht) durch die elektrische Leistung P aufgeheizt. Für die Wärmeberechnung wird nur der Wärmewiderstand R_{thU} benötigt, da die Diode nicht auf einem Kühlkörper montiert ist. Die elektrische Leistung P wird von der Diode vollständig in Wärmeleistung umgesetzt. Dadurch nimmt die Sperrschichttemperatur ϑ_j solange zu, bis das Wärmegleichgewicht erreicht ist. Der pn-Übergang führt die Wärmeleistung P über den Wärmewiderstand R_{thU} an die Umgebung ab. Die Sperrschichttemperatur darf einen Maximalwert ϑ_{jmax} nicht überschreiten, weil sonst die Diode zerstört wird.

Aufgabe 1.4

Die Gleichrichter-Diode im Bild 1.3 hat folgende Kennwerte:

R_{thG} = 0,2 K/mW
R_{thU} = 500 K/W
ϑ_{jmax} = 175°C

Der Diode wird die Wirkleistung P = 0,3 W zugeführt.

a) Wie groß ist die maximal zulässige Umgebungstemperatur $\vartheta_{U max}$?

b) Wie groß ist die Gehäusetemperatur ϑ_G bei $\vartheta_j = \vartheta_{j max}$?

Wärmeberechnung einer Gleichrichterdiode mit Kühlkörper. Im Bild 1.4 ist eine Gleichrichterdiode auf einem Kühlkörper montiert, um die Wärmeabfuhr zu verbessern.

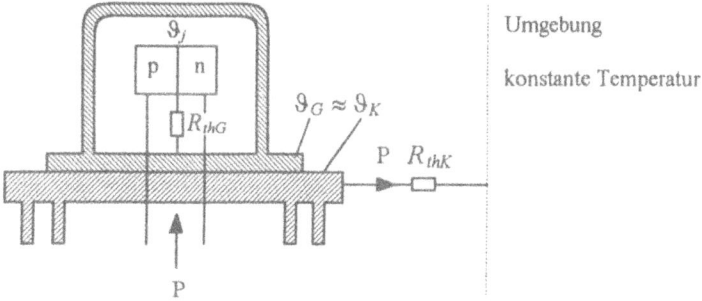

Bild 1.4: Wärmeabfuhr einer Diode mit Kühlkörper an die Umgebung

Die in Wärmeleistung umgewandelte elektrische Leistung P wird in diesem Fall über den Wärmewiderstand R_{thG} des Gehäuses (gemessen zwischen ϑ_j und ϑ_G) und den Wärmewiderstand R_{thK} des Kühlkörpers (gemessen zwischen ϑ_G und ϑ_U) an die Umgebung abgeführt. Dem entspricht ein Wärmewiderstand R_{thges} zwischen Sperrschicht und Umgebung, der sich wie folgt berechnet:

$$R_{thges} = \frac{\vartheta_j - \vartheta_U}{P} = \frac{\vartheta_j - \vartheta_K}{P} + \frac{\vartheta_K - \vartheta_U}{P} = R_{thG} + R_{thK} \qquad (1.6)$$

Wird ein Kühlkörper verwendet, dann ist der gesamte Wärmewiderstand R_{thges} kleiner als der Wärmewiderstand R_{thU}. Bei der Wärmeberechnung wird in diesem Fall der Wärmewiderstand R_{thU} der Diode nicht berücksichtigt.

Aufgabe 1.5

Die Gleichrichterdiode im Bild 1.4 hat folgende Kennwerte:

$R_{thG} = 0,2 \, K/mW$

$R_{thU} = 500 \, K/W$

$\vartheta_{j max} = 175°C$

Die Diode ist auf einem Kühlkörper mit $R_{thK} = 50 \, K/W$ montiert. Sie nimmt eine Verlustleistung $P = 0,3 \, W$ auf.

Wie groß ist die maximal zulässige Umgebungstemperatur $\vartheta_{U max}$?

Manchmal liegt zwischen dem Gehäuse und dem Kühlkörper noch eine Glimmerisolierung mit dem Wärmewiderstand R_{thI}, der bei der Berechnung des gesamten Wärmewiderstandes R_{thges} berücksichtigt werden muß.

Wärmeleitwert. Anstelle des Wärmewiderstandes R_{thU} wird auch der Kehrwert verwendet, den man als _Wärmeleitwert zwischen Bauelement und Umgebung_ bezeichnet

$$\boxed{G_{thU} = \frac{1}{R_{thU}} = \frac{P}{\vartheta_B - \vartheta_U}}$$ (1.7)

$$[G_{thU}] = \frac{W}{K}$$

1.4 Thermische Zeitkonstante

Abkühlung eines Bauelementes. Heizt man ein Bauelement elektrisch auf und unterbricht dann die Wärmezufuhr, dann kühlt sich das Bauelement langsam auf die Umgebungstemperatur ab. Den zeitlichen Verlauf der Abkühlung zeigt Bild 1.5.

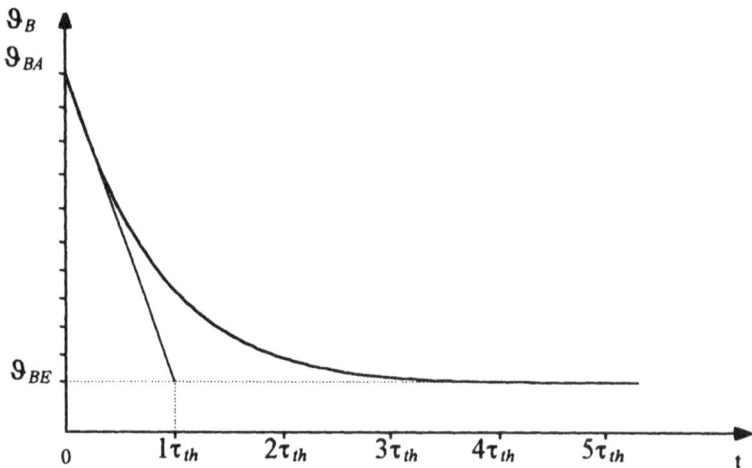

Bild 1.5: Abkühlung eines Bauelementes

Im Bild 1.5 ist ϑ_{BA} die Anfangstemperatur des Bauelementes und ϑ_{BE} seine Endtemperatur. ϑ_{BE} ist gleich der Umgebungstemperatur ϑ_U. Die Abkühlungskurve folgt einer e-Funktion.

Thermische Zeitkonstante und Abkühlzeit. Im Bild 1.5 ist die Zeit t als Vielfaches der thermischen Zeitkonstante τ_{th} dargestellt.

> Die thermische Zeitkonstante ist diejenige Zeit, in der die Temperatur des Bauelementes um 63% der Differenz *Anfangstemperatur - Endtemperatur* abfällt.

Die thermische Zeitkonstante hängt vom Wärmewiderstand R_{th} und der Wärmekapazität C_{th} des Bauelementes ab:

$$\boxed{\tau_{th} = R_{th} \bullet C_{th}} \tag{1.8}$$

Theoretisch dauert die Abkühlung unendlich lange, praktisch jedoch rechnet man mit einer Abkühlzeit

$$\boxed{t_{abk} = 5 \bullet \tau_{th}} \tag{1.9}$$

Aufgabe 1.6

Ein Heißleiter hat eine Wärmekapazität C_{th} = 180mJ/K und einen Wärmeleitwert G_{th} = 8mW/K. Ihm wird bei der Umgebungstemperatur $\vartheta_U = 21°C$ eine Wirkleistung P = 100mW zugeführt. Nachdem das Wärmegleichgewicht erreicht ist, wird die Wärmezufuhr unterbrochen.

a) Nach welcher Zeit ist die Abkühlung praktisch beendet?
b) Wie groß ist die Temperatur des Heißleiters nach τ_{th}?

Erwärmung eines Bauelementes. Auch die Erwärmung eines Bauelementes erfolgt nach einer e-Funktion. Die Temperatur des Bauelementes steigt dann von der Anfangstemperatur ϑ_{BA}, die gleich der Umgebungstemperatur ϑ_U ist, auf die Endtemperatur ϑ_{BE}. Für die e-Funktion der Erwärmung gilt ebenfalls die nach Gleichung (1.8) berechnete Zeitkonstante τ_{th}. Theoretisch dauert die Erwärmung unendlich lange, praktisch jedoch rechnet man mit einer Erwärmungszeit

$$\boxed{t_{erw} = 5 \bullet \tau_{th}} \tag{1.10}$$

Wärme-Ersatzschaltbild. Die Abkühlkurve eines Bauelementes hat den gleichen Verlauf wie die Entladungskurve eines Kondensators. Auch die Erwärmungskurve und die Ladekurve eines Kondensators entsprechen einander. Man kann daher die Wärmeverhältnisse eines Bauelementes durch ein Ersatzschaltbild beschreiben, das den Wärmewiderstand R_{hU} und die Wärmekapazität C_{thB} des Bauelementes enthält. Das Wärme-Ersatzschaltbild eines einfachen Bauelementes zeigt Bild 1.6.

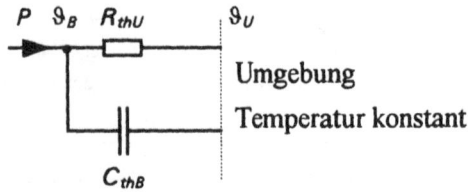

Bild 1.6: Wärme-Ersatzschaltbild eines Bauelementes

Für die Abkühlungskurve gilt:

$$\vartheta_B = P \bullet R_{thU} \bullet e^{-\frac{t}{\tau_{th}}} + \vartheta_U$$ (1.11)

Für die Erwärmungskurve gilt:

$$\vartheta_B = P \bullet R_{thU} \bullet \left(1 - e^{-\frac{t}{\tau_{th}}}\right) + \vartheta_U$$ (1.12)

1.5 Widerstands-Temperaturkoeffizient

Aus den elektrischen Grundlagen ist Ihnen bekannt, daß alle Widerstände ihren Wert mit der Temperatur ändern. Diese Temperaturabhängigkeit ist bei einigen elektronischen Bauelementen (Heißleiter, Kaltleiter) besonders stark ausgeprägt. Man kennzeichnet die Temperaturabhängigkeit eines Widerstandes durch einen Temperaturkoeffizienten.

Ändert sich die Temperatur eines Widerstandes um $\Delta\vartheta$, dann ändert sich sein Widerstand R um ΔR. Der Temperaturkoeffizient TK_R des Widerstandes ist wie folgt

$$TK_R = \frac{\Delta R / \Delta\vartheta}{R} = \frac{\Delta R}{R \bullet \Delta\vartheta}$$ (1.13)

$$[TK_R] = \frac{\Omega/K}{\Omega} = \frac{1}{K}$$

Im allgemeinen ändert sich der Temperaturkoeffizient TK_R mit der Temperatur. Die Bezugstemperatur ist meistens 25°C. Es gibt Materialien, bei denen $TK_R > 0$ ist und Materialien, bei denen $TK_R < 0$ ist. Kupfer hat bei 25°C einen Temperaturkoeffizienten $TK_R = 0,0039/K$.

Bei temperaturabhängigen Widerständen kennzeichnet man den Widerstandswert bei der Bezugstemperatur 25°C mit dem Formelzeichen R_{25}.

Aufgabe 1.7

Ein Heißleiter mit den Kenngrößen $R_{25} = 10\Omega$, $TK_R = -0,05$ 1/K ändert seinen Wert im Temperaturbereich 25°C...28°C praktisch linear. Wie groß ist sein Widerstand bei 28°C?

1.6 Eigenschaften von Widerständen

In der Praxis werden *Kohleschicht-Widerstände, Metallschicht-Widerstände, Edelmetallschicht-Widerstände* und *Drahtwiderstände* verwendet. Im Bild 1.7 finden Sie die Temperatur-Koeffizienten und einige andere wichtige Eigenschaften dieser Bauelemente.

Kohleschicht-Widerstände, Belastbarkeit 1W nach DIN 44051

Länge	6,9mm
Durchmesser	2,4mm
Widerstandswerte	10 Ohm ... 1,5MOhm
Normreihen	E24
Wärmewiderstand	115K/W
Oberflächentemperatur	-55°C ... 125°C
Temperatur-Koeffizien	$(-250 ... -600)\cdot10^{-6}$ 1/K

Sehr hohe Betriebszuverlässigkeit (220000h, 10^{-8} ... 10^{-9} Ausfälle/h, hohe Langzeit-Konstanz.

Metallschicht-Widerstände, Belastbarkeit 1,1W bei Bauform B 54 321-B4

Länge	6,8mm
Durchmesser	2,4mm
Widerstandswerte	4,7Ohm ... 1,5MOhm
Normreihen	E24, E96, E192
Wärmewiderstand	120K/W
Oberflächentemperatur	-65°C ... 175°C
Temperatur-Koeffizient	$(\pm25 ... \pm100)\cdot10^{-6}$ 1/K

Sehr hohe Betriebszuverlässigkeit (220000h, 10^{-8} ...10^{-9} Ausfälle/h, sehr hohe Langzeit-Konstanz.

Bild 1.7: Eigenschaften von Widerständen (Fortsetzung nächste Seite)

Edelmetallschicht-Widerstände

Widerstandswerte	extrem niedrig
Oberflächentemperatur	-65°C ... 155°C
Temperatur-Koeffizient	200 ... 350)•10^{-6} 1/K

Sehr hohe Betriebszuverlässigkeit, hohe Langzeit-Konstanz, extrem feuchtebeständig.

Drahtwiderstände

Belastbarkeit	0,25W ... 200W
Oberflächentemperatur	unkritisch
Temperatur-Koeffizient	CrNi: <250•10^{-6} 1/K
	Konstantan: <100•10^{-6} 1/K

Drahtwiderstände haben eine verhältnismäßig große Induktivität

Bild 1.7: Eigenschaften von Widerständen (Fortsetzung der vorherigen Seite)

Aufgabe 1.8

100Ω-Widerstände gibt es z.B. für folgende Leistungen: 50mW, 125mW, 250mW, 0,5W, 1W, 2W.

Wodurch unterscheiden sich die 100Ω-Widerstände voneinander?

1.7 Heizleistung des Wärmeschranks

Wir sind jetzt in der Lage, die Heizleistung des Wärmeschranks zu berechnen. Den Spezifikationen des Wärmeschranks im Abschnitt 1.1 entnehmen wir:

Innentemperatur	25°C ... 75°C ± 1°C
Umgebungstemperatur	15°C ... 20°C
Wärmewiderstand zwischen Innenwand und Umgebung	4,6K/W
Wärmezeitkonstante	150 min

Aufgabe 1.9

a) Wie groß muß die Heizleistung P_H des Wärmeschranks mindestens sein?
b) Wie groß ist die Wärmekapazität C_{thS} des Wärmeschranks?

c) Wie lange dauert es, bis der Wärmeschrank aufgeheizt ist, wenn mit der unter a) berechneten Leistung P_H geheizt wird?

Der vorstehenden Aufgabe entnehmen wir, daß bei einer Heizleistung von 13,04W die Erwärmung von 15°C auf 75°C über 12h dauert. Diese Zeit ist in der Praxis natürlich nicht tragbar. Wenn wir die Innentemperatur von 75°C schneller erreichen wollen, dann müssen wir die Heizleistung vergrößern. Auch aus der Sicht der Regelungstechnik ist die Heizleistung zu klein, denn sie führt zu einem schlechten Regelungsverhalten. Die Erfahrung zeigt:

Eine günstige Regelung ergibt sich, wenn die Heizleistung so groß gewählt wird, daß die Erwärmung etwa $0,7\tau_{th}$ dauert.

Im Bild 1.8 ist die Erwärmung des Wärmeschranks für zwei verschiedene Heizleistungen gezeigt.

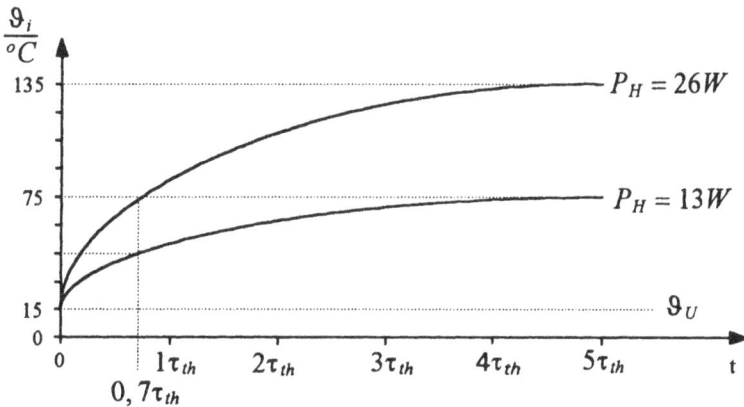

Bild 1.8: Erwärmung des Wärmeschranks bei 13W und 26W Heizleistung

Das Bild 1.8 gibt uns die Möglichkeit, die erforderliche Heizleistung abzuschätzen. Wir entnehmen dem Diagramm: Bei 26W Heizleistung wird die Solltemperatur 75°C bei $0,7 \cdot \tau_{th}$ erreicht. Die zugehörige Aufheizdauer ist:

$t_{aufheiz} = 0,7 \cdot \tau_{th} = 0,7 \cdot 150\,\text{min} = \underline{105\,\text{min}}$

Diese Aufheizeizdauer ist für die Praxis immer noch zu groß. Um sowohl eine kleine Aufheizdauer als auch ein günstiges Regelungsverhalten zu erreichen, muß man die Heizleistung aufteilen:

- Mit einer großen Heizleistung (z.B. 100W) wird die Innentemperatur des Wärmeschranks in kurzer Zeit in die Nähe des Sollwertes gefahren und dann abgeschaltet.
- Anschließend wird mit einer kleinen Heizleistung (z.B. 26W) die Innentemperatur geregelt.

Da wir keine perfekte Lösung anstreben, begnügen wir uns mit einer einzigen Heizleistung. Wir wählen die Heizleistung $P_H \approx 26W$. Außerdem legen wir fest, daß die Heizleistung dem Netz 230V, 50Hz entnommen wird.

Für die Realisierung der Heizung stehen mehrere Möglichkeiten offen, z.B.

- eine Glühlampe 25W/230V,
- ein Drahtwiderstand $\geq 26W$,
- mehrere Widerstände mit je 1W (siehe Bild 1.7).

Wir entscheiden uns für die letzte Lösung, da man mit mehreren Widerständen eine raumsparende, flächendeckende Heizung aufbauen kann.

Aufgabe 1.10

Für die Heizung des Wärmeschranks sollen die 1W-Metallschicht-Widerstände aus Bild 1.7 verwendet werden. Die Heizleistung ist $P_H \approx 26W$, die Innentemperatur beträgt $\vartheta_i = 75°C$, die Heizspannung ist $U_{Heff} = 230V$.

a) Wieviele Widerstände sind erforderlich?

   Hinweis: Beim Aufheizen des Wärmeschranks ist die Temperatur der Widerstände größer als die Schranktemperatur ϑ_i. Die Schranktemperatur ist dann zugleich die Umgebungstemperatur der Heizwiderstände. Unter keinen Umständen darf die maximal zulässige Temperatur der Widerstände überschritten werden.

b) Die Widerstände sollen in Reihe geschaltet werden. Wie groß ist der Widerstandswert eines einzelnen Reihenwiderstandes?

Wir regeln die Schranktemperatur, indem wir die Heizleistung ein- und ausschalten. Im Hinblick auf die große Heizspannung von 230V wählen wir als Schalter ein *Relais*. Das Relais hat folgende Werte:

Gleichstromwiderstand = 270 Ohm
Anzugsstrom   = 20 mA

Das Relais werden wir später mit einem bipolaren Transistor schalten. Damit ergibt sich die Schaltung Bild 1.9. Der Transistor, der das Relais steuert, ist ein Teil der Regelschaltung.

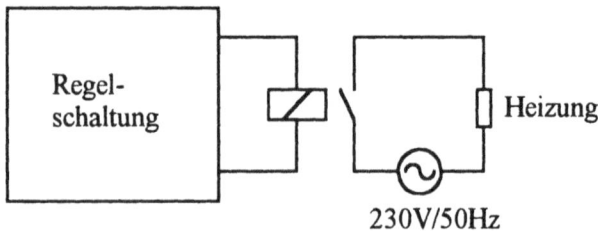

Bild 1.9: Heizung des Wärmeschranks

Schaltungswerte. Wir haben jetzt die Heizung des Wärmeschranks entworfen und fassen zusammen:

- Der Wärmeschrank wird mit 24W geheizt.
- Die Heizleistung wird dem 230V/50Hz Netz entnommen.
- Als Heizung werden 32 Metallschichtwiderstände mit je 1W verwendet, die in Reihe geschaltet werden. Jeder Reihenwiderstand hat 68Ω. Der gesamte Heizwiderstand R_H beträgt 2176Ω.
- Das Relais, das den Heizwiderstand schaltet, hat folgende Werte:

    Gleichstromwiderstand = 270Ω
    Anzugsstrom   = 20 mA

Als nächstes wenden wir uns dem Temperaturgeber, der Messung des Temperatur-Istwertes und der Einstellung des Temperatur-Sollwertes zu.

1.8 Übungsaufgaben zum Kapitel 1

Aufgabe 1.11

Zwei gleiche Transistoren sind auf einem gemeinsamen Kühlkörper montiert. Jeder Transistor ist durch eine Glimmerscheibe gegen den Kühlkörper elektrisch isoliert. Beiden Transistoren wird die gleiche Verlustleistung P_V zugeführt. Das Wärme-Ersatzschaltbild zeigt Bild 1.10. In der Abbildung ist

R_{thG} = 50K/W	Wärmewiderstand zwischen Sperrschicht und Gehäuse
R_{thI} = 3K/W	Wärmewiderstand der Glimmerscheibe
R_{thK} = 30K/W	Wärmewiderstand des Kühlkörpers
ϑ_U = 55°C	Temperatur der Umgebung
ϑ_K = 115°C	Temperatur des Kühlkörpers
ϑ_{G1}	Temperatur des ersten Transistorgehäuses
ϑ_{G2}	Temperatur des zweiten Transistorgehäuses
ϑ_{j1}	Sperrschicht-Temperatur des ersten Transistors
ϑ_{j2}	Sperrschicht-Temperatur des zweiten Transistors

Wie groß sind ϑ_{G1}, ϑ_{G2}, ϑ_{j1} und ϑ_{j2}?

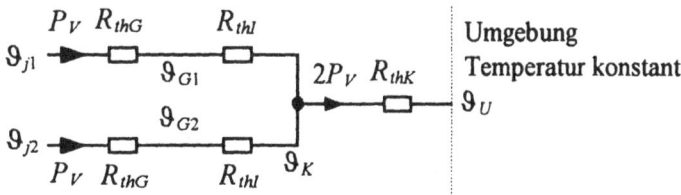

Bild 1.10: Wärme-Ersatzschaltbild zur Aufgabe 1.11

Aufgabe 1.12

Der Wärmeschrank Bild 1.1 wird bei einer Umgebungstemperatur ϑ_U = 20°C auf die Innentemperatur ϑ_j = 35°C mit P_H = 24W aufgeheizt. Der Wärmewiderstand des Schrankes ist R_{thU} = 4,6K/W und seine thermische Zeitkonstante ist τ_{th} = 150min.

Berechnen Sie mit der Gleichung (1.12) die Aufheizdauer $t_{aufheiz}$.

1.9 Lösungen zu den Aufgaben im Kapitel 1

Aufgabe 1.1

Es wird die Heizleistung für die höchste Innentemperatur benötigt.

Aufgabe 1.2

Aus P und t kann man die zugeführte Wärme W_{th} berechnen:

$$W_{th} = P \bullet t = 10W \bullet 300s = 3000J$$

Die Wärmekapazität des Kühlkörpers ist

$$C_{th} = \frac{W_{th}}{\Delta\vartheta} = \frac{3000J}{37,5K} = 80\frac{J}{K}$$

Aus C_{th} und der Masse m kann die spezifische Wärmekapazität berechnet werden:

$$c = \frac{C_{th}}{m} = \frac{80J/K}{89,3g} = 0,896\frac{J}{K\bullet g}$$

Aufgabe 1.3

Aus der Gleichung (1.5) erhalten wir

$$\vartheta_B = P \bullet R_{thU} + \vartheta_U$$

Mit dieser Gleichung finden wir:

a) $\vartheta_B = 0,5W \bullet \dfrac{0,1K}{mW} + 25°C = \underline{75°C}$

b) $\vartheta_B = 0,5W \bullet \dfrac{0,1K}{mW} + 55°C = \underline{105°C}$

Aufgabe 1.4

a) $\vartheta_{U max}$ kann mit Hilfe von R_{thU} berechnet werden:

$$R_{thU} = \frac{\vartheta_{j max} - \vartheta_{U max}}{P} \quad \Rightarrow$$

$$\vartheta_{U max} = \vartheta_{j max} - P \bullet R_{thU} = 175°C - 0,3W \bullet 500K/W = \underline{25°C}$$

b) Die Leistung P wird über den Wärmewiderstand R_{thG} von der Sperr-schicht an das Gehäuse abgeführt.

$$R_{thG} = \frac{\vartheta_{j\,max} - \vartheta_G}{P} \quad \Rightarrow$$

$$\vartheta_G = \vartheta_{j\,max} - P \bullet R_{thG} = 175°C - 300mW \bullet 0,2\frac{K}{mW} = \underline{115°C}$$

Aufgabe 1.5

Der gesamte Wärmewiderstand zwischen Sperrschicht und Umgebung be-steht aus R_{thG} und R_{thK}:

$R_{thges} = R_{thG} + R_{thK} = 200K/W + 50K/W = 250K/W$

$\vartheta_{U\,max} = \vartheta_{j\,max} - P \bullet R_{thges} = 175°C - 0,3W \bullet 250K/W = \underline{100°C}$

Aufgabe 1.6

a) $R_{th} = \dfrac{1}{G_{th}} = \dfrac{1}{8mW/K} = 125\dfrac{K}{W}$

$\tau_{th} = R_{th} \bullet C_{th} = 125\dfrac{K}{W} \bullet 0,18\dfrac{W \bullet s}{K} = 22,5s$

$t_{abk} = 5 \bullet \tau_{th} = 5 \bullet 22,5s = \underline{112,5s}$

b) Im Wärmegleichgewicht ist die Temperatur des Heißleiters

$$\vartheta_{BA} = \vartheta_U + P \bullet R_{th} = 21°C + 0,1W \bullet 125\frac{K}{W} = 33,5°C$$

Unterbricht man die Wärmezufuhr, dann kühlt sich der Heißleiter in der Zeit τ_{th} = 22,5s auf folgende Temperatur ab:

$$\vartheta_B(t = \tau) = \vartheta_{BA} - 0,63 \bullet (\vartheta_{BA} - \vartheta_U) = 33,5°C - 0,63 \bullet (33,5°C - 21°C)$$

$$\vartheta_B(t = \tau) = \underline{25,63°C}$$

Aufgabe 1.7

Da die Widerstandsänderung von 25°C...28°C linear verläuft, können wir die Gleichung (1.13) benutzen. Sie ergibt:

$$\Delta R = TK_R \bullet R_{25} \bullet \Delta\vartheta = -5 \bullet 10^{-2}\frac{1}{K} \bullet 10\Omega \bullet (28°C - 25°C) = -1,5\Omega$$

Bei 28°C ist also der Widerstand

$R_{28} = R_{25} + \Delta R = 10\Omega + (-1,5\Omega) = \underline{8,5\Omega}$

Aufgabe 1.8

Je größer die zulässige Leistung eines 100Ω-Widerstandes ist, desto größer ist seine Oberfläche.

Aufgabe 1.9

a) Die Heizleistung P_H muß für den ungünstigsten Fall berechnet werden. Dieser Fall liegt vor, wenn die Umgebungstemperatur $\vartheta_U = 15°C$ und die Innentemperatur $\vartheta_i = 75°C$ ist. Damit ergibt sich:

$$P_H = \frac{\vartheta_i - \vartheta_U}{R_{thU}} = \frac{75°C - 15°C}{4,6\frac{K}{W}} = \underline{13,04W}$$

b) Die Wärmekapazität des Schrankes ist

$$C_{thS} = \frac{\tau_{th}}{R_{thU}} = \frac{150 \bullet 60s}{4,6\frac{K}{W}} = 1957\frac{Ws}{K}$$

c) Die Erwärmung von 15°C auf 75°C erfordert bei einer Heizleistung von 13,04W die Erwärmungszeit

$$t_{erw} = 5 \bullet \tau_{th} = 5 \bullet 150\,min = \underline{12,5h}$$

Aufgabe 1.10

a) Das Bild 1.7 liefert folgende Kennwerte der Metallschicht-Widerstände:

R_{thU} = 120K/W

ϑ_{Wmax} = 175°C

Die maximal zulässige Leistung P_{Wmax} eines Widerstandes berechnen wir aus seiner maximal zulässigen Temperatur ϑ_{Wmax} und der größten Innentemperatur $\vartheta_i = 75°C$ des Wärmeschranks.

$$P_{Wmax} = \frac{\vartheta_{Wmax} - \vartheta_i}{R_{thU}} = \frac{175°C - 75°C}{120\frac{K}{W}} = 0,833W$$

Aus der Heizleistung $P_H = 26W$ und aus P_{Wmax} finden wir die Anzahl n der Widerstände:

$$n = \frac{P_H}{P_{Wmax}} = \frac{26W}{0,833W} = 31,2$$

gewählt $\underline{n = 32}$

b) Der gesamte Heizungswiderstand ist

$$R_H = \frac{U_{Heff}^2}{P_H} = \frac{230^2 V^2}{26W} = 2035\Omega$$

Somit ist der Widerstandswert eines Reihenwiderstandes

$$R_R = \frac{R_H}{n} = \frac{2035\Omega}{32} = 63,6\Omega$$

Wir wählen den nächsten Normwert der E12-Reihe: $R_R = \underline{68\Omega}$

Der gesamte Heizungswiderstand und die Heizleistung sind dann

$$R_H = n \bullet R_R = 32 \bullet 68\Omega = \underline{2176\Omega}$$

$$P_H = \frac{U_{Heff}^2}{P_H} = \frac{230^2 V^2}{2176\Omega} = 24,3W$$

Aufgabe 1.11

Durch den Wärmewiderstand R_{thK} wird die Wärmeleistung $2P_v$ an die Umgebung abgeführt. Es ist

$$2 \bullet P_v = \frac{\vartheta_K - \vartheta_U}{R_K} = \frac{115^\circ C - 55^\circ C}{30 \frac{K}{W}} = 2W \quad \Rightarrow$$

$$P_V = 1W$$

Da bei beiden Transistoren die Wärmewiderstände zwischen Sperrschicht und Kühlkörper gleich sind, gilt:

$$\vartheta_{G1} = \vartheta_{G2} = P_V \bullet R_{thI} + \vartheta_K = 1W \bullet 3\frac{K}{W} + 115^\circ C = \underline{118^\circ C}$$

$$\vartheta_{j1} = \vartheta_{j2} = P_V \bullet (R_{thG} + R_{thI}) + \vartheta_K = 1W \bullet (50\frac{K}{W} + 3\frac{K}{W}) + 115^\circ C = \underline{168^\circ C}$$

Aufgabe 1.12

Die Gleichung (1.12) lautet mit den Bezeichnungen des Wärmeschranks:

$$\vartheta_i = P_H \bullet R_{thU} \bullet \left(1 - e^{-\frac{t_{aufheiz}}{\tau_{th}}} \right) + \vartheta_U \quad \Rightarrow$$

$$t_{aufheiz} = -\tau_{th} \bullet \ln(1 - \frac{\vartheta_i - \vartheta_U}{P_H \bullet R_{thU}}) = -150\,\text{min} \bullet \ln(1 - \frac{35^\circ C - 20^\circ C}{24W \bullet 4.6\frac{K}{W}})$$

$$t_{aufheiz} = \underline{21,9\,\text{min}}$$

2 Temperaturabhängige Widerstände

In diesem Kapitel beschäftigen wir uns mit dem *Temperaturgeber* des Wärmeschranks und seiner *Temperatur-Vergleichsschaltung*. Temperaturgeber werden mit *temperaturabhängigen Widerständen* aufgebaut, die aus *Halbleitern* gefertigt werden. Man unterscheidet bei diesen Widerständen *Heißleiter* und *Kaltleiter*.

Der Widerstand eines Heißleiters nimmt mit steigender Temperatur ab.
Der Widerstand eines Kaltleiters nimmt mit steigender Temperatur zu.

Bevor wir uns diesen beiden Bauelementen zuwenden, betrachten wir die Temperatur-Vergleichsschaltung unseres Wärmeschranks näher.

2.1 Temperatur-Vergleichsschaltung

Die Temperatur-Vergleichsschaltung benötigt einen *Temperaturgeber*. Wir wählen dafür einen Heißleiter. Das Bild 2.1 zeigt rechts den Wärmeschrank mit dem Heißleiter R_1 und dem Heizwiderstand.

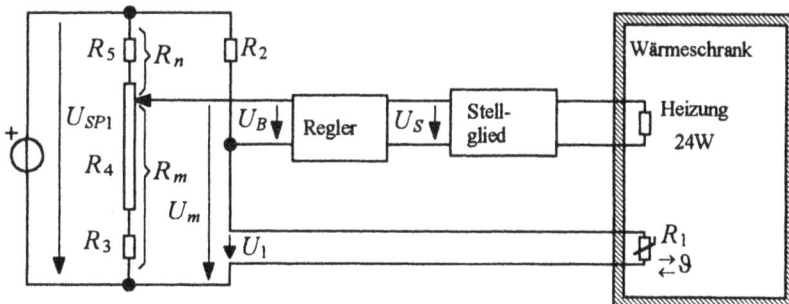

Bild 2.1: Temperatur-Vergleichsschaltung des Wärmeschranks

Temperatur-Vergleichsschaltung. Der Heißleiter R_1 liefert uns den *Istwert* ϑ_{ist} der Schranktemperatur. Im günstigsten Fall ist der Istwert gleich dem gewünschten Wert, den man *Sollwert* ϑ_{soll} nennt. Oft aber weicht der Istwert vom Sollwert ab. Im Bild 2.1 dient die *Brückenschaltung* R_1, R_2, R_3, R_4 und R_5 als *Temperatur-Vergleichsschaltung.* Sie vergleicht den Istwert ϑ_{ist} mit dem Sollwert ϑ_{soll}. Bei $\vartheta_{ist} = \vartheta_{soll}$ ist die Brücke abgeglichen. Dann ist

$$\frac{R_1}{R_m} = \frac{R_2}{R_n}, \quad U_1 = U_m, \quad U_B = U_m\text{-}U_1 = 0.$$

Die Brückenschaltung ermöglicht auch die Einstellung des Sollwertes ϑ_{soll}. Dazu dient der Stellwiderstand R_4 bzw. der Teilwiderstand R_m.

Da der Heißleiter-Widerstand R_1 von dem Istwert ϑ_{ist} abhängt, ist auch die Brückenspannung U_B temperaturabhängig:

Bei $\vartheta_{ist} < \vartheta_{soll}$ ist $U_1 > U_m$ und somit $U_B = U_m\text{-}U_1 < 0$
Bei $\vartheta_{ist} > \vartheta_{soll}$ ist $U_1 < U_m$ und somit $U_B = U_m\text{-}U_1 > 0$

Das Bild 2.2a zeigt, wie U_B von $\vartheta_{ist} - \vartheta_{soll}$ abhängt. $U_B = f(\vartheta_{ist} - \vartheta_{soll})$ verläuft in der Nähe des Nullpunktes annähernd linear.

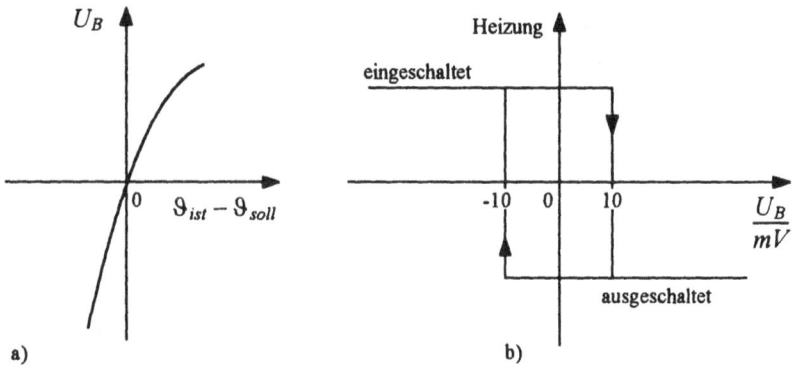

Bild 2.2: Zweipunkt-Regelung des Wärmeschranks a) Brückenspannung U_B abhängig von der Temperaturdifferenz $\vartheta_{ist} - \vartheta_{soll}$, b) Schaltzustand der Heizung abhängig von der Brückentemperatur U_B.

Die Brückenspannung U_B wird dem *Regler* zugeführt. Der Regler betätigt das *Stellglied*, das die Heizung entweder einschaltet oder ausschaltet. Diese Art der Regelung ermöglicht nur zwei Zustände des Stellgliedes, nämlich *Stellglied eingeschaltet* oder *Stellglied ausgeschaltet.* Sie wird *deshalb Zweipunkt-Regelung* genannt. Wir werden später den Regler und das Stellglied so ausführen, daß die Heizung wie folgt arbeitet:

Bei $U_B < -10\text{mV}$ ist die Heizung eingeschaltet,
bei $U_B > 10\text{mV}$ ist die Heizung ausgeschaltet.

Bei einer praktischen Ausführung der Regelung ergibt sich das im Bild 2.2b dargestellte Schaltverhalten der Heizung. Unübersichtlich ist das Schaltverhalten im U_B-Bereich zwischen -10mV und +10mV. Für diesen Bereich gilt:

Ist die Heizung eingeschaltet, bevor U_B in den Bereich -10mV...+10mV kommt, dann bleibt sie eingeschaltet.

Ist die Heizung ausgeschaltet, bevor U_B in den Bereich +10mV...-10mV kommt, dann bleibt sie ausgeschaltet.

Nach dieser Einführung können Sie in der folgenden Aufgabe testen, ob Sie die Wirkungsweise der Temperatur-Vergleichsschaltung richtig erfaßt haben.

Aufgabe 2.1

Berücksichtigen Sie bei den folgenden Aufgaben das Bild 2.2.

a) Der Wärmeschrank im Bild 2.1 wird in Betrieb genommen. Die Soll-Temperatur ist $\vartheta_{soll} = 50^\circ C$, die Ist-Temperatur ist $\vartheta_{ist} = 20^\circ C$. Daher ist $U_B = U_m - U_1 < -10mV$, d.h. die Heizung ist eingeschaltet.

Beschreiben Sie das Verhalten der Regelung bis zum Ausschalten der Heizung durch eine Wirkungskette.

b) Die Heizung ist ausgeschaltet, die Soll-Temperatur ist $\vartheta_{soll} = 50^\circ C$, die Ist-Temperatur ist $\vartheta_{ist} = 50^\circ C$ und $U_B = U_m - U_1 = 0$.

Beschreiben Sie das Verhalten des Wärmeschranks und der Regelung bis zum Einschalten der Heizung durch eine Wirkungskette.

c) Die Heizung des Wärmeschranks ist ausgeschaltet. Die Soll-Temperatur ist $\vartheta_{soll} = 50^\circ C$, die Ist-Temperatur ist $\vartheta_{ist} = 50^\circ C$, der Widerstand R_m wird verkleinert.

Beschreiben Sie den Einfluß von R_m auf die Soll-Temperatur durch eine Wirkungskette.

Damit wir die Temperatur-Vergleichsschaltung dimensionieren können, müssen wir über genaue Kenntnisse des Heißleiters verfügen. Dafür müssen wir uns mit der Stromleitung in Halbleitern vertraut machen. Wir wenden uns deshalb zunächst den Halbleitereigenschaften zu.

2.2 Stromleitung in Halbleitern

Temperaturabhängige Widerstände - also Heißleiter und Kaltleiter - werden aus halbleitenden Materialien gefertigt. Weitere wichtige Halbleiter-Bauelemente sind Gleichrichter-Dioden, Z-Dioden, Bipolare Transistoren,

Feldeffekt-Transistoren und Thyristoren. Auf der Halbleiter-Technologie basieren auch die Integrierten Schaltungen in TTL- oder CMOS-Technologie, z.B. Operationsverstärker, Verküpfungsschaltungen, Speicherbausteine und Mikroprozessoren, die heute die gesamte Elektronik beherrschen. Es ist also wichtig, daß wir uns mit den wesentlichen Eigenschaften der Halbleiter vertraut machen.

Valenz- und Leitungsbänder. Die Stromleitung eines Stoffes hängt eng mit seinem atomaren Aufbau zusammen. Entscheidend sind die Elektronen auf der äußeren Atomschale, die man *Valenzelektronen* nennt. Führt man dem Atomverband Energie zu, z.B. Wärme, Licht, Röntgenstrahlung, dann kann man einzelne Valenzelektronen von ihren Atomkernen trennen. Die vom Atomkern gelösten Elektronen nennt man *Leitungselektronen*. Leitungselektronen haben also eine höhere Energie als Valenzelektronen. Die unterschiedliche Energie der Valenz- und Leitungselektronen veranschaulicht das Bild 2.3 durch *Energiebänder.*

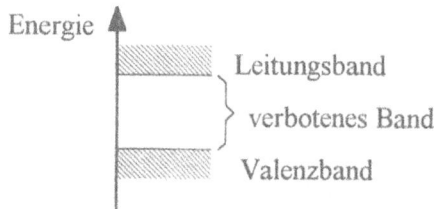

Bild 2.3: Energiebänder der Valenz- und Leitungselektronen

Üblicherweise zeichnet man nur die Oberkante des Valenzbandes und die Unterkante des Leitungsbandes. Zwischen dem Valenzband und dem Leitungsband liegt das *Verbotene Band.*

> Im Verbotenen Band können sich Elektronen nicht dauernd aufhalten.

Die Breite des Verbotenen Bandes kennzeichnet man durch die *Energiedifferenz zwischen dem Leitungsband und dem Valenzband.* Diese Energiedifferenz wird in Elektronenvolt (eV) angegeben ($1eV = 1,602 \bullet 10^{-19}$ Ws) und häufig als *Bandabstand* bezeichnet . Da der Bandabstand temperaturabhängig ist, gibt man ihn für die Zimmertemperatur 300K an. Nichtleiter, Leiter und Halbleiter unterscheiden sich durch ihre Bandabstände. Für T = 300K gilt:

- Bei *Nichtleitern* ist das Verbotene Band sehr breit (Bandabstand > 3eV). Die Valenzelektronen sind sehr fest an ihre Atomkerne gebunden. Daher gibt es in Nichtleitern keine Leitungselektronen - das Leitungsband ist leer. Die elektrische Leitfähigkeit ist folglich im Idealfall gleich null.

- Bei *Leitern* (Metallen) gibt es kein Verbotenes Band. Das Valenzband und das Leitungsband überlappen sich. Daher gibt es in Leitern viele Leitungselektronen/cm^3 - das Leitungsband ist voll. Die elektrische Leitfähigkeit ist folglich groß.

- Bei *Halbleitern* ist das Verbotene Band schmal (Bandabstand < 3eV). Einige Valenzelektronen können sich von ihren Atomkernen lösen und gelangen in das Leitungsband. Daher gibt es in Halbleitern nur sehr wenige Leitungselektronen/cm^3 - das Leitungsband ist schwach besetzt. Die elektrische Leitfähigkeit ist gering.

Silizium und Germanium. Es gibt eine Reihe von Halbleitern, u.a. Silizium und Germanium. Die ersten Transistoren wurden aus Germanium gefertigt. Heute dominiert das Silizium in der Halbleitertechnik. Silizium und Germanium haben vier Valenzelektronen, also vier Elektronen auf der äußeren Schale. Da im folgenden nur die Valenzelektronen eine Rolle spielen, stellen wir im Bild 2.4a nur den Atomkern und seine Valenzelektronen dar.

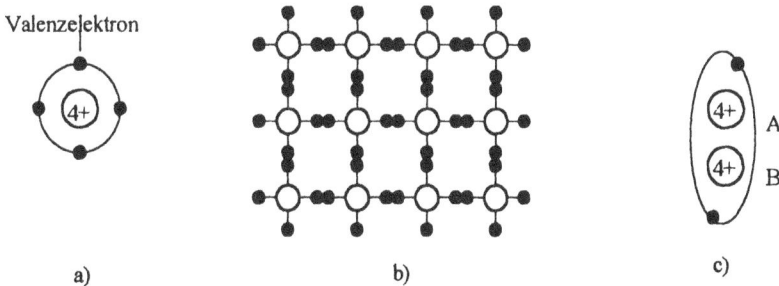

Bild 2.4: Vierwertiger Halbleiter (Silizium oder Germanium)
    a) Halbleiteratom mit vier Valenzelektronen, b) Kristallaufbau,
    c) Elektronenbindung

Jedes Valenzelektron trägt eine negative Elementarladung (-1,602•10^{-19}As). Um zu zeigen, daß das Atom neutral ist, sind im Atomkern vier positive Elementarladungen (4•1,602•10^{-19}As) durch die Bezeichnung 4+ gekennzeichnet.

Die Halbleiteratome sind in gleichen Abständen voneinander angeordnet. Sie bilden ein *Kristallgitter*. Dabei verbindet sich jedes Atom durch seine vier Valenzelektronen mit vier benachbarten Atomen. Dies ist im Bild 2.4b durch eine zweidimensionale Darstellung veranschaulicht, wobei die Kennzeichnung +4 des Atomkerns weggelassen wurde. Tatsächlich ist das Kristallgitter natürlich dreidimensional. Die Bindung zwischen zwei Atomen A und B zeigt das Bild 2.4c. Dabei umkreisen ein Valenzelektron des Atoms A und ein Valenzelektron des Atoms B die beiden Atomkerne auf einer gemeinsamen Schale.

Eigenleitfähigkeit. Wir betrachten zunächst nur chemisch reine Halbleiter, also Halbleiter, die keine Atome eines anderen Elementes enthalten. Dabei konzentrieren wir uns auf Silizium und Germanium. Bei T = 300K = 27°C beträgt der

        Bandabstand für Silizium   1,11 eV,
        Bandabstand für Germanium   0,66eV.

Die Wärme bei Zimmertemperatur reicht aus, um einige Valenzelektronen von ihren Atomkernen zu lösen und aus dem Valenzband in das Leitungsband zu befördern. Die abgewanderten Valenzelektronen hinterlassen in ihren Atomen Fehlstellen, die als *Löcher* bezeichnet werden. Das Bild 2.5 veranschaulicht diesen Zustand.

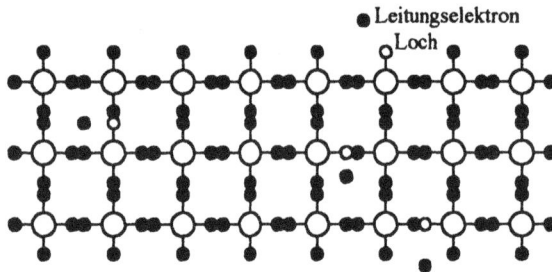

Bild 2.5: Leitungselektronen und Löcher in einem reinen Halbleiter

Atome, die ein Valenzelektron abgegeben haben, sind nicht mehr elektrisch neutral. Da ihnen eine negative Elementarladung fehlt, sind sie *positive Ionen*.

Valenzelektronen werden nicht nur durch Wärme in das Leitungsband gehoben. Die erforderliche Energiezufuhr kann auch z.B. durch Licht oder Röntgenstrahlung erfolgen. In jedem Fall gilt:

> Bei reinen Halbleitern ist die Zahl der Leitungselektronen/cm^3 gleich der Zahl der Löcher/cm^3. Diese Zahl wird *Intrinsic-Dichte* n_i genannt. Die Intrinsic-Dichte n_i nimmt exponentiell mit der Kelvin-Temperatur zu.

Bei einer Temperatur von 300K findet man folgende Intrinsic-Dichten und Atomdichten:

    Silizium: $n_i = 1,5 \cdot 10^{10}$ cm^{-3},   Atomdichte $4,99 \cdot 10^{22}$ cm^{-3}
    Germanium: $n_i = 2,4 \cdot 10^{13}$ cm^{-3},   Atomdichte $4,24 \cdot 10^{22}$ cm^{-3}

Die Zahlen zeigen: Bei Silizium gibt von $3,33 \cdot 10^{12}$ Atomen nur ein Atom ein Valenzelektron an das Leitungsband ab.

Untersuchungen ergaben:

Die Stromleitung in Halbleitern hängt von den Leitungselektronen und den Löchern ab.

Sehen wir uns dazu das Bild 2.6 an.

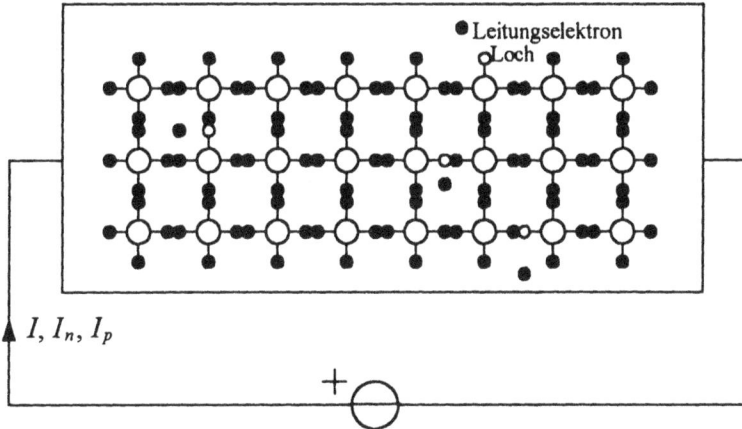

Bild 2.6: Stromleitung in einem reinen Halbleiter

Im Bild 2.6 ist an den Halbleiter eine Spannung gelegt. Sie erzeugt im Halbleiter ein elektrisches Feld, das vom Pluspol zum Minuspol gerichtet ist. Dieses Feld übt auf die negativ geladenen *Leitungselektronen* eine Kraft aus, die sie in Richtung Pluspol bewegt. Der Bewegung der Leitungselektronen entspricht ein Strom $I_n > 0$.

Die Atomkerne und die positiven Ionen haben im Kristallgitter feste Positionen. Sie können nur ein wenig um ihre Ruhelage schwanken. Hingegen können sich die *Valenzelektronen* unter dem Einfluß des elektrischen Feldes *von Loch zu Loch* ebenfalls in Richtung Pluspol bewegen. Der Bewegung der Valenzelektronen entspricht ein Strom $I_p > 0$, der *Löcherstrom* genannt wird. Der gesamte Strom durch den Halbleiter ist

$$I = I_n + I_p > 0$$

Da die löchergebundene Bewegung der Valenzelektronen langsamer erfolgt als die freie Bewegung der Leitungselektronen, ist I_p kleiner als I_n.

In Halbleitern sind die Elektronen des Leitungsbandes (Leitungselektronen) und die Elektronen des Valenzbandes (Valenzelektronen) an der Stromleitung beteiligt. Die elektrische Leitfähigkeit eines *reinen* Halbleiters bezeichnet man als *Eigenleitfähigkeit*.

n-Halbleiter. Halbleiter-Bauelemente bestehen nicht aus einem reinen Halbleiter, sondern aus einem Halbleiter, in dem *Fremdatome* in das Kristallgitter eingebaut sind.   Den Einbau von Fremdatomen bezeichnet man als *Dotieren*.

Dotiert man einen Halbleiter mit *fünfwertigen Fremdatomen*, z.B. mit Antimon, dann entsteht ein *n-Halbleiter.* Von den fünf Valenzelektronen des Fremdatoms werden nur vier für den Aufbau des Kristallgitters verwendet. Das fünfte Valenzelektron wird vom Atomkern abgetrennt und wandert vom Valenzband in das Leitungsband ab. Daraus resultiert:

> In n-Halbleitern sind die Leitungselektronen in der *Majorität* und die Löcher in der *Minorität*.

Da die fünfwertigen Fremdatome dem Leitungsband ein Leitungselektron 'schenken', werden sie *Donatoren* genannt (engl.: to donate, schenken). Die Donatoren werden durch die Abgabe eines Valenzelektrons zu positiven Ionen, der gesamte n-Halbleiter ist jedoch elektrisch neutral.

p-Halbleiter. Dotiert man einen Halbleiter mit *dreiwertigen Fremdatomen*, z.B. mit Bor, dann entsteht ein *p-Halbleiter.* Da das Fremdatom nur drei Valenzelektronen besitzt, nimmt es von einem benachbarten Halbleiteratom ein Valenzelektron auf, um seinen Einbau in das Kristallgitter zu ermöglichen. Dadurch entsteht bei dem benachbarten Halbleiteratom ein Loch. Somit gilt:

> In p-Halbleitern sind die Löcher in der *Majorität* und die Leitungselektronen in der *Minorität*.

Da die dreiwertigen Fremdatome ein Valenzelektron 'annehmen', werden sie *Akzeptoren* genannt (engl.: to accept, annehmen). Die Akzeptoren werden durch die Aufnahme eines Valenzelektrons zu negativen Ionen, der gesamte p-Halbleiter ist jedoch elektrisch neutral.

Temperaturabhängigkeit. Das Bild 2.7 zeigt die Abhängigkeit der spezifischen Leitfähigkeit γ von der Kelvin-Temperatur T für zwei Halbleitermaterialien mit unterschiedlicher Dotierung. Der Kennlinienabschnitt II wird für temperaturabhängige Widerstände ausgenutzt.

> Im Bild 2.7a nimmt die spezifische Leitfähigkeit im Bereich II zu. Dieses Material eignet sich also für Heißleiter.

> Im Bild 2.7a nimmt die spezifische Leitfähigkeit im Bereich II ab. Dieses Material eignet sich somit für Kaltleiter.

Bei den meisten Bauelementen liegt der Abschnitt II irgendwo im Temperaturbereich zwischen -20°C und +200°C.

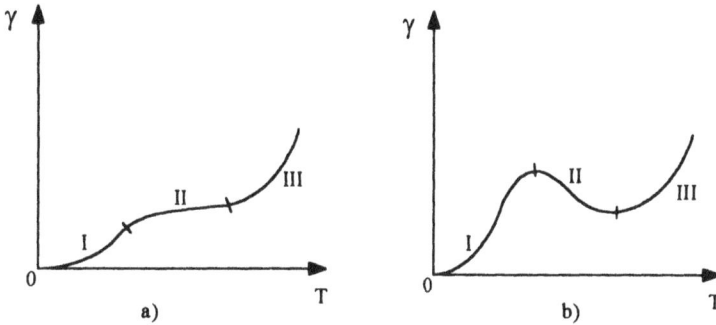

Bild 2.7: Spezifische Leitfähigkeit in Abhängigkeit von der Kelvin-
Temperatur bei dotierten Halbleitern
a) Normalfall, b) Sonderfall

2.3 Heißleiter

Grundsätzlich ändern alle Widerstände ihren Wert mit der Temperatur. Von temperaturabhängigen Widerständen spricht man aber nur, wenn ihr Temperaturkoeffizient TK_R folgende Bedingung erfüllt:

$$|TK_R| \geq 0,01 K^{-1}$$

Es gibt temperaturabhängige Widerstände mit positiven Temperaturkoeffizienten (Kaltleiter) und mit negativen Temperaturkoeffizienten (Heißleiter).

Temperaturabhängige Widerstände werden in der Meß-, Steuer- und Regelungstechnik eingesetzt.

Der Widerstand eines Heißleiters nimmt mit steigender Temperatur ab. Das bedeutet, sein Temperaturkoeffizient bei 25°C ist

$$TK_R = \frac{\Delta R}{R_{25} \bullet \Delta \vartheta} < 0.$$

Heißleiter werden deshalb auch als *NTC-Widerstände (Negative Temperature Coefficient)* bezeichnet.

Bauformen. Heißleiter fertigt man aus Halbleitern, deren spezifische Leitfähigkeit γ im Bereich von -20°C bis +200°C zunimmt (Bereich II in Bild 2.7a). Diese Eigenschaften haben einige Metalloxide, die mit hohem Druck gepreßt werden, z.B. Eisen-III-Oxid (Fe_2O_3). Sie werden in Tablettenform mit Anschlußdrähten gefertigt oder in diverse Gehäuse eingebaut. Das Schaltzeichen des Heißleiters und eine typische Kennlinie zeigt das Bild 2.8.

Die gegenläufigen Pfeile im Heißleiter-Schaltzeichen symbolisieren, daß mit zunehmender Temperatur der Widerstand abnimmt.

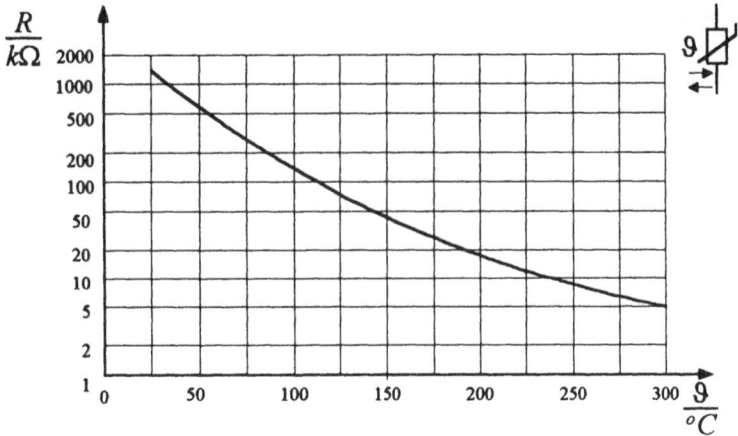

Bild 2.8: $R - \vartheta$-Kennlinie des Heißleiters

Die R-ϑ-Kennlinie folgt näherungsweise einer e-Funktion:

$$R \approx R_{25} \bullet e^{B\bullet(\frac{1}{T_{HL}} - \frac{1}{298K})} \qquad (2.1)$$

R_{25} Heißleiter-Widerstand bei 25°C
B   2000K ... 6000K, Materialkonstante
T_{HL} Kelvin-Temperatur des Heißleiters

Differenziert man die Gleichung (2.1) nach T_{HL}, dann erhält man den Temperatur-Koeffizienten

$$TK_R = -\frac{B}{T_{HL}^2} \qquad (2.2)$$

Der Temperatur-Koeffizient von Heißleitern liegt zwischen -0,02K^{-1} und -0,06K^{-1}. Zum Vergleich: Kupfer hat einen Temperatur-Koeffizienten TK_R = 0,003931K^{-1}.

Datenblatt. Für jeden Heißleitertyp gibt der Hersteller ein Datenblatt heraus. Bild 2.9 zeigt einen Auszug des Datenblatts für den Heißleiter M861 der Firma Siemens.

Aufgabe 2.2

Der Widerstands-Temperatur-Tabelle des Heißleiters M861 (Bild 2.9) kann man folgende Werte entnehmen:

Temperatur/°C	Widerstand/kΩ
25	30,00
26	28,74
75	4,499

a) Berechnen Sie aus den vorstehenden Werten den Widerstands-Temperatur-Koeffizienten bei 25°C.

b) Prüfen Sie den unter a) berechneten Wert mit der Gleichung (2.2) nach.

c) Überprüfen Sie den angegebenen Heißleiter-Widerstand bei 75°C mit der Gleichung (2.1).

Heißleiter M861, Minifühler

Widerstandswert bei 25°C: 30kOhm

Anwendung: Miniatur-Heißleiter für genaue Temperaturmessung im Bereich von -40°C bis +120°C

Ausführung: Heißleiter mit Epoxidharz beschichtet

Anschlüsse: Anschlußdrähte 0,25mm ∅, Nickeldraht mit Teflonumhüllung

Qualitätsmerkmale: Hohe Stabilität durch spezielle Alterung

Anwendungsklasse nach DIN 40040: CKG
Untere Grenztemperatur: **G** -40°C
Obere Grenztemperatur: **K** +125°C
Feuchteklasse: **C** Mittlere relative Feuchte 95%, Höchstwert 100%, einschließlich Betauung

Lagertemperaturen
Untere Grenztemperatur: -25°C
Obere Grenztemperatur: +65°C

Kenndaten
Belastbarkeit bei 25°C: 140mW
Nenntemperatur: 25°C
Nennwiderstand: 30kOhm
Toleranz: +/- 5%
B-Wert: 3970K
Wärmeleitwert in Luft: 1,4mW/K
Thermische Zeitkonstante: <20s

Das Datenblatt enthält außerdem
- die Widerstands-Temperatur-Kennlinie des Heißleiters
- die Wertetabelle der Widerstands-Temperatur-Kennlinie von -40°C bis +120°C im Abstand von 1°C
- eine Zeichnung des Gehäuses mit Maßen
- das Gewicht: ca. 0,1g

Bild 2.9: Auszug aus dem Datenblatt des Heißleiters M861, Siemens

Anwendung. Bei der Erwärmung von Heißleitern unterscheidet man zwischen *Fremderwärmung* und *Eigenerwärmung:*

- Von Fremderwärmung spricht man, wenn die Temperatur ϑ_{HL} des Heißleiters vorwiegend von der Umgebungstemperatur ϑ_U abhängt. Dann ist $\vartheta_{HL} \approx \vartheta_U$. Anwendungen der Fremderwärmung sind: Temperaturmessung, Temperaturregelung, Kompensation von positiven Widerstands-Koeffizienten, Arbeitspunktstabilisierung von Transistoren, Effektivstrommessung hochfrequenter Ströme.

- Von Eigenerwärmung spricht man, wenn die Temperatur ϑ_{HL} des Heißleiters vorwiegend von der zugeführten elektrischen Leistung abhängt. Dann ist ϑ_{HL} größer als die Umgebungstemperatur ϑ_U. Anwendungen der Eigenerwärmung sind: Unterdrückung großer Einschaltströme, Anzugsverzögerungen von Relais.

2.4 Kaltleiter

Der Widerstand eines Kaltleiters nimmt mit steigender Temperatur zu. Das bedeutet, daß sein Temperaturkoeffizient positiv ist:

$$TK_R = \frac{\Delta R}{R_{25} \bullet \Delta\vartheta} > 0.$$

Kaltleiter werden deshalb auch als *PTC-Widerstände (Positive Temperature Coefficient)* bezeichnet.

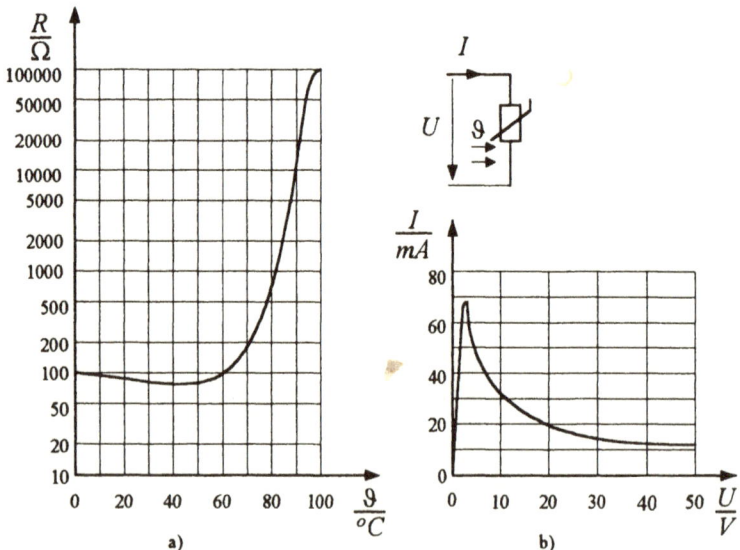

Bild 2.10: R-ϑ-Kennlinie und IU-Kennlinie eines Kaltleiters

Bauformen. Kaltleiter fertigt man aus Halbleitern, deren spezifische Leitfähigkeit γ im Bereich von 0°C bis 150°C abnimmt (Bereich II in Bild 2.7b). Diese Eigenschaften hat z.b. gesintertes Barium-Titanat ($BaTiO_3$). Sie werden in Tablettenform mit Anschlußdrähten gefertigt oder in diverse Gehäuse eingebaut. Das Schaltzeichen des Kaltleiters und typische Kennlinien zeigt das Bild 2.10. Die gleichgerichteten Pfeile im Kaltleiter-Schaltzeichen symbolisieren, daß mit zunehmender Temperatur der Widerstand zunimmt.

Die **R-ϑ-Kennlinie** eines Halbleiters zeigt, wie sich der Widerstand eines Halbleiters in Abhängigkeit von seiner Temperatur ϑ ändert. Dem Bild 2.10a entnehmen wir, daß der Widerstand nur in einem kleinen Bereich stark temperaturabhängig ist. In diesem Bereich liegen die Widerstands-Temperaturkoeffizienten von Kaltleitern zwischen 0,07 K^{-1} und 0,7 K^{-1}.

Die **IU-Kennlinie** Bild 2.10b zeigt den Strom I des Kaltleiters in Abhängigkeit von der angelegten Spannung U im Wärmegleichgewicht. Sie sehen: Im Bereich U = 0...4V ist die Kennlinie linear und folglich R konstant. Bei U > 4V ist die Kennlinie nicht linear und R temperaturabhängig.

Das **Datenblatt** von Kaltleitern ähnelt dem der Heißleiter.

Anwendung. Auch bei Kaltleitern unterscheidet man zwischen *Fremderwärmung* und *Eigenerwärmung*. Anwendungsbeispiele für *Fremderwärmung* sind: Temperaturregelung, Schutz gegen Übertemperaturen. Anwendungsbeispiele für *Eigenerwärmung* sind: Stromstabilisierung, Strombegrenzung, Anzugsverzögerung von Relais.

Aufgabe 2.3
Welche Bereiche der IU-Kennlinie Bild 2.10b gehören zur Fremd- bzw. Eigenerwärmung?

2.5 Dimensionierung der Temperatur-Vergleichsschaltung

Abschließend dimensionieren wir die Temperatur-Vergleichsschaltung unseres Wärmeschranks, die noch einmal im Bild 2.11 dargestellt ist.

Als **Temperaturgeber des Wärmeschranks** wählen wir den Heißleiter M861 (Siemens) mit folgenden Kennwerten:

$$R_{25} = 30k\Omega \qquad\qquad B = 3970K$$
$$R_{50} = 10,93k\Omega \qquad\quad G_{thU} = 1,4mW/K$$
$$R_{75} = 4,499k\Omega \qquad\quad \tau_{th} < 20s$$

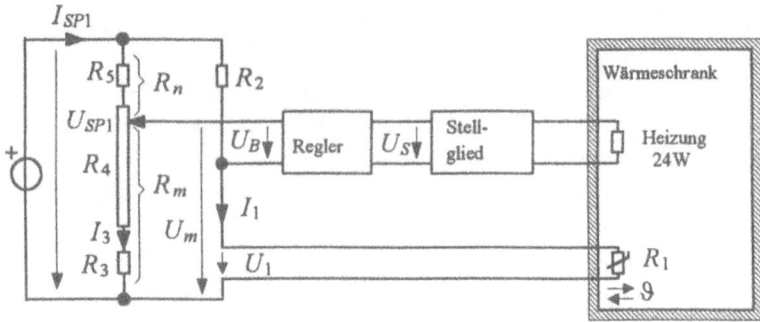

Bild 2.11: Temperatur-Vergleichsschaltung des Wärmeschranks (R_1: Heißleiter M861, Siemens)

Dimensionierung. Der Widerstand R_2 der Brücke wird so gewählt, daß U_B
sich möglichst linear mit der Temperatur ändert. Eine längere Rechnung, auf
die hier verzichtet werden muß, ergibt, daß dafür R_2 folgende Bedingung erfüllen muß:

$$R_2 = R_{1m} \bullet \frac{B - 2T_m}{B + 2T_m} \qquad (2.3)$$

R_{1m} mittlerer Heißleiterwiderstand bei der mittleren Kelvin-Temperatur T_m

Mit den vorstehenden Werten des Heißleiters M861 ergibt sich:

$T_M = 273K + 50K = 323K$

$R_{1m} = R_{50} = 10,93k\Omega$

$B = 3970K$

$R_2 = 10,93k\Omega \bullet \dfrac{3970K - 2 \bullet 323K}{3970K + 2 \bullet 323K} = 7,87k\Omega$

gewählt: $\underline{R_2 = 8,2k\Omega}$

$\qquad \underline{R_4 = 1k\Omega}$

R_3 und R_5 bestimmen den einstellbaren Temperaturbereich. Wir wollen den
Temperaturbereich 25°C...75°C einstellen. Bei ϑ_{soll} = 75°C erfolgt der Abgriff von R_4 unten, da dann der Heißleiter R_1 seinen kleinsten Wert hat. Für
diesen Fall gilt:

$\dfrac{R_5 + R_4}{R_3} = \dfrac{R_2}{R_{1/75°C}} = \dfrac{8,2k\Omega}{4,5k\Omega} = 1,82 \Rightarrow$

$R_5 = 1,82 \bullet R_3 - R_4 \qquad (2.4)$

Bei ϑ_{soll} = 25°C erfolgt der Abgriff von R_4 oben, da dann der Heißleiter R_1
seinen größten Wert hat. Für diesen Fall gilt:

$$\frac{R_5}{R_4+R_3} = \frac{R_2}{R_{1/25°C}} = \frac{8,2k\Omega}{30k\Omega} = 0,27 \Rightarrow$$

$$R_5 = 0,27 \bullet (R_4+R_3) \tag{2.5}$$

Die Gleichungen (2.5) und (2.4) ergeben:

$1,82\ R_3 - R_4 = 0,27\ (R_4 + R_3) \Rightarrow$

$1,82\ R_3 - 1k\Omega = 0,27\ (1k\Omega + R_3) \Rightarrow$

$1,55\ R_3 = 1,27k\Omega \Rightarrow$

$R_3 = 819\Omega$

gewählt: $R_3 = \underline{820\Omega}$

Aus Gleichung (2.4) erhalten wir

$R_5 = 1,82\ R_3 - R_4 = 1,82 \bullet 820\Omega - 1000\Omega = 492\Omega$

gewählt: $R_5 = \underline{470\Omega}$

Es fehlt jetzt noch die Speisespannung U_{SP1} der Temperatur-Vergleichsschaltung. Sie muß so gewählt werden, daß die Eigenerwärmung des Heißleiters R_1 keine Rolle spielt.

Aufgabe 2.4

Die Speisespannung U_{SP1} der Temperatur-Vergleichsschaltung Bild 2.11 soll so gewählt werden, daß der Heißleiter R_1 höchstens 0,5°C wärmer ist als die Innentemperatur des Wärmeschranks.

Es ist $R_{1/25°C} = 30k\Omega$, $R_{1/50°C} = 10,93k\Omega$, $R_{1/75°C} = 4,499k\Omega$, $R_2 = 8,2k\Omega$, $G_{th1} = 1,4mW/K$.

Berechnen Sie U_{SP1}. Hinweis: Die größte Leistung wird R_1 bei Leistungsanpassung zugeführt.

Schaltungswerte. Im folgenden sind die Werte der Temperatur-Vergleichsschaltung aufgeführt:

R_1 Heißleiter M861, Siemens ($R_{1/25°C} = 30k\Omega$, $R_{1/50°C} = 10,93k\Omega$, $R_{1/75°C} = 4,499k\Omega$) $R_2 = 8,2k\Omega$, $R_3 = 820\Omega$, $R_4 = 1k\Omega$, $R_5 = 470\Omega$.

Für den Regler müssen wir wissen, wie sich U_B mit der Heißleiter-Temperatur ändert. Die Berechnung erfolgt in der Übungsaufgabe 2.6. Wir nehmen das Ergebnis vorweg:

- Ändert sich die Temperatur des Heißleiters von 25°C auf 24°C, dann nimmt U_B um 18,8mV ab. Es ist also bei 25°C $\Delta U_B/\Delta\vartheta = -18,8mV/°C$.

- Ändert sich die Temperatur des Heißleiters von 75°C auf 74°C, dann nimmt U_B um 26,3mV ab. Es ist also bei 75°C $\Delta U_B/\Delta\vartheta = -26,3mV/°C$.

Wenn der Regler bei U_B = -18mV und U_B = 18mV schaltet, dann wird die Temperatur auf ±1°C genau geregelt. Damit diese Toleranz sicher eingehalten wird, soll der Regler schon bei U_B = -10mV und U_B = +10mV schalten.

2.6 Übungsaufgaben zum Kapitel 2

Aufgabe 2.5

a) Wie groß ist der größte Wert von I_{SP1} in Bild 2.11 bei U_{SP1} = 4V?

b) Wie groß sind die größten Leistungen der Widerstände in Bild 2.11 bei U_{SP1} = 4V?

Aufgabe 2.6

Die Brücke in Bild 2.11 ist bei einer Heißleiter-Temperatur von 25°C abgeglichen. Der B-Wert des Heißleiters ist 3970K.

Wie groß ist U_B bei einer Heißleiter-Temperatur von 24°C?

Wie groß ist U_B bei einer Heißleiter-Temperatur von 25°C?

Aufgabe 2.7

a) In der Schaltung Bild 2.12a steht die Spule (Kupferdraht) im Wärmekontakt mit dem Heißleiter. Die Eigenerwärmung des Heißleiters ist ohne Bedeutung. Welche Aufgabe hat der Heißleiter?

b) Welche Aufgabe hat der Kaltleiter im Bild 2.12b?

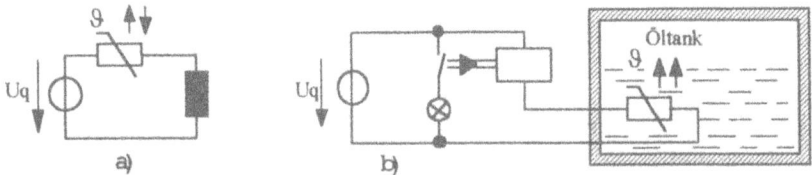

Bild 2.12: Zu Übungsaufgabe 2.7

2.7 Lösungen zu den Aufgaben im Kapitel 2

Aufgabe 2.1

a) Die Heizung ist eingeschaltet $\Rightarrow$ $\vartheta_{ist}\uparrow$ $\Rightarrow$ $R_1\downarrow$ $\Rightarrow U_1 > 0\downarrow$ $\Rightarrow$ $U_B = U_m\text{-}U_1 < 0\uparrow$. Bei U_B = 10mV wird die Heizung ausgeschaltet.

b) Heizung ist ausgeschaltet $\Rightarrow \vartheta_{ist}\downarrow \Rightarrow R_1\uparrow \Rightarrow U_1 > 0\uparrow \Rightarrow$

$U_B = U_m - U_1 < 0\downarrow$. Bei $U_B = -10mV$ wird die Heizung eingeschaltet.

c) $R_m\downarrow \Rightarrow U_m > 0\downarrow \Rightarrow U_B = U_m - U_1 < 0 \downarrow \Rightarrow$ Heizung wird bei $U_B = -10mV$ eingeschaltet $\Rightarrow \vartheta_{ist} \uparrow$ bis $\vartheta_{ist} = \vartheta_{soll}$ ist. Somit ergibt sich: $R_m\downarrow \Rightarrow \vartheta_{soll}\uparrow$.

Aufgabe 2.2

a) Bei 25°C ist der Widerstands-Temperatur-Koeffizient des Heißleiters

$$TK_R = \frac{\Delta R}{R_{25} \bullet \Delta\vartheta} = \frac{R_{26} - R_{25}}{R_{25} \bullet \Delta\vartheta} = \frac{28,74k\Omega - 30k\Omega}{30k\Omega \bullet (26°C - 25°C)} = \underline{-0,042K^{-1}}$$

b) Aus dem Datenblatt entnehmen wir B = 3970K. Damit ergibt sich

$$TK_R = -\frac{B}{T_{HL}^2} = -\frac{3970K}{(25+273)^2 K^2} = \underline{-0,0447K^{-1}}$$

c) Nach Gleichung (2.1) hat der Heißleiter bei 75°C den Widerstand

$$R_{75} = R_{25} \bullet e^{B\bullet(\frac{1}{T_{HL}} - \frac{1}{298K})} = 30k\Omega \bullet e^{3970K\bullet(\frac{1}{348K} - \frac{1}{298K})} = \underline{4,42k\Omega}$$

Aufgabe 2.3

Im linearen Bereich der IU-Kennlinie ist der Widerstand unabhängig von der zugeführten Leistung. Deshalb gehört dieser Bereich zur Fremderwärmung. Im nichtlinearen Bereich der IU-Kennlinie ist der Widerstand abhängig von der zugeführten Leistung. Somit gehört dieser Bereich zur Eigenerwärmung.

Aufgabe 2.4

Die maximal zulässige Leistung des Heißleiters R_1 ist

$$P_{1max} = \Delta\vartheta \bullet G_{th1} = 0,5°C \bullet 1,4mW/°C = 0,7mW$$

Die größte Leistung wird dem Heißleiter bei Leistungsanpassung zugeführt. Das ist der Fall bei $R_1 = R_2 = 8,2k\Omega$. Dann soll gelten:

$$I_1^2 \bullet R_1 \le P_{1max} \Rightarrow$$

$$I_1^2 \le \frac{P_{1max}}{R_1} = \frac{0,7mW}{8200\Omega} = 8,537 \bullet 10^{-8}A^2 \Rightarrow$$

$$I_1 \le 292\mu A$$

$$U_{SP1} \le I_1 \bullet (R_1 + R_2) = 292\mu A \bullet (8200\Omega + 8200\Omega) = 4,79V$$

gewählt: $U_{SP1} = \underline{4V}$

Aufgabe 2.5

a) Der größte Wert von I_{SP1} tritt beim größten Wert von I_1 auf:

$$I_{1max} = \frac{U_{SP1}}{R_{1/75°C} + R_2} = \frac{4V}{4500\Omega + 8200\Omega} = 315\mu A$$

$$I_3 = \frac{U_{SP1}}{R_3 + R_4 + R_5} = \frac{4V}{820\Omega + 1000\Omega + 470\Omega} = 1,75mA$$

Der größte Wert von I_{SP1} ist

$$I_{SP1\,max} = I_{1\,max} + I_3 = 0,315mA + 1,75mA = \underline{2,065mA}$$

b) Die größten Leistungen der Widerstände R_2, R_3, R_4 und R_5 sind

$$P_{2\,max} = I_{1\,max}^2 \bullet R_2 = (3,15 \bullet 10^{-4}A)^2 \bullet 8200\Omega = \underline{814\mu W}$$

$$P_{3\,max} = I_{3\,max}^2 \bullet R_3 = (1,75 \bullet 10^{-3}A)^2 \bullet 820\Omega = \underline{2,51mW}$$

$$P_{4\,max} = I_{3\,max}^2 \bullet R_4 = (1,75 \bullet 10^{-3}A)^2 \bullet 1000\Omega = \underline{3,06mW}$$

$$P_{5\,max} = I_{3\,max}^2 \bullet R_5 = (1,75 \bullet 10^{-3}A)^2 \bullet 470\Omega = \underline{1,44mW}$$

Aufgabe 2.6

Bei einer Heißleiter-Temperatur von 25°C und abgeglichener Brücke gilt:

$$\frac{R_{1/25°C}}{R_2} = \frac{R_m}{R_3 + R_4 + R_5 - R_m} \quad \Rightarrow$$

$$R_m = R_{1/25°C} \bullet \frac{R_3 + R_4 + R_5}{R_{1/25°C} + R_2} = 30k\Omega \bullet \frac{2,29k\Omega}{38,2k\Omega} = 1,798k\Omega$$

$$I_3 = \frac{U_{SP1}}{R_3 + R_4 + R_5} = \frac{4V}{820\Omega + 1000\Omega + 470\Omega} = 1,75mA$$

Bei 25°C ist der Temperaturkoeffizient des Heißleiters

$$TK_{R1} = \frac{\Delta R_1}{\Delta\vartheta \bullet R_{1/25°C}} = -\frac{B}{T_{HL}^2} = -\frac{3970K}{(298K)^2} = -4,47 \bullet 10^{-2}K^{-1}$$

Bei einer Temperaturänderung von -1°C ist

$$\Delta R_1 = TK_{R1} \bullet \Delta\vartheta \bullet R_{1/25°C} = -4,47 \bullet 10^{-2}K^{-1} \bullet (-1K) \bullet 30k\Omega = 1,34k\Omega$$

Somit ist bei 24°C

$$R_{1/24°C} = R_{1/25°C} + \Delta R_1 = 30k\Omega + 1,34k\Omega = 31,34k\Omega$$

$$I_1 = \frac{U_{SP1}}{R_{1/24°C} + R_2} = \frac{4V}{31,34k\Omega + 8,2k\Omega} = 101\mu A$$

$$U_B = I_3 \bullet R_m - I_1 \bullet R_{1/24°C} = 1,75mA \bullet 1,798k\Omega - 0,101mA \bullet 31,34\Omega$$

$$U_B = \underline{-18,8mV}$$

Hieraus folgt bei 25°C:

$$\frac{\Delta U_B}{\Delta\vartheta} = -\frac{18,8mV}{1°C}$$

Eine entsprechende Rechnung ergibt bei 75°C:

$$\frac{\Delta U_B}{\Delta \vartheta} = -\frac{26,3 mV}{1 °C}$$

Aufgabe 2.7

a) Kupfer hat einen positiven Temperatur-Koeffizienten, der Heißleiter einen negativen. Bei richtiger Bemessung der Schaltung Bild 2.12a ist der Temperatur-Koeffizient des gesamten Gleichstromwiderstandes in einem bestimmten Temperaturbereich gleich null. Der Temperatur-Koeffizient der Spule wird also kompensiert. Diese Kompensation findet man z.B. bei der vertikalen Ablenkspule der Fernsehbildröhre.

b) Im Bild 2.12b überwacht der Kaltleiter den Ölstand im Öltank. Im Öl erreicht der Kaltleiter das Wärmegleichgewicht bei einer niedrigeren Temperatur als in Luft. Solange der Kaltleiter im Öl eintaucht, ist sein Widerstand klein und das Relais ist erregt. Der Relaiskontakt ist dann geöffnet, und die Kontrollampe leuchtet nicht. Unterschreitet der Ölstand das Niveau, das der Kaltleiter markiert, dann erwärmt sich der Kaltleiter ⇒ der Kaltleiter-Widerstand wird größer ⇒ das Relais fällt ab ⇒ der Relaiskontakt schließt ⇒ die Kontrollampe leuchtet.

3 Gleichrichtung und Spannungsstabilisierung

Für die Temperatur-Vergleichsschaltung, die Regelschaltung und das Stellglied unseres Wärmeschrankes benötigen wir Gleichspannungen. Diese Gleichspannungen wollen wir mit einem *Netzgerät* aus der Netzwechselspannung 230V, 50Hz erzeugen. In dem Zusammenhang lernen Sie *Gleichrichterdioden, Z-Dioden, Gleichrichterschaltungen* und *Integrierte Spannungsregler* kennen. Wir sehen uns zunächst einmal das Netzgerät an.

3.1 Netzgerät des Wärmeschranks

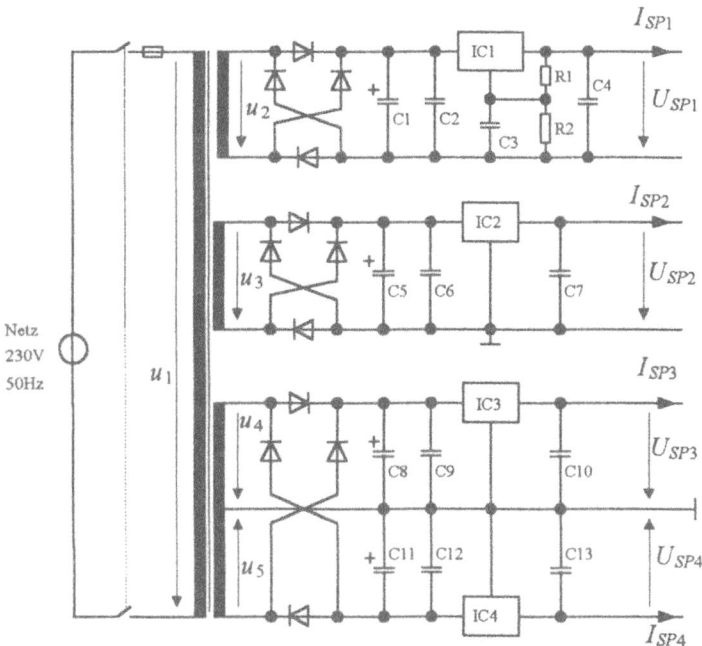

Bild 3.1: Netzgerät des Wärmeschranks

Die elektronischen Schaltungen des Wärmeschranks müssen mit Gleichspannungen gespeist werden. Wir wissen schon, daß die Temperatur-Vergleichsschaltung eine Gleichspannung U_{SP1} benötigt. Eine weitere Gleichspannung U_{SP2} benötigt das Stellglied, und zwei Gleichspannungen U_{SP3} und U_{SP4} erfordert die Regelschaltung. Das Bild 3.1 zeigt das Netzgerät, das diese Spannungen erzeugt.

Sicherlich sind Ihnen Netzgeräte schon einmal begegnet. In der folgenden Aufgabe können Sie testen, wie weit Sie mit der Schaltung Bild 3.1 vertraut sind. Falls Sie die Fragen nicht beantworten können, ist das kein Problem, denn wir werden die Schaltung ausführlich behandeln.

Aufgabe 3.1

Die folgenden Fragen beziehen sich auf das Bild 3.1, und zwar auf den Transformator und den Schaltungsteil, der die Integrierten Schaltungen IC1... IC4 enthält.

a) Welche Aufgabe hat der Transformator?

b) Welche wesentliche Eigenschaft hat eine Gleichrichterdiode?

c) Wie nennt man die Schaltung, die durch die vier Gleichrichterdioden gebildet wird?

d) Welche Aufgabe hat der Elektrolytkondensator C1?

e) Die Integrierten Schaltungen IC1 ... IC4 sind Spannungsregler. Warum werden diese Schaltungen benötigt?

Für die Dimensionierung des Netzteils müssen wir wissen,

- wie eine Gleichrichterdiode arbeitet,
- welche Kennlinien und Kennwerte eine Gleichrichterdiode beschreiben,
- wie Brücken-Gleichrichter arbeiten und dimensioniert werden,
- welche Eigenschaften Z-Dioden haben,
- wie Integrierte Spannungsregler arbeiten und eingesetzt werden.

Erst nachdem wir uns die vorstehenden Kenntnisse angeeignet haben, können wir das Netzgerät dimensionieren. Wir wenden uns zunächst der Arbeitsweise der Gleichrichterdiode zu.

3.2 pn-Übergang

Gleichrichterdioden bestehen aus einem Halbleiter-Kristall, der auf der einen Seite ein p-Halbleiter ist und auf der anderen Seite ein n-Halbleiter. Die Grenzschicht zwischen den beiden Seiten wird *pn-Übergang* genannt.

Bevor wir uns mit dem Verhalten des pn-Übergangs auseinandersetzen, wollen wir unsere Halbleiterkenntnisse auffrischen:

- Einige Halbleiteratome geben bei Zimmertemperatur ein *Valenzelektron* aus dem *Valenzband* an das *Leitungsband* ab. Sie werden so zu positiven Ionen mit einer positiven Elementarladung. Die *Fehlstelle* in der äußeren Elektronenschale wird als *Loch* bezeichnet. Dem Loch kann die positive Elementarladung des Ions zugeordnet werden. Die Elektronen des *Leitungsbandes* werden *Leitungselektronen* genannt.

- Für die technische Anwendung werden Halbleiter entweder mit fünfwertigen Atomen (Donatoren) oder mit dreiwertigen Atomen (Akzeptoren) dotiert. Durch die Dotierung mit Donatoren entsteht ein n-Halbleiter; durch die Dotierung mit Akzeptoren entsteht ein p-Halbleiter.

- Die Donatoren im n-Halbleiter sind positive Ionen, die Akzeptoren im p-Halbleiter sind negative Ionen.

- Sowohl n-Halbleiter wie p-Halbleiter sind elektrisch neutral.

- Im n-Halbleiter ist die *Dichte der Leitungselektronen* viel größer als die *Dichte der Löcher*. Im p-Halbleiter ist die *Dichte der Löcher* viel größer als die *Dichte der Leitungselektronen*.

- In Halbleitern sind *Leitungselektronen* und *Valenzelektronen* an der Stromleitung beteiligt. Die *Leitungselektronen* bewegen sich im *Leitungsband* frei. Die *Valenzelektronen* bewegen sich im *Valenzband* von Loch zu Loch, was einer freien Bewegung der Löcher gleichkommt.

Nach dieser Wiederholung können wir uns an den pn-Übergang wagen. Das Bild 3.2 zeigt die Ladungsträgerdichte in einem Kristall, der im linken Teil aus einem p-Halbleiter besteht und im rechten aus einem n-Halbleiter. Wichtig ist, daß es sich um einen Halbleiter-Einkristall handelt.

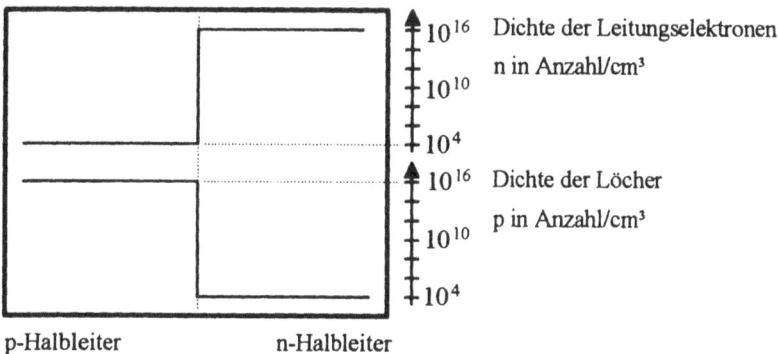

Bild 3.2: Dotierung des p-Halbleiters und des n-Halbleiters

Im Bild 3.2 sind die Dichte der Löcher und die Dichte der Leitungselektronen logarithmisch dargestellt. Das Beispiel entspricht der Dotierung von Silizium.

Diffusion. Der im Bild 3.2 dargestellte Zustand des p-Halbleiters und des n-Halbleiters bleibt nicht bestehen, denn die Verteilung der Leitungselektronen und der Löcher ändert sich ein wenig. Die Leitungselektronen und die Löcher verhalten sich nämlich wie ein Gas. Bekanntlich verteilt sich ein Gas in einem Raum so, daß überall im Raum dieselbe Molekül-Dichte entsteht. Entsprechend streben Leitungselektronen und Löcher in jedem Teil des Halbleiters dieselbe Dichte an.

> Eine Bewegung von Teilchen aufgrund einer unterschiedlichen Teilchendichte bezeichnet man als *Diffusion*.

Bewegt sich ein Teilchen durch Diffusion, dann sagt man, es *diffundiert*.

Da im Bild 3.2 die Löcherdichte dargestellt ist, ist es anschaulicher die Löcher-Bewegung anstelle der Valenzelektronen-Bewegung zu betrachten. Dabei gilt:

> Löcher bewegen sich gegen die Richtung der Valenzelektronen. Jedem Loch ist eine positive Elementarladung zugeordnet.

Im Bild 3.2 diffundieren also unmittelbar nach der Entstehung des p- und n-Halbleiters Leitungselektronen und Löcher:

- Die Leitungselektronen diffundieren vom n-Halbleiter zum p-Halbleiter. Diese Bewegung zielt auf einen Dichteausgleich der Leitungselektronen.

- Die Löcher diffundieren vom p-Halbleiter zum n-Halbleiter. Diese Bewegung zielt auf einen Dichteausgleich der Löcher.

Durch die Diffusion stellen sich die Dichte der Leitungselektronen und die Dichte der Löcher wie im Bild 3.3 ein.

Dem Bild 3.3 entnehmen wir, daß die Diffusion nicht zum Dichteausgleich im gesamten Halbleiter führt. Durch die Diffusion der Leitungselektronen und der Löcher entsteht nämlich eine *Gegenkraft*. Dafür gibt es folgende Erklärung:

- Die Leitungselektronen wandern zuerst aus der *grenznahen Schicht des n-Halbleiters* ab und hinterlassen dort einen positiv geladenen Raum bzw. eine *positive Raumladung*. Diese Raumladung entsteht durch die positiven Donator-Ionen.

- Die Löcher wandern zuerst aus der *grenznahen Schicht des p-Halbleiters* ab und erzeugen dort eine *negative Raumladung*. Diese Raumladung entsteht durch die negativen Akzeptor-Ionen.

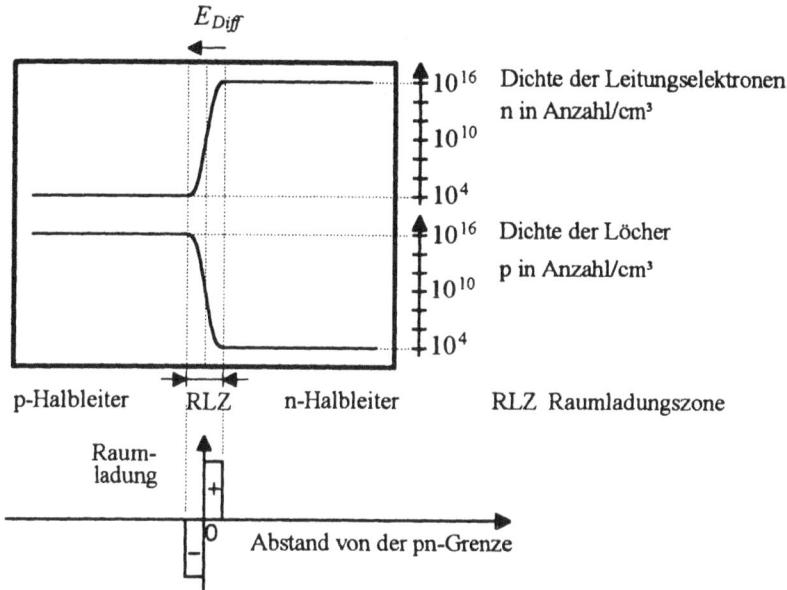

E_{Diff}

10^{16} Dichte der Leitungselektronen
n in Anzahl/cm³

10^{10}

10^4

10^{16} Dichte der Löcher
p in Anzahl/cm³

10^{10}

10^4

p-Halbleiter   RLZ   n-Halbleiter   RLZ Raumladungszone

Raum-
ladung

+

0

Abstand von der pn-Grenze

–

Bild 3.3: pn-Übergang nach der Diffusion im Kräftegleichgewicht

Der pn-Übergang besteht jetzt also aus einer positiv geladenen Schicht und aus einer negativ geladenen Schicht, die zusammen *Raumladungszone* (RLZ in Bild 3.3) genannt werden. Die Raumladungszone wirkt wie ein geladener Kondensator. Und wie bei einem geladenen Kondensator tritt zwischen beiden Schichten ein elektrisches Feld auf. Dieses Feld, das wir mit E_{Diff} bezeichnen, ist vom n-Halbleiter zum p-Halbleiter gerichtet. E_{Diff} wirkt folglich der Abwanderung weiterer Leitungselektronen aus dem n-Halbleiter und weiterer Löcher aus dem p-Halbleiter entgegen. Es entsteht so ein Gleichgewicht zwischen der Diffusion und dem elektrischen Feld E_{Diff}. Dadurch wird die Diffusion beendet, bevor der Dichteausgleich den gesamten Halbleiter erfaßt.

In der Mitte der Raumladungszone ist die gesamte Dichte der Löcher und Leitungselektronen $2 \bullet 10^{10} cm^{-3}$ und damit wesentlich kleiner als an den Rändern ($\approx 10^{16} cm^{-3}$). Die Raumladungsschicht ist also verglichen mit den neutralen Zonen arm an Leitungselektronen und Löchern. Die Breite der Raumladungszone hängt von der Dotierung ab; sie liegt zwischen 10nm und 10μm.

Zum elektrischen Feld E_{Diff} gehört eine Spannung, die *Diffusionsspannung*

U_{Diff} genannt wird. Die Diffusionsspannung hängt von der Temperatur und den Dotierungen des p- und n-Halbleiters ab. Bei der Temperatur T = 300K und üblichen Dotierungen ist $|U_{Diff}|$ einige 100mV.

Durchlaßbetrieb. Die wichtigste Eigenschaft eines pn-Übergangs zeigt sich, wenn man an den Halbleiter eine Spannung legt. Dazu erhalten der p-Halbleiter und der n-Halbleiter Elektroden. Die Elektrode des p-Halbleiters wird *Anode* genannt, die Elektrode des n-Halbleiters *Katode*. Das Bild 3.4 zeigt die Anordnung und die Festlegung der Bezugspfeile.

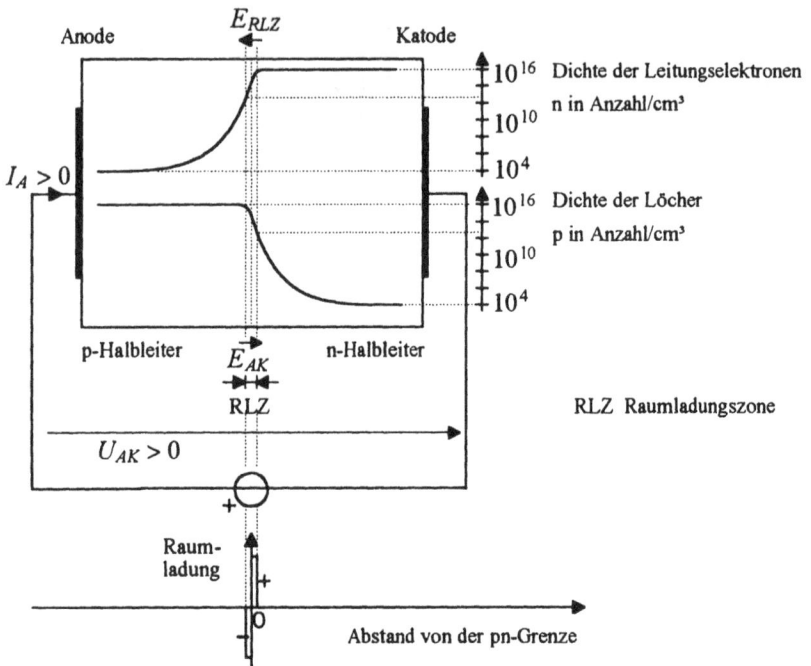

Bild 3.4: pn-Übergang im Durchlaßbetrieb

Wir betrachten zunächst den Fall $U_{AK} > 0$. Dann erzeugt U_{AK} ein elektrisches Feld E_{AK}, das dem durch Diffusion entstandenen elektrischen Feld E_{Diff} (Bild 3.3) entgegenwirkt. Folglich ist die resultierende Feldstärke E_{RLZ} in der Raumladungszone (Bild 3.4) kleiner als die Feldstärke E_{Diff}. Die Diffusion wird dadurch wieder möglich. Es fließen also

- Leitungselektronen vom n-Halbleiter in den p-Halbleiter.
- Löcher vom p-Halbleiter in den n-Halbleiter.

Jedes Elektron, das vom n-Halbleiter zum p-Halbleiter abfließt, wird durch ein Elektron ersetzt, das der Minuspol der Spannungsquelle in den n-Halbleiter sendet. Da sich Elektronen gegen die Richtung des Strom-Bezugspfeils bewegen, ist $I_A > 0$. Dieser Betrieb heißt *Durchlaßbetrieb*.

> Im Durchlaßbetrieb ist I_A um so gößer, je größer U_{AK} ist.

Die Raumladungszone ist um so dünner, je größer U_{AK} ist. Der Strom I_A hängt mit dem Dichtegefälle der Leitungselektronen im p-Halbleiter und dem Dichtegefälle der Löcher im n-Halbleiter zusammen. Das Bild 3.5 veranschaulicht das für die Löcherdichte im n-Halbleiter.

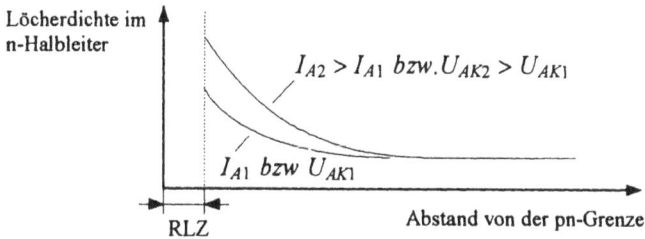

Bild 3.5: Abhängigkeit des Stromes I_A von der Löcherdichte im n-Halbleiter

Der Strom I_A ist um so größer, je größer das Dichtegefälle der Löcher im n-Halbleiter ist. Entsprechendes gilt für das Dichtegefälle der Leitungselektronen im p-Halbleiter jeweils am Rand der Raumladungszone.

Die Änderung des Dichtegefälles benötigt stets eine kleine Zeit, da sie mit der Bewegung von Ladungen verbunden ist. Ändert sich die Spannung U_{AK} sprunghaft, dann stellt sich der neue Wert von I_A erst kurze Zeit nach dem Spannungssprung ein.

Fassen wir zusammen:

> Der *Durchlaßstrom* $I_A > 0$ ist am Rand der Raumladungszone ein *Diffusionsstrom*.
>
> Je größer das Dichtegefälle der Löcher im n-Halbleiter und je größer das Dichtegefälle der Leitungselektronen im p-Halbleiter ist, desto größer ist der Durchlaßstrom.
>
> Die Änderung der Dichtegefälle erfordert Zeit. Ändert sich die Spannung U_{AK} sprunghaft, dann stellt sich der neue Wert von I_A erst nach dem Spannungsprung ein.

Sperrbetrieb. Der pn-Übergang ändert sein Verhalten, wenn die Spannung $U_{AK} < 0$ gewählt wird. Diesen sog. *Sperrbetrieb* zeigt das Bild 3.6.

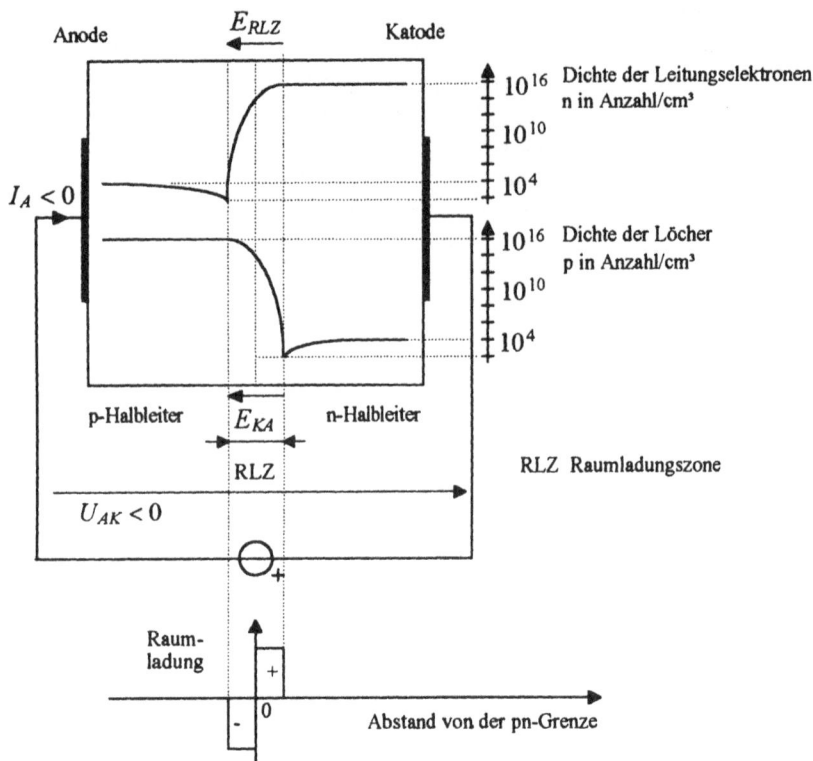

Bild 3.6: pn-Übergang im Sperrbetrieb

$U_{AK} < 0$ erzeugt ein elektrisches Feld E_{KA}, das das durch Diffusion entstandene elektrische Feld E_{Diff} (Bild 3.3) unterstützt. Folglich ist die resultierende Feldstärke E_{RLZ} in der Raumladungszone (Bild 3.6) größer als die Feldstärke E_{Diff}. Dadurch wird die Diffusion von Leitungselektronen aus dem n-Halbleiter in den p-Halbleiter und von Löchern aus dem p-Halbleiter in den n-Halbleiter unmöglich. Außerdem sinken in der Raumladungszone die Dichten der Löcher und Leitungselektronen unter ihre Werte bei $U_{AK} = 0$.

Im Sperrbetrieb ist die Raumladungszone breiter als bei $U_{AK} = 0$, da die Löcher des p-Halbleiters und die Leitungselektronen des n-Halbleiters durch das Feld E_{KA} von der Grenzschicht weggezogen werden.

Es sieht also so aus, als wäre der Strom $I_A = 0$. Tatsächlich stimmt das nicht ganz, denn das von U_{AK} erzeugte elektrische Feld treibt Leitungs- und Valenzelektronen, die als Elekton-Lochpaare durch thermische Energie in der Raumladungszone und in ihrer Nähe entstehen, durch die Raumladungszone. Es fließt daher ein *Sperrstrom* $I_A < 0$. Der Betrag des Sperrstroms ist sehr klein, denn die Dichte der Leitungselektronen und der Löcher ist in der Raumladungszone außerordentlich gering. Der Betrag des Sperrstroms ist bei Silizium kleiner als 1nA. Dementsprechend bezeichnet man die Raumladungszone in diesem Betrieb als *Sperrschicht*. Die Sperrschicht ist um so breiter, je größer $|U_{AK}|$ ist. Das elektrische Feld in der Sperrschicht ist nahezu unabhängig von der Sperrspannung.

Sperrschichtkapazität. Im Sperrbetrieb wirkt der pn-Übergang wie ein Kondensator mit einer *spannungsabhängigen Kapazität*: Die Sperrschicht ist das Dielektrikum des Kondensators und die beiden angrenzenden leitenden Schichten sind die Kondensatorplatten. Je größer $|U_{AK}|$ ist, desto kleiner ist die Sperrschichtkapazität. Im gesperrten Zustand kann die Diode also als *spannungsabhängige Kapazität* benutzt werden. Diese Eigenschaft nutzt man bei *Kapazitätsdioden* aus. Kapazitätsdioden haben bei $U_{AK} = 0$ eine Sperrschichtkapazität zwischen 10pF und 100pF.

Für die praktische Anwendung sind folgende Eigenschaften wichtig:

> Der *Sperrstrom* $I_A < 0$ ist unabhängig von der Sperrspannung.
>
> Bei Silizium ist der Betrag des Sperrstroms kleiner als 1nA.
>
> Der gesperrte pn-Übergang hat eine spannungsabhängige Sperrschichtkapazität.

$I_A U_{AK}$**-Kennlinie des pn-Übergangs.** Die theoretischen Untersuchungen des pn-Übergangs führten zu einer Gleichung für die Strom-Spannungs-Kennlinie. In dieser Gleichung spielt die sog. *Temperaturspannung* U_T eine Rolle:

$$U_T = \frac{k \cdot T_j}{q} \qquad (3.1)$$

$k = 1,380 \cdot 10^{-23} Ws/K$ Boltzmann-Faktor
$q = 1,602 \cdot 10^{-19} As$ Elementarladung
T_j Temperatur des pn-Übergangs

Bei $T_j = 300K$ ist $U_T = 25,9mV$.

Für den pn-Übergang lautet die Strom-Spannungs-Gleichung

$$I_A = I_{AS} \cdot (e^{\frac{U_{AK}}{U_T}} - 1) \qquad (3.2)$$

I_{AS} Sperrsättigungsstrom (gemessen bei $U_{AK} < -1V$)

Setzt man in der Gleichung (3.2) $I_{AS} = 1pA$ ein und $U_T = 25,9mV$, dann ergibt sich die $I_A U_{AK}$-Kennlinie Bild 3.7. Im Bild 3.7a sind die Durchlaß- und die Sperrkennlinie dargestellt. Da in dem gewählten Maßstab der Verlauf der

Sperrkennlinie nicht zu erkennen ist, ist die Sperrkennlinie im Bild 3.7b noch einmal stark vergrößert gezeichnet.

Die Gleichung (3.2) gilt für die $I_A U_{AK}$-Kennlinie einer *idealen* Gleichrichterdiode. Im nächsten Abschnitt werden Sie sehen, daß die $I_A U_{AK}$-Kennlinie der *realen* Gleichrichterdiode von der idealen Kennlinie etwas abweicht.

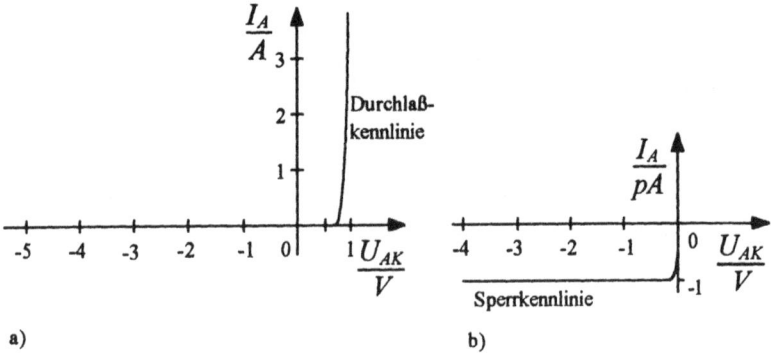

a)   b)

Bild 3.7: $I_A U_{AK}$-Kennlinie des pn-Übergangs
        a) Durchlaß- und Sperrkennlinie, b) Sperrkennlinie

3.3 Gleichrichterdiode

Im letzten Abschnitt lernten Sie die Wirkungsweise der *idealen Gleichrichterdiode* kennen. Wir wenden uns jetzt der *realen Gleichrichterdiode* zu, bei der es einige Abweichungen gegenüber dem Idealfall gibt. Dazu betrachten wir das Bild 3.8.

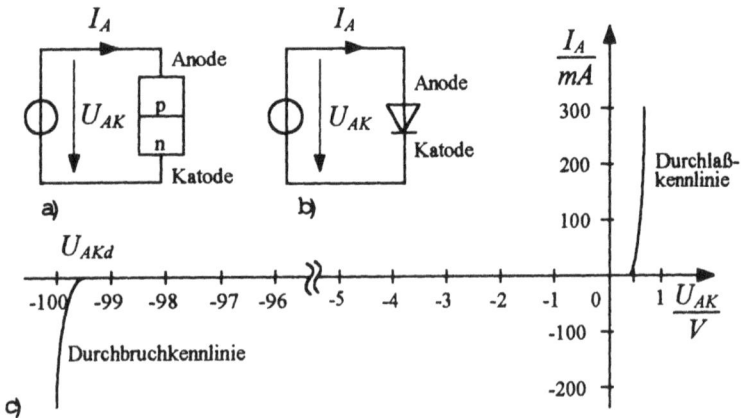

Bild 3.8: Gleichrichterdiode
        a) pn-Schichten, b) Schaltzeichen, c) $I_A U_{AK}$-Kennlinie

$I_A U_{AK}$-**Kennlinie.** Das Bild 3.8a zeigt den Aufbau der Gleichrichterdiode. Im Bild 3.8b sind ihr Schaltzeichen und die Festlegung der Bezugspfeile wiedergegeben. Das Bild 3.8c stellt die $I_A U_{AK}$-Kennlinie dar. Wie man sieht, stimmt die $I_A U_{AK}$-Kennlinie der realen Gleichrichterdiode (Bild 3.8c) mit der $I_A U_{AK}$-Kennlinie der idealen Gleichrichterdiode (Bild 3.7) nur zum Teil überein.

Vertraut ist im Bild 3.8c die *Durchlaßkennlinie*, die für $U_{AK} > 0$ gilt. Ebenfalls vertraut ist die Sperrkennlinie, die im Bild 3.8c für U_{AK} von 0V bis etwa -100V gilt. Neu ist die *Durchbruchkennlinie*, die für $U_{AK} < -100V$ gilt. Der zugehörige Wert von U_{AK} wird *Durchbruchspannung* U_{AKd} genannt. Bei $U_{AK} < U_{AKd}$ verliert der pn-Übergang seine Sperrfähigkeit.

Zur Durchbruchkennlinie gehören ein großer U_{AK}-Betrag und ein großer I_A-Betrag und somit eine große Leistung. Beim Betrieb im Durchbruchbereich ist die Leistung so groß, daß die zulässige Sperrschichttemperatur überschritten und die Diode zerstört wird. Deshalb gilt:

> Gleichrichterdioden dürfen nicht im Bereich der Durchbruchkennlinie betrieben werden.

Kenngrößen. Die Tabelle Bild 3.9 enthält die wichtigsten Kenngrößen und Kennwerte der Silizium-Gleichrichterdiode. Zum Vergleich sind die Kennwerte der Germanium-Gleichrichterdiode ergänzt, die heute nur noch spezielle Anwendungen findet.

Kenngröße	Silizium	Germanium
Durchlaßspannung	ca. 0,7V	ca. 0,2V
Durchbruchspannung	-20V...-10kV	-10V...-100V
Sperrstrom	< -1nA	< -1µA
höchste zulässige Sperrschichttemperatur	120°C...200°C	75°C...100°C

Bild 3.9: Kenngrößen und Kennwerte von Silizium- und Germanium-Gleichrichterdioden

Das vollständige Datenblatt einer Silizium-Gleichrichterdiode finden Sie im Anhang.

Temperaturabhängigkeit. Die Leitfähigkeit aller Halbleiterbauelemente wird stark durch die Temperatur beeinflußt. Das gilt selbstverständlich auch für Gleichrichterdioden. Das Bild 3.10 zeigt die Durchlaßkennlinien einer Gleichrichterdiode für die Sperrschichttemperaturen 25°C und 100°C.

Aufgabe 3.2

Aus dem Bild 3.10 sind folgende Stromverhältnisse zu ermitteln:

a) $\dfrac{I_A(100^\circ C)}{I_A(25^\circ C)}$ *bei* $U_{AK} = 0,7V$ ($I_A(100^\circ C)$ wird gelesen: I_A bei 100°C)

b) $\dfrac{I_A(100^\circ C)}{I_A(25^\circ C)}$ *bei* $U_{AK} = -5V$

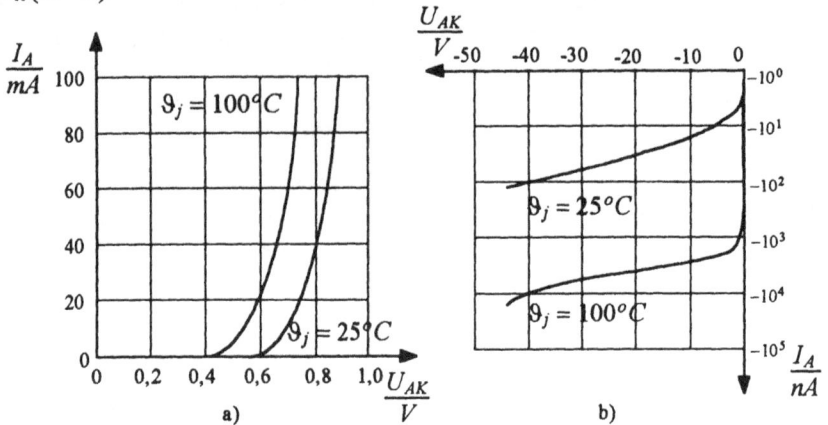

Bild 3.10: Temperaturabhängigkeit der $I_A U_{AK}$-Kennlinie der Gleichrichterdiode a) Durchlaßkennlinie, b) Sperrkennlinie

Die vorstehende Aufgabe zeigt, daß insbesondere der Sperrstrom der Gleichrichterdiode sehr stark von der Temperatur abhängt. Allgemein gilt:

> Der Sperrsättigungsstrom I_{AS} von Silizium- und Germanium-Dioden ver-
> doppelt sich, wenn die Sperrschichttemperatur um etwa 10°C steigt.

Weiterhin erkennen wir aus dem Bild 3.10, daß sich die Durchlaßkennlinie
mit zunehmender Sperrschichttemperatur nach links verschiebt. Diese Ver-
schiebung wird durch den sog. *Temperaturdurchgriff* beschrieben.

> Der *Temperaturdurchgriff* D_T ist das Verhältnis
>
> *Anodenspannungsänderung zu Sperrschichttemperaturänderung*
>
> bei konstantem Durchlaßstrom.

$$D_T = \frac{\Delta U_{AK}}{\Delta \vartheta_j} \quad bei\ I_A = konst > 0 \tag{3.3}$$

$$[D_T] = \frac{mV}{K}$$

Gleichrichterdioden aus Silizium und Germanium haben einen Temperatur-durchgriff von etwa -2mV/K.

Aufgabe 3.3

Bestimmen Sie aus dem Bild 3.10 den Temperaturdurchgriff für $I_A = 20mA$.

U_F, I_F, U_R, I_R. In den Datenblättern von Gleichrichterdioden findet man häufig für die Durchlaßspannung $U_{AK} > 0$ die Bezeichnung U_F. Der Index F bedeutet *forward* (vorwärts). Entsprechend wird der Durchlaßstrom $I_A > 0$ mit I_F bezeichnet. Es gilt dann:

$$U_F = U_{AK} \geq 0$$
$$I_F = I_A \geq 0$$

Für die Sperrspannung $U_{AK} < 0$ und den Sperrstrom $I_A < 0$ werden in Datenblättern auch die Formelbuchstaben U_R und I_R benutzt. Der Index R steht für *reverse* (rückwärts). Es ist also

$$U_F = -U_{AK} > 0$$
$$I_F = -I_A > 0$$

Wir werden von dieser Darstellung keinen Gebrauch machen.

3.4 Reihenschaltung einer Gleichrichterdiode und eines ohmschen Widerstandes

Zur Vorbereitung auf die Gleichrichterschaltungen beschäftigen wir uns als nächstes mit der Reihenschaltung einer Gleichrichterdiode und eines ohmschen Lastwiderstandes R_L. Die Schaltung zeigt das Bild 3.11.

Lastkennlinie. Für die Schaltung Bild 3.11a können wir zwei $I_A U_{AK}$-Kennlinien zeichnen. Die erste ist die bekannte $I_A U_{AK}$-Kennlinie der Gleichrichterdiode, die im Bild 3.11b eingezeichnet ist. Die zweite $I_A U_{AK}$-Kennlinie hängt u.a. vom Lastwiderstand R_L ab und wird deshalb *Lastkennlinie* genannt. Die Gleichung der Lastkennlinie erhalten wir aus der Schaltung 3.11a:

$$U_q - U_{AK} - I_A \bullet R_L = 0 \quad \Rightarrow$$

$$\boxed{I_A = \frac{U_q}{R_L} - \frac{U_{AK}}{R_L}} \tag{3.4}$$

Mit der vorstehenden Gleichung können wir die Lastkennlinie in dem Bild 3.11b einzeichnen.

Aufgabe 3.4

a) Berechnen Sie in der Schaltung Bild 3.11a die Werte von I_A für $U_{AK}=$ 0V, 2,5V und 5V.

b) Zeichnen Sie im Bild 3.11b die Lastkennlinie der Schaltung Bild 3.11a ein.

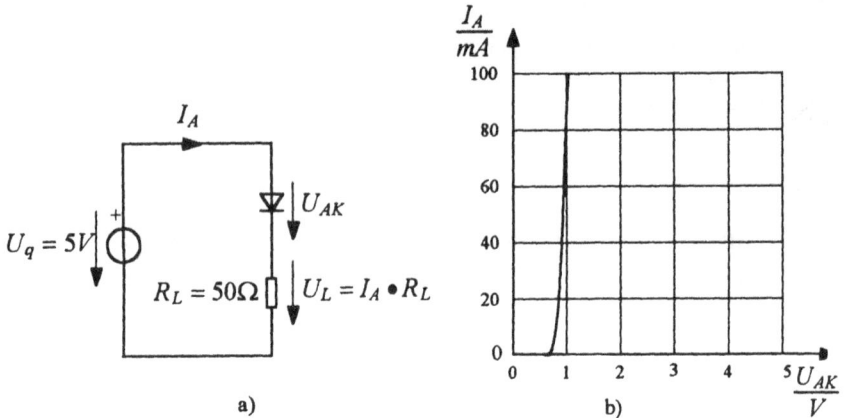

Bild 3.11: Reihenschaltung einer Gleichrichterdiode und eines ohmschen Lastwiderstandes

Wenn Sie in der Aufgabe 3.4a die berechneten Punkte richtig in das Diagramm Bild 3.11b eingetragen haben, dann liegen alle Punkte auf einer Geraden. Diese Gerade geht durch die Punkte P_1 (0V; 100mA) und P_2 (5V; 0mA). Die Gleichung (3.4) der Lastkennlinie ist also die Gleichung einer Geraden, denn: U_q und R_L sind Konstanten, U_{AK} ist die unabhängige Variable, I_A ist die abhängige Variable.

Demzufolge reicht es aus, wenn man nur zwei Punkte der Lastgeraden ermittelt. Um eine große zeichnerische Genauigkeit zu erreichen, legt man die beiden Punkte möglichst weit auseinander. Einfach zu berechnen sind die Punkte *P_1 bei $U_{AK1} = 0$* und *P_2 bei $U_{AK2}= U_q$*, wie die folgende Rechnung zeigt. Aus der Gleichung (3.4) erhalten wir für $U_{AK1} = 0$:

$$I_{A1} = \frac{U_q}{R_L} - \frac{0}{R_L} = \frac{U_q}{R_L} \quad \Rightarrow$$

$$\boxed{P_1 = (0; \frac{U_q}{R_L})} \qquad\qquad (3.5)$$

Aus der Gleichung (3.4) folgt für $U_{AK2}=U_q$:

$$I_{A2} = \frac{U_q}{R_L} - \frac{U_q}{R_L} = 0 \quad \Rightarrow$$

$$\boxed{P_2 = (U_q; 0)} \tag{3.6}$$

Aus dem Diagramm Bild 3.11b kann man die Werte von I_A, U_{AK} und U_L ablesen. Das geschieht in der folgenden Aufgabe.

Aufgabe 3.5

a) Wie groß ist I_A in der Schaltung Bild 3.11a?

b) Wie groß sind U_{AK} und U_L in der Schaltung Bild 3.11a?

Gleichrichter-Grundschaltung. Ersetzen wir im Bild 3.11a die Urgleichspannung $U_q = 5V$ durch eine Wechselspannung $u_q = 5V \cdot \sin(\omega \cdot t)$, $f = 50Hz$, dann erhalten wir die Gleichrichter-Grundschaltung Bild 3.12a.

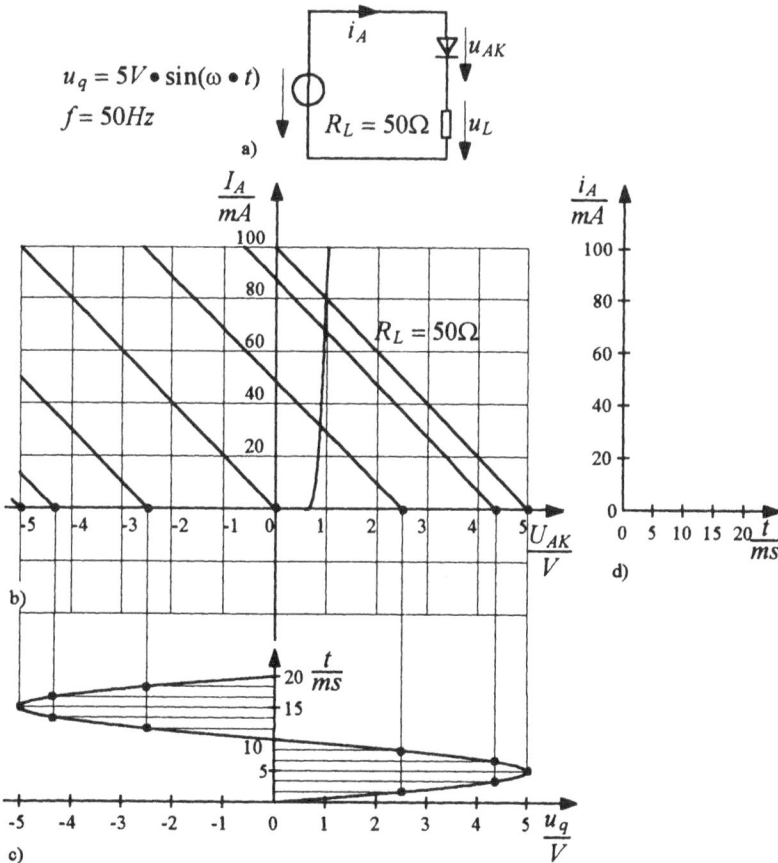

Bild 3.12: Gleichrichter-Grundschaltung
 a) Schaltung, b) Diodenkennlinie und Lastkennlinien zu
 verschiedenen Zeiten, c) $u_q = f(t)$, d) $i_a = f(t)$

Die Schaltung ist zwar unvollkommen, dennoch lohnt es sich, sie etwas genauer zu untersuchen. Da u_q eine zeitabhängige Spannung ist, hängen jetzt auch der Anodenstrom, die Anodenspannung und die Lastspannung von der Zeit ab. Wir schreiben deshalb i_A, u_{AK} und u_L. Die Gleichung der Lastkennlinie lautet dann für die Schaltung Bild 3.12a wie folgt:

$$i_A = \frac{u_q}{R_L} - \frac{u_{Ak}}{R_L} \qquad\qquad (3.7)$$

In diese Gleichung können wir für u_q zum Beispiel folgende Werte einsetzen:

t in ms	u_q in V
0	0
5	5
10	0
15	-5
20	0

Wir erhalten also für jeden Zeitpunkt eine andere Lastkennlinie. Einige Lastkennlinien sind in dem Bild 3.12b eingetragen. Beachten Sie den Zusammenhang zwischen den Lastkennlinien und der Quellenspannung $u_q = f(t)$. Die Diagramme Bild 3.12b und Bild 3.12c ermöglichen es, den Strom $i_A = f(t)$ zu konstruieren. Dazu gibt Ihnen die folgende Aufgabe Gelegenheit.

Aufgabe 3.6

Zur Schaltung Bild 3.12a gehören die Diagramme Bild 3.12b und c.

a) Konstruieren Sie den Stromverlauf von i_A im Diagramm Bild 3.12d.

b) Beschreiben Sie den zeitlichen Verlauf von u_L.

c) Wie groß sind der Maximalwert $\hat{u}_{AK}$ und der Minimalwert $\check{u}_{AK}$?

d) Bestimmen Sie die Stromart von i_A und die Spannungsarten von u_L und u_{AK} (Gleich-, Wechsel- oder Mischgröße).

Von einem Gleichrichter erwarten wir, daß er dem Lastwiderstand R_L einen Gleichstrom zuführt. Tatsächlich ist aber in der Schaltung Bild 3.12a der Laststrom i_A nur ein Mischstrom mit positiven Momentanwerten. Die Schaltung muß also noch stark verbessert werden.

3.5 Ersatzschaltung der Gleichrichterdiode

Im vorausgehenden Abschnitt haben wir die Reihenschaltung aus einem nichtlinearen Widerstand (Gleichrichterdiode) und einem linearen Lastwiderstand zeichnerisch behandelt. Wir stellten dabei fest, daß dieses Verfahren recht mühsam ist. Deshalb wird in der Praxis häufig ein Rechenverfahren bevorzugt, bei dem die nichtlineare Kennlinie der Gleichrichterdiode durch Geraden angenähert wird. Dieses Verfahren wollen wir jetzt kennenlernen.

Linearisierung. Im Bild 3.13a wird die $I_A U_{AK}$-Kennlinie der Gleichrichterdiode durch zwei Tangenten ersetzt. Auf diese Weise entsteht die *Knickkennlinie* Bild 3.13b.

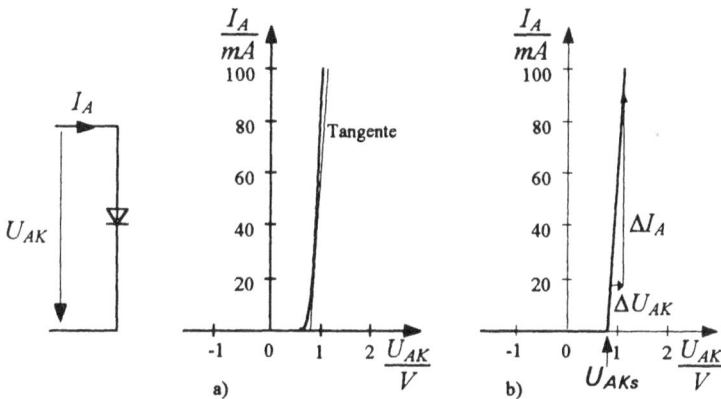

Bild 3.13: $I_A U_{AK}$-Kennlinien der Gleichrichterdiode
a) Durchlaßkennlinie und Tangente, b) Knickkennlinie

Im Bild 3.13b ist für die Tangente der Durchlaßkennlinie ein Steigungsdreieck eingezeichnet, dessen Katheten ΔU_{AK} und ΔI_A sind. Teilen wir ΔU_{AK} durch ΔI_A, dann erhalten wir den *differentiellen Widerstand* der Gleichrichterdiode im Durchlaßbetrieb:

$$r_{AK} = \frac{\Delta U_{AK}}{\Delta I_A} \qquad (3.8)$$

Außerdem ist Im Bild 3.13b die *Schwellenspannung* U_{AKs} eingetragen.

Aufgabe 3.7

Ermitteln Sie aus dem Bild 3.13b die Schwellenspannung U_{AKs} und den differentiellen Widerstand r_{AK} der Gleichrichterdiode.

Ideale Gleichrichterdiode. Für grundlegende Betrachtungen reicht es aus, wenn wir den differentiellen Widerstand r_{AK} der Gleichrichterdiode vernachlässigen. Wir erhalten dann eine ideale Diode, für die wir das nicht genormte Schaltzeichen Bild 3.14a benutzen. Die zugehörige $I_A U_{AK}$-Kennlinie zeigt das Bild 3.14b.

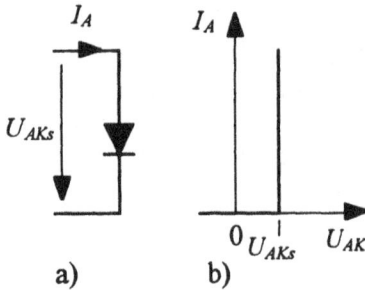

Bild 3.14: Ideale Gleichrichterdiode
a) Schaltzeichen,
b) Kennlinie

Ersatzschaltung der Gleichrichterdiode. Für die Gleichrichterdiode mit der Schwellenspannung U_{AKs} und dem differentiellen Widerstand r_{AK} können wir eine einfache Ersatzschaltung zeichnen. Dazu gehen wir von dem Bild 3.15a aus.

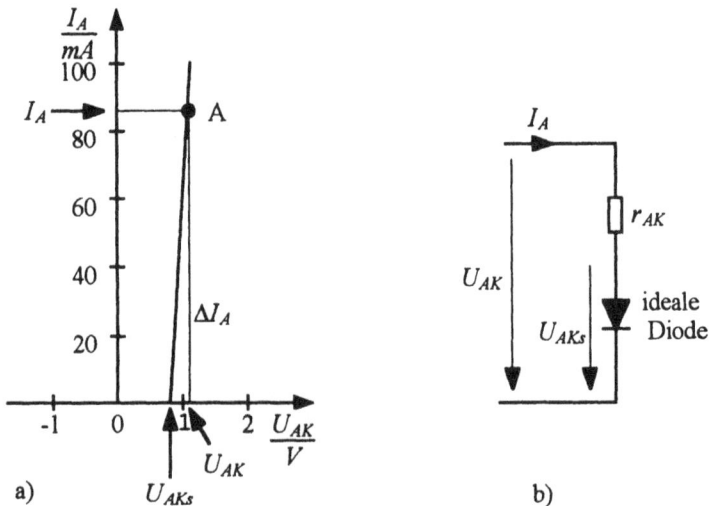

Bild 3.15: Gleichrichterdiode, a) Knickkennlinie, b) Ersatzschaltung

Zum Arbeitspunkt A gehören die Spannung U_{AK} und der Strom I_A. Der Durchlaßkennlinie können wir ein Steigungsdreieck mit $\Delta U_{AK} = U_{AK} - U_{AKs}$ und $\Delta I_A = I_A$ zuordnen. Dann gilt

$$r_{AK} = \frac{\Delta U_{AK}}{\Delta I_A} = \frac{U_{AK} - U_{AKs}}{I_A} \quad \Rightarrow$$

$$U_{AK} = I_A \bullet r_{AK} + U_{AKs} \qquad (3.9)$$

Wenn Sie für das Bild 3.15b eine Gleichung aufstellen, dann finden Sie erneut die Gleichung (3.9). Somit ist also die Schaltung Bild 3.15b eine *Ersatzschaltung* für $U_{AK} \geq U_{AKs}$. Die Ersatzschaltung gilt aber auch für $U_{AK} < U_{AKs}$, denn dann sperrt die ideale Diode.

Zusammenfassend halten wir fest:

> Die Gleichrichterdiode kann durch eine Reihenschaltung aus ihrem differentiellen Widerstand r_{AK} und einer idealen Diode mit der Schwellenspannung U_{AKs} ersetzt werden.

Beachten Sie bitte, daß die Schaltung im Bild 3.15b lediglich eine *Ersatzschaltung* bzw. ein *Modell* ist, das nur den Durchlaß- und Sperrbetrieb der Gleichrichterdiode annähernd richtig beschreibt. Andere Eigenschaften werden von dem Modell nicht erfaßt. Zum Beispiel beschreibt es nicht den Sperrwiderstand, die Durchbruchspannung und das Schaltverhalten der Diode. Dennoch ist die Ersatzschaltung für die Gleichrichtung niederfrequenter Wechselspannungen recht brauchbar, wie Sie gleich sehen werden.

Aufgabe 3.8

In der Schaltung 3.12a hat die Gleichrichterdiode eine Schwellenspannung $U_{AKs} = 0,8\,V$ und einen differentiellen Widerstand $r_{AK} = 3,2\,\Omega$ (Aufgabe 3.7).

a) Wie lautet die Gleichung $i_A = f(t)$ für den Durchlaßbetrieb, wenn für die Gleichrichterdiode die Ersatzschaltung Bild 3.15b benutzt wird?

b) Wie lautet die Gleichung $i_A = f(t)$ für den Sperrbetrieb, wenn für die Gleichrichterdiode die Ersatzschaltung Bild 3.15b benutzt wird?

c) Berechnen Sie mit den vorstehenden Gleichungen $i_A(t)$ für t = 0ms, 0,51ms, 5ms, 9,49ms, 10ms, 15ms, 20ms? Vergleichen Sie die berechneten Werte mit den Werten, die Sie für die Aufgabe 3.12a zeichnerisch ermittelten.

3.6 Simulation der Gleichrichterdiode

Simulation. Früher entwickelte man eine Schaltung in folgenden Schritten:

- Schaltungseigenschaften definieren.
- Schaltung mit rechnerischen/zeichnerischem Verfahren dimensionieren.
- Schaltung aufbauen und Werte der Bauelemente solange ändern, bis die definierten Schaltungseigenschaften erreicht werden.
- Schaltung testen.

Im allgemeinen ergab der Schaltungstest nicht die definierten Schaltungseigenschaften. Die Schaltung mußte anschließend in zeitaufwendigen Versuchen verbessert werden.

Heute, im Computer-Zeitalter, sieht die Schaltungsentwicklung so aus:

- Schaltungseigenschaften definieren
- Schaltung überschlägig dimensionieren
- Schaltung auf einem Rechner simulieren und Werte der Bauelemente solange ändern, bis die definierten Schaltungseigenschaften erreicht werden
- Schaltung aufbauen
- Schaltung testen

Die Schaltungssimulation ermöglicht es, die Schaltung in kurzer Zeit so zu verbessern, daß sie die definierten Eigenschaften aufweist. Im allgemeinen ergibt der abschließende Schaltungstest eine gute Übereinstimmung mit der Schaltungssimulation.

Die Schaltungssimulation läuft wie folgt ab:

- Schaltung auf dem Bildschirm zeichnen und Werte der Bauelemente, Spannungsquellen und Stromquellen eingeben.
- Schaltung simulieren. Dabei können u.a. beliebige Spannungs-Zeit-Diagramme, Strom-Zeit-Diagramme und Frequenzgänge auf dem Bildschirm abgebildet werden.
- Werte der Bauelemente solange ändern, bis die Schaltung die definierten Eigenschaften aufweist.

Mit allen Simulationsprogrammen kann man auch die Kennlinien von Bauelementen darstellen. Einige Simulationsprogramme können außerdem das Schaltungs-Layout für gedruckte Schaltungen oder Integrierte Schaltungen ausgeben.

Im folgenden werden wir mit dem Simulationsprogramm MICRO-CAP IV S arbeiten. Die *Schaltungsdiskette* des Buches enthält in dem Verzeichnis DATAKA alle mit MICRO-CAP IV S simulierten Schaltungen. Für den Gebrauch, kopieren Sie am besten das Verzeichnis DATAKA auf Ihre Festplatte als Unterverzeichnis von MICRO-CAP IV S. Sie können die Schaltungen aber auch mit der kostenlosen Demonstrations-Diskette von MICRO-CAP V simulieren. Lesen Sie dazu bitte die Datei LIESMICH.TXT der Schaltungs-Diskette mit dem DOS-EDITOR EDIT.COM.

MICRO-CAP IV S stellt Gleichrichterdioden, Transistoren, Operationsverstärker usw. durch Ersatzschaltungen dar. Die Ersatzschaltung für die Gleichrichterdiode, die in MICRO-CAP IV S verwendet wird, ist wesentlich umfangreicher als unsere Ersatzschaltung, die wir im vorhergehenden Abschnitt erarbeiteten. Überzeugen Sie sich selbst in der nächsten Aufgabe.

Aufgabe 3.9

Wir wollen anhand Diode D1N3900 die Dioden-Ersatzschaltung des Programms MICRO-CAP IV S kennenlernen und außerdem die $I_A U_{AK}$-Kennlinie darstellen.

a) Starten Sie Ihr Programm MICRO-CAP IV S.
   Rufen Sie die Datei DATAKA wie folgt auf:

   - FILE (obere Menüleiste)
   - 3: LOAD SCHEMATIC

Rufen Sie aus der Datei DATAKA die Datei DIODE_IU.CIR auf. Sie erhalten die Reihenschaltung aus einem Widerstand 200Ω und der Diode D1N3900, die von einer Batterie mit 1V gespeist wird. Zu der Diode gehört eine *Modellbeschreibung*, die wie folgt beginnt:

```
.MODEL D1N3900 D (IS=240.403P RS=6.44004M ... BV=490
RL=1.78573MEG ...)
```

Die Abkürzungen in der Klammer sind *Kenngrößen* der Gleichrichterdiode. Z.B bedeutet

`IS=240.403P`	Saturation Current in pA, Sperrsättigungsstrom
`RS=6.44004M`	Serial Resistance in mΩ, Reihenwiderstand
`BV=490`	Reverse Breakdown Voltage in V, Durchbruchspannung
`RL=1.78573MEG`	Leakage Resistance in MΩ, Isolationswiderstand

Der Widerstand 200Ω dient zur Strombegrenzung und zur Ermittlung des Anodentromes I_A. Der Bezugspfeil von I_A zeigt vom Punkt Q zum Punkt A. Der Bezugspfeil von U_{AK} zeigt vom Punkt A zum Punkt K.

Bevor wir uns die Diodenkennlinie ansehen, sollten Sie wissen, **wie man MICRO-CAP verläßt:**

- Rechteck in der Ecke oben links anklicken
- 3: QUIT anklicken

Wenn Sie DIODE_IU.CIR geändert haben, dann gibt MICRO-CAP nach QUIT folgenden Text aus:

`File has changed`	Datei wurde geändert
`C:\MC4S\DATAKA\DIODE_IU.CIR`	
`Do you want to save it?`	Möchten Sie sie speichern?
`Yes` `No` `Cancel`	Ja Nein Abbrechen

Auf die Frage 'Do you want to save?' klicken Sie immer auf No, damit die originale Datei erhalten bleibt.

b) Mit dem Programm-Modul DC ANALYSIS kann man Kennlinien von Bauelementen darstellen.Wir sehen uns damit die $I_A U_{AK}$-Kennlinie der Gleichrichterdiode D1N3900 an.

Rufen Sie das Menü RUN auf und dann DC ANALYSIS.
Sie erhalten das Fenster DC ANALYSIS LIMITS. In diesem Fenster werden die Meßgrößen und die Meßbereiche festgelegt. Wichtig ist zunächst die Eintragung

```
Input 1 range     500,-800,10
```

Dieser Eintrag legt fest: Die Batteriespannung (Input 1) wird von 500V bis -800V um jeweils 10V geändert.

Weiterhin enthält das Fenster die Tabelle

```
P   X expression   Y expression   X range   Y range   fmt
1   V(A,K)          I(Q,A)         100,-900  3,-2      5.3
```

Es bedeutet:

P 1	Zeichne (plott) das Diagramm in Koordinatenkreuz 1
X expression V(A,K)	Die x-Achse zeigt die Spannung (V, voltage), deren Bezugspfeil von Punkt A nach Punkt K zeigt
Y expression I(Q,A)	Die y-Achse zeigt den Strom (I), dessen Bezugspfeil von Punkt Q nach Punkt A zeigt
X range 100,-900	Der Bereich (range) der x-Achse geht von100V ... -900V
Y range 3,-2	Der Bereich (range) der y-Achse geht von 3A ... -2A
fmt 5.3	Zahlen werden in Tabellen mit 5 Vorkommastellen und 3 Nachkommastellen ausgegeben

Damit Sie nun auch das Diagramm sehen, müssen Sie das Menü DC aufrufen und anschließend RUN anklicken.

Das Diagramm zeigt die Durchbruchkennlinie, die Sperrkennlinie und die Durchlaßkennlinie der Diode. Einzelheiten sind wegen des großen Maßstabes nicht zu erkennen.

c) Wir wollen uns jetzt die Durchlaßkennlinie genauer ansehen. Dazu müssen wir zum Fenster DC ANALYSIS LIMITS zurück.

Rufen Sie DC und anschließend LIMITS auf. Ändern Sie:

```
Input 1 range     900,0,10
```

```
P  X expression   Y expression   X range   Y range   fmt
1  V(A,K)          I(Q,A)         1,0       5,0       5.3
```

Was bedeuten die geänderten Eintragungen?
Wie erhalten Sie die Kennliniendarstellung?
Welchen Teil der Dioden-Kennlinie zeigt das Diagramm?

d) Wir sehen uns jetzt die Sperrkennlinie an. Dazu müssen wir erneut zum Fenster DC ANALYSIS LIMITS zurück. Wie erreichen Sie das?

Ändern Sie:

```
Input 1 range     0,-492,10

P  X expression   Y expression   X range   Y range   fmt
1  V(A,K)          I(Q,A)         0,-500    0,-1E-3   5.3
```

Was bedeuten die geänderten Eintragungen?
Welchen Teil der Dioden-Kennlinie zeigt das Diagramm?

e) Wir sehen uns abschließend die Durchbruchkennlinie an. Dazu müssen wir noch einmal zum Fenster DC ANALYSIS LIMITS zurück. Ändern Sie:

```
Input 1 range     -490,-800,10

P  X expression   Y expression   X range   Y range   fmt
1  V(A,K)          I(Q,A)         -490,-491 0, -2     5.3
```

Was bedeuten die geänderten Eintragungen?
Welchen Teil der Dioden-Kennlinie zeigt das Diagramm?

Wir verlassen jetzt MICRO-CAP wie eingangs beschrieben:

- Rechteck in der Ecke oben links anklicken
- 3: QUIT anklicken

Sie gelangen zunächst zur Schaltung zurück und müssen dann die Operation noch einmal wiederholen. Speichern Sie *nicht* die Schaltung beim Verlassen von MICRO-CAP!

Die vorstehende Aufgabe zeigt, daß MICRO-CAP für die Gleichrichterdiode eine Ersatzschaltung mit vielen Kenngrößen verwendet. Dementsprechend stimmt die simulierte $I_A U_{AK}$-Kennlinie sehr gut mit der tatsächlichen Kennlinie überein.

Wir wenden uns in der nächsten Aufgabe der Simulation von Spannungs-Zeit-Diagrammen und Strom-Zeit-Diagrammen zu.

Aufgabe 3.10

Wir wollen die Reihenschaltung aus Gleichrichterdiode und Widerstand Bild 3.12a simulieren und uns die Spannungs-Zeit-Diagramme und das Strom-Zeit-Diagramm ansehen.

a) Starten Sie MICRO-CAP und rufen Sie aus der Datei DATAKA das Programm DIODE_R.CIR auf.

Der Bildschirm zeigt die Schaltung 3.16a, die Modellbeschreibung der Diode, die Modellbeschreibung der Spannungsquelle, die Definition des Lastwiderstandes RLAST und die Definition des Quellenwiderstandes RQUELL. Die Modellbeschreibung der Spannungsquelle lautet:

`.MODEL uq SIN (F=50 A=5 RS=1m)`

Es bedeutet:

`SIN`	Das Bauelement mit Namen uq ist eine Sinusspannungsquelle
`F=50`	Die Frequenz ist 50Hz
`A=5`	Die Amplitude ist 5V
`RS=1m`	Der Serienwiderstand ist 1mΩ

Der Lastwiderstand RLAST ist wie folgt definiert:

`.define RLAST 50`   Das bedeutet: RLAST=50Ω

b) Mit dem Programm-Modul TRANSIENT ANALYSIS kann man die Spannungs-Zeit-Diagramme und die Strom-Zeit-Diagramme der Schaltung abbilden.

Rufen Sie das Menü RUN auf und dann TRANSIENT ANALYSIS.

Sie erhalten das Fenster TRANSIENT ANALYSIS LIMITS. In diesem Fenster werden die Meßgrößen und die Meßbereiche festgelegt. Wichtig ist die Eintragung

`Time range    50m,0`   Der Rechner berechnet Werte für den Zeitbereich 50ms ... 0ms

Weiterhin enthält das Fenster die Tabelle

P	X expression	Y expression	X range	Y range	fmt
1	t	V(A,0)	50m,0	5,−5	5.3
2	t	V(A,K)	50m,0	5,−5	5.3
3	t	V(K,0)	50m,0	5,−5	5.3
4	t	I(K,0)	50m,0	100m,−100m	5.3

Es bedeutet:

`P`
`1`
`2`
`3`
`4`
	Es werden vier Diagramme gezeichnet

`X expression` `t`	Auf der x-Achse wird die Zeit t dargestellt
`Y expression` `V(A,0)`	Auf der y-Achse wird die Spannung (V) zwischen dem Punkt A und Masse (0) dargestellt

`X range`   es wir der Zeitbereich von 50ms ... 0ms dargestellt
`50m,0`

Die Diagramme erhalten Sie, wenn Sie das Menü TRANSIENT aufrufen und anschließend RUN anklicken. Das Bild 3.16b zeigt das Ergebnis.

c) Die Diagramme sind besser zu erkennen, wenn alle Spannungs-Zeit-Diagramme in einem Koordinatenkreuz abgebildet werden. Ändern Sie dementsprechend im Fenster TRANSIENT ANALYSIS LIMITS die Einträge in der P-Spalte. In das Fenster TRANSIENT ANALYSIS LIMITS kommen Sie zurück, indem Sie zuerst TRANSIENT anklicken und anschließend LIMITS.

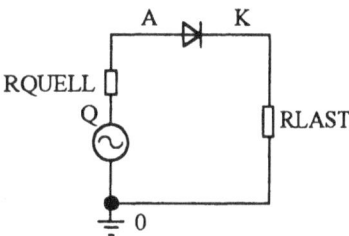

a)   MICRO-CAP-Darstellung   übliche Darstellung

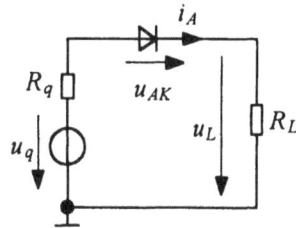

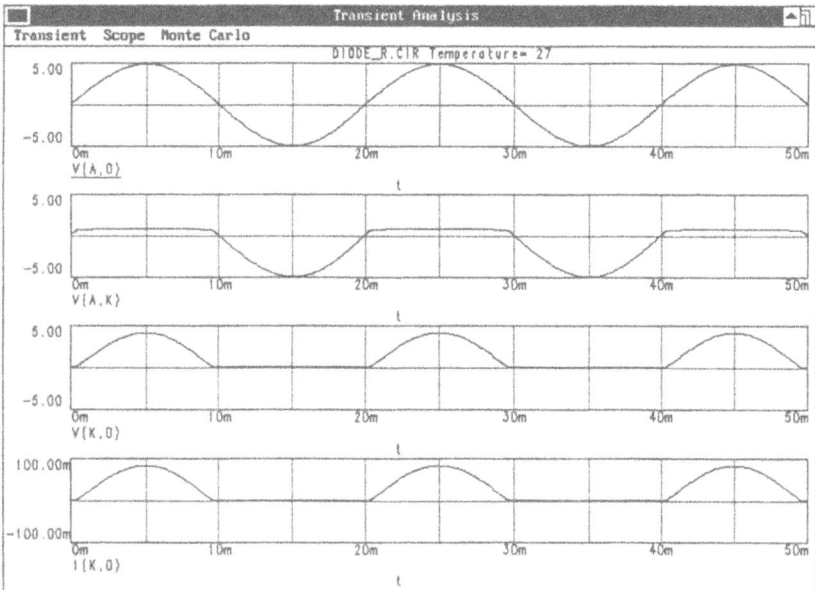

b)

Bild 3.16: Simulation mit MICRO-CAP
          a) Schaltung b) Diagramme $u_q = f(t)$, $u_{AK} = f(t)$, $u_L = f(t)$, $i_A = f(t)$

d) Ändern Sie im Fenster TRANSIENT ANALYSIS LIMITS die Einträge
   in der P-Spalte so, daß nur das Diagramm V(A,K) dargestellt wird.

   Verlassen Sie MICRO-CAP:

   - Rechteck in der Ecke oben links anklicken
   - 3: QUIT anklicken

   Sie gelangen zunächst zur Schaltung zurück und müssen dann die Operation noch einmal wiederholen. Speichern Sie *nicht* die Schaltung beim
   Verlassen von MICRO-CAP!

Die vorstehende Aufgabe zeigt, daß die Simulation ein Oszilloskop ersetzt.
Wir werden von jetzt an MICRO-CAP häufig einsetzen und dabei weitere
Möglichkeiten kennenlernen.

3.7 Einweggleichrichtung

Schaltung und Wirkungsweise. Die Reihenschaltung in Bild 3.16a ist die
einfachste Gleichrichterschaltung, die es gibt. Der zeitliche Verlauf der Lastspannung u_L wird durch das Diagramm V(K,0) in Bild 3.16b dargestellt. u_L
soll eine Gleichspannung sein. Tatsächlich ist u_L aber nur eine positive
Mischspannung, die sehr stark schwankt. Die Spannungsschwankung von
u_L wird wesentlich kleiner, wenn man zum Lastwiderstand R_L einen *Glättungskondensator* C_G parallel schaltet. Diese Schaltung wird *Einweggleichrichter* genannt. In der nächsten Aufgabe untersuchen wir die verbesserte
Schaltung.

Aufgabe 3.11

Wir simulieren einen Einweggleichrichter und sehen uns die Spannungs-
Zeit-Diagramme an.

a) Laden Sie MICRO-CAP und die Datei E-GLR1 aus dem Verzeichnis
   DATAKA.

   Sehen Sie sich mit dem Modul TRANSIENT ANALYSIS die Spannungs-
   Zeit-Diagramme des Einweggleichrichters an.

   Die Diagramme zeigt das Bild 3.17b.

b) Betrachten Sie das Diagramm V(K,0) in den Zeitabschnitten 0 ... 6ms,
   6ms ... 22ms und 22ms ... 26ms.

   Was geschieht in den drei Zeitabschnitten mit dem Kondensator C_G?

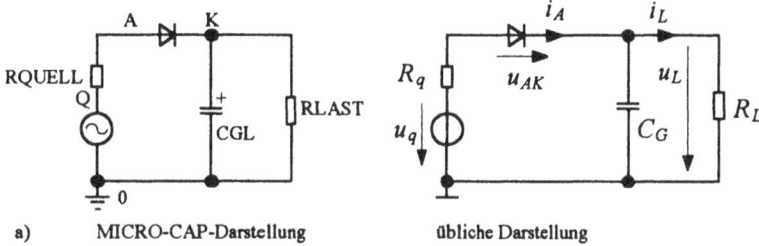

a) MICRO-CAP-Darstellung   übliche Darstellung

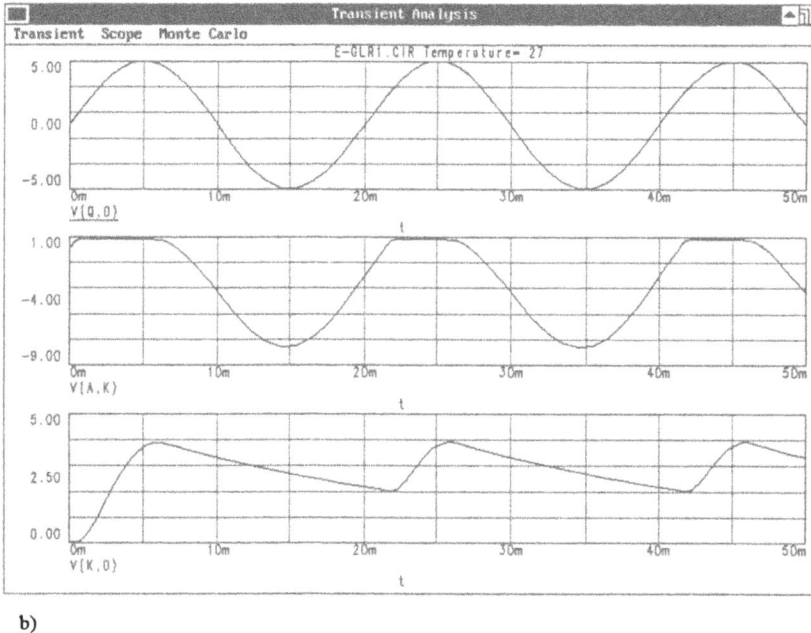

b)

Bild 3.17: Einweggleichrichter a)Schaltung, b) Spannungs-Zeit-Diagramme
$u_q = f(t)$, $u_{AK} = f(t)$, $u_L = f(t)$ (MICRO-CAP)

c) Wie groß ist die Spannungsschwankung $u_{Lss} = \hat{u}_L - \check{u}_L$ der Lastspannung
u_L im Zeitbereich t = 40...50ms?
Wie kann man die Spannungsschwankung u_{Lss} verkleinern?

d) Wir wollen jetzt den Glättungskondensator C_G von 470μF auf 2mF vergrößern. Das geschieht in folgenden Schritten:

- Rückkehr zum Schaltungsfenster (Rechteck in der Ecke oben links anklicken. Danach 3:QUIT anklicken).
- Auf der unteren Menüleiste SELECT anklicken.
- Den Text .define CG 470u zweimal anklicken. Dadurch öffnet sich
ein Fenster.

- Im geöffneten Fenster 470u in 2m ändern.
- Eingabetaste betätigen.

e) Sehen Sie sich mit dem Modul TRANSIENT ANALYSIS die neuen Spannungs-Zeit-Diagramme an.

Wie groß ist die Spannungsschwankung der Lastspanunnung u_L im Zeitbereich t = 40...50ms?

f) Wir sehen uns zum Schluß den Anodenstrom $i_A = f(t)$ an.

- Kehren Sie zum Menü TRANSIENT ANALYSIS LIMITS zurück (TRANSIENT anklicken, dann 2: LIMITS anklicken)

- Ergänzen Sie die Tabelle wie folgt:

```
P   X expression   Y expression   X range   Y range   fmt
4   t              I(Q,A)         50m,0     2.5,0     5.2
```

Der Ausdruck I(Q,A) bedeutet: Dargestellt wird der Strom (I), dessen Bezugspfeil vom Punkt Q zum Punkt A zeigt.

- Sehen Sie sich das Diagramm $i_A = f(t)$ an.

Bestimmen Sie den Maximalwert $\hat{i}_A$ während der ersten Periode und den Maximalwert $\hat{i}_A$ während der zweiten Periode.

Berechnen Sie den Gleichstrom $I_L = U_L/R_L$.

Vergleichen Sie den Maximalwert des Anodenstroms mit dem Last-Gleichstrom.

- Verlassen Sie MICRO-CAP, *ohne* die Schaltungsänderung zu speichern.

Die wesentlichen Erkenntnisse aus der vorstehenden Aufgabe sind:

Wenn im Bild 3.17 die Lastspannung u_L des Einweggleichrichters ansteigt,

- dann leitet die Gleichrichterdiode.
- dann lädt die Spannungsquelle den Glättungskondensator.

Wenn im Bild 3.17 die Lastspannung u_L sinkt,
- dann sperrt die Gleichrichterdiode.
- dann entlädt sich der Glättungskondensator über den Lastwiderstand.

Je größer die Kapazität des Glättungskondensators ist, desto kleiner ist die Schwankung der Lastspannung.

Der Maximalwert des Anodenstroms ist wesentlich größer als der Last-Gleichstrom.

Einschwingen und eingeschwungener Zustand. Im Bild 3.17b fällt auf, daß die Spannungen in der Zeit t = 0...20ms - also während der ersten Periodendauer - anders verlaufen als danach. In diesem ersten Zeitabschnitt beginnt die Ladung des Glättungskondensators C_G bei $u_L = 0$. Man bezeichnet diesen Vorgang als *Einschwingen*. Nach dem Einschwingen wiederholen sich die Spannungsverläufe immer in derselben Weise. Dieser Zustand wird als *eingeschwungener Zustand* bezeichnet.

> Während des Einschwingens verläuft die Lastspannung u_L *aperiodisch* (nicht periodisch), im eingeschwungenen Zustand verläuft u_L *periodisch*.

Vergrößert man den Glättungskondensator C_G, dann kann der Einschwingvorgang mehrere Perioden der Netzwechselspannung erfordern.

Anwendung. Die vorstehende Aufgabe zeigt, daß der Glättungskondensator eine hohe Kapazität aufweisen muß, wenn die Schwankung der Lastspannung gering sein soll. Der Glättungskondensator muß also ein Elektrolytkondensator sein. Einweggleichrichter werden in Netzgeräten üblicherweise nicht verwendet. Die Schaltung eignet sich jedoch zur Gleichrichtung hochfrequenter Spannungen, da die erforderliche Kapazität des Glättungskondensators mit zunehmender Frequenz abnimmt. Für Netzgleichrichter wählt man die Zweiweg-Gleichrichtung in Brückenschaltung, die Gegenstand des nächsten Abschnitts ist.

3.8 Zweiweggleichrichtung in Brückenschaltung

Schaltung und Wirkungsweise. In Netzgeräten wird meistens die Zweiweggleichrichtung in Brückenschaltung Bild 3.18a angewendet.

Die Netzwechselspannung $u_{NETZ\ eff} = 230V$, f = 50Hz liegt an der Primärseite eines Transformators. Der Transformator liefert die Sekundärspannung u_s, deren Maximalwert in der Größenordnung der Last-Gleichspannung U_L liegt. Die Sekundärspannung u_s speist eine Brückenschaltung mit vier Gleichrichterdioden D1...D4. In der Brückendiagonale liegen der Lastwiderstand R_L und der Glättungskondensator C_G.

Die Sekundärseite des Transformators wirkt wie ein Generator mit der Urspannung u_q und dem Quelllenwiderstand R_q (Bild 3.18b). Die Urspannung u_q ist gleich der Spannung u_s bei Leerlauf des Transformators. Die Leerlaufspannung u_s und der Quellenwiderstand R_q können gemessen werden. Im folgenden werden wir deshalb unseren Betrachtungen stets das Bild 3.18b zugrunde legen.

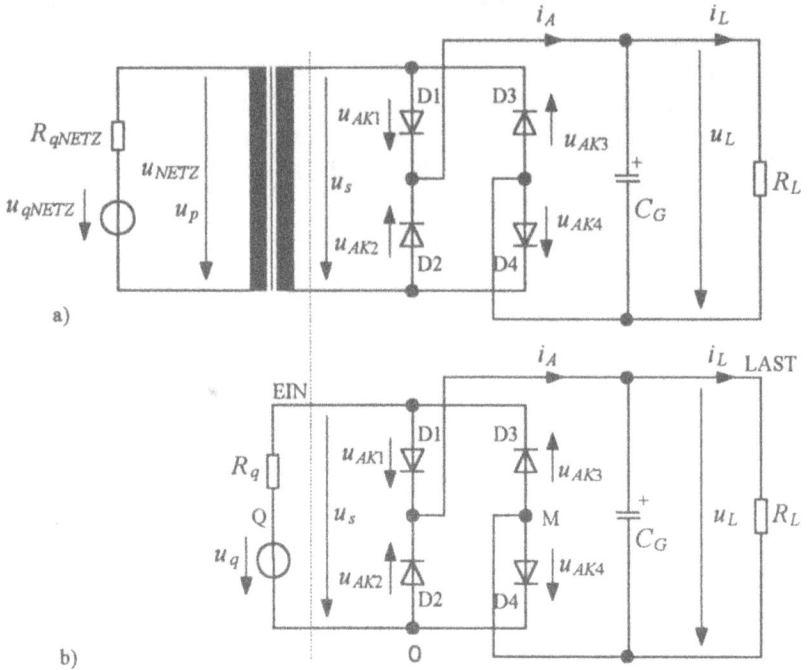

Bild 3.18: Zweiweggleichrichter in Brückenschaltung
a) Schaltung mit Transformator,
b) Transformator durch Spannnungsquelle U_q, R_q ersetzt

Da der Glättungskondensator C_G für die grundsätzliche Wirkungsweise der Schaltung keine Bedeutung hat, untersuchen wir die Schaltung 3.18b zunächst ohne C_G. Dazu benutzen wir wieder MICRO-CAP.

Aufgabe 3.12

Starten Sie MICRO-CAP und laden Sie die Datei B2-GLR1.CIR im Verzeichnis DATAKA.

Rufen Sie TRANSIENT ANALYSIS auf. (Sie erhalten das Bild 3.19)

a) Erklären Sie anhand der Diagramme $u_q = f(t)$ und $u_L = f(t)$ den Stromweg von i_A während der ersten Halbwelle von u_q.

b) Erklären Sie anhand der Diagramme $u_q = f(t)$ und $u_L = f(t)$ den Stromweg von i_A. während der zweiten Halbwelle von u_q.

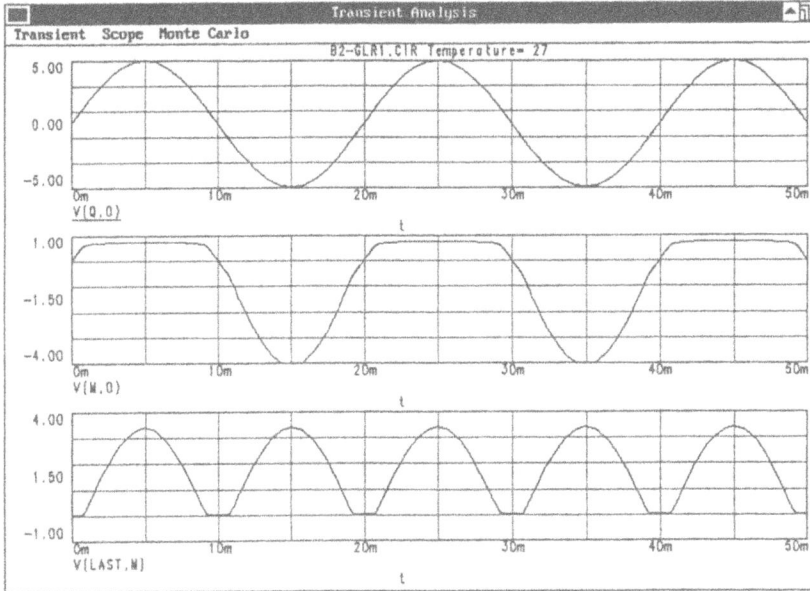

Bild 3.19: Diagramme $u_q = f(t)$, $u_{AK4} = f(t)$, $u_L = f(t)$ zum Brückengleichrichter Bild 3.18b ohne Glättungskondensator C_G

Das Bild 3.19 zeigt, daß während jeder Halbwelle von u_q ein Strom durch
den Lastwiderstand R_L fließt. Ist $u_q > 0$, dann fließt der Strom $i_A > 0$ durch
die Dioden D1, D4. Ist $u_q < 0$, dann fließt $i_A > 0$ durch die Dioden D2, D3.

Wir betrachten jetzt den Brückengleichrichter mit Glättungskondensator C_G
(Bild 3.18b). C_G wird wie beim Einweggleichrichter geladen und entladen.
Wenn die Dioden D1...D4 gesperrt sind, dann entlädt sich C_G über den
Lastwiderstand R_L. Im Vergleich zum Einweggleichrichter ist aber beim
Brückengleichrichter die Zeit, in der sich C_G entladen kann, viel kürzer. Bei
gleichem Glättungskondensator muß also die Lastspannungsschwankung
beim Brückengleichrichter wesentlich kleiner als beim Einweggleichrichter
sein. Das prüfen wir in der folgenden Aufgabe.

Aufgabe 3.13

Starten Sie MICRO-CAP und laden Sie die Datei B2-GLR2.CIR im Verzeichnis DATAKA.

Rufen Sie TRANSIENT ANALYSIS auf. (Sie erhalten das Bild 3.20)

a) Wie groß sind die Lastpannungsschwankung u_{Lss} und die Last-Gleichspannung U_L im eingeschwungenen Zustand?

b) Vergleichen Sie die unter a) ermittelten Werte mit den entsprechenden
Werten des Einweggleichrichters in der Aufgabe 3.11.

c) Wie groß ist der Minimalwert von u_{AK4} im eingeschwungenen Zustand?

d) Wie groß ist der Maximalwert von i_A im eingeschwungenen Zustand?
   Vergleichen Sie den Maximalwert von i_A mit dem Last-Gleichstrom I_L.

e) Wie groß ist der Maximalwert von i_A während des Einschwingens?

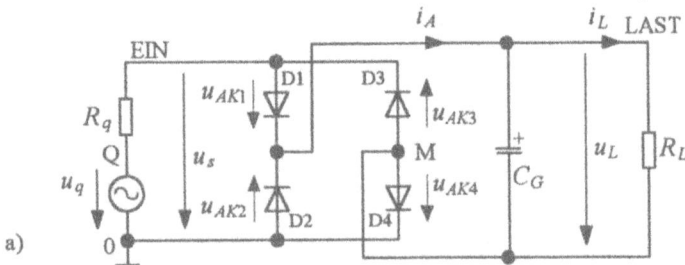

a)

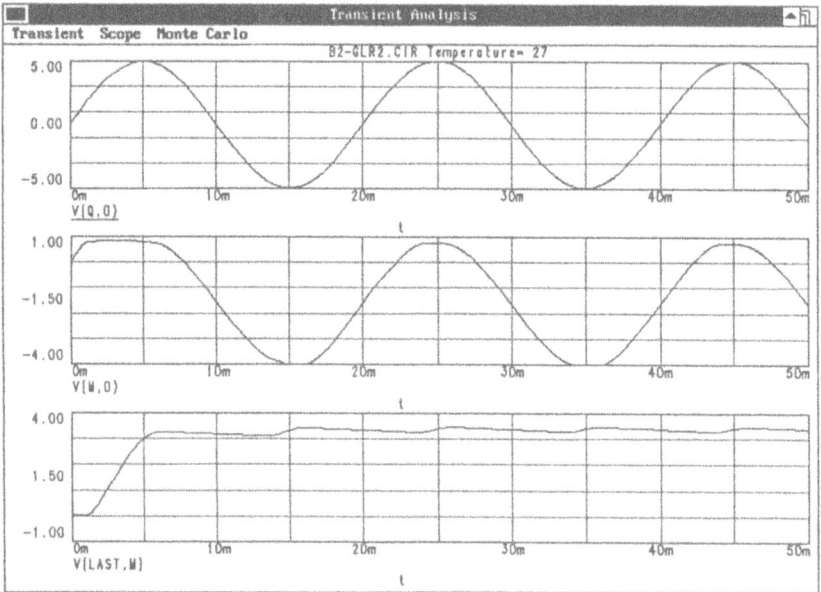

b)

Bild 3.20: Zweiweggleichrichter in Brückenschaltung
   a) Schaltung, b) Diagramme $u_q = f(t)$, $u_{AK4} = f(t)$, $u_L = f(t)$

Aus der vorstehenden Aufgabe gewinnen wir folgende Erkenntnisse:

Wenn im Bild 3.19 die Lastspannung u_L des Brückengleichrichters ansteigt,

- dann leiten zwei der vier Gleichrichterdioden.
- dann lädt die Spannungsquelle den Glättungskondensator.

Wenn im Bild 3.19 die Lastspannung u_L sinkt,

- dann sperren alle Gleichrichterdioden.
- dann entlädt sich der Glättungskondensator über den Lastwiderstand.

Je größer die Kapazität des Glättungskondensators ist, desto kleiner ist die Schwankung der Lastspannung.

Bei gleicher Schwankung der Lastspannung erfordert die Zweiweggleichrichtung eine kleinere Glättungskapazität als die Einweggleichrichtung.

Der Maximalwert des Anodenstroms ist wesentlich größer als der Last-Gleichstrom.

Für die Schaltungsdimensionierung ist u.a. der Anodenstrom $\hat{i}_A \approx 470$mA zu beachten, der während des Einschwingens erreicht wird. Dieser Wert ist wesentlich größer als der Wert $\hat{i}_A \approx 80$mA im eingeschwungenen Zustand. Beim Einschwingen kann $\hat{i}_A$ sogar noch größer als 470mA werden, nämlich dann, wenn die Urspannung u_q mit ihrem Maximalwert eingeschaltet wird.

Schaltungsdimensionierung. Wenn ein Zweiweggleichrichter dimensioniert wird, dann sind im allgemeinen folgende Größen vorgegeben:

- die Last-Gleichspannung U_L,
- der Last-Gleichstrom I_L,
- die Lastspannungsschwankung u_{Lss},
- die Urspannung u_q und die Frequenz f_q der Wechselspannungsquelle.

Angenommen werden

- die Schwellenspannung U_{AKs} der Gleichrichter-Diode,
- der differentielle Widerstand r_{AK} der Gleichrichter-Diode.

Gesucht sind:

- der Glättungskondensator C_G,
- der Quellenwiderstand R_q der Transformator-Ersatzschaltung,
- die Urspannung $\hat{u}_q$ der Transformator-Ersatzschaltung,
- das Übersetzungsverhältnis $ü = u_{p\,eff}/u_{s\,eff}$ des Transformators,
- der größte Betrag der Dioden-Sperrspannung,
- der größte Anodenstrom während des Einschwingens.

Die vier Dioden sind stets vom gleichen Typ. Wir nehmen an, daß sie eine Knickkennlinie mit $U_{AKs} = 0,7$V und $r_{AK} \approx 2\Omega$ haben.

Als nächstes bestimmen wir den Quellenwiderstand R_q der Transformator-Ersatzschaltung mit Hilfe des Bildes 3.21a. R_q hängt im wesentlichen nur von den ohmschen Wicklungswiderständen des Transformators ab und kann am Ausgang des Transformators gemessen werden. Daher ist R_q gleichbedeutend mit dem *Ausgangswiderstand des Transformators*.

Für die Auswahl desTransformators gilt: Je größer die Gleichstrom-Leistung $P_L = U_L \bullet I_L$ ist, desto kleiner sollen die Transformatorverluste sein. Folglich muß der Ausgangswiderstand R_q um so kleiner sein, je größer die zu übertragende Leistung ist. Diese Erkenntnis berücksichtigt das Bild 3.21b, mit dem der Ausgangswiderstand R_q des Transformators ermittelt wird. Damit der Ausgangswiderstand klein ist, müssen die Drahtquerschnitte der Wicklungen groß sein. Infolgedessen ist der Eisenkern eines Transformators um so größer, je größer die Gleichstrom-Leistung P_L ist.

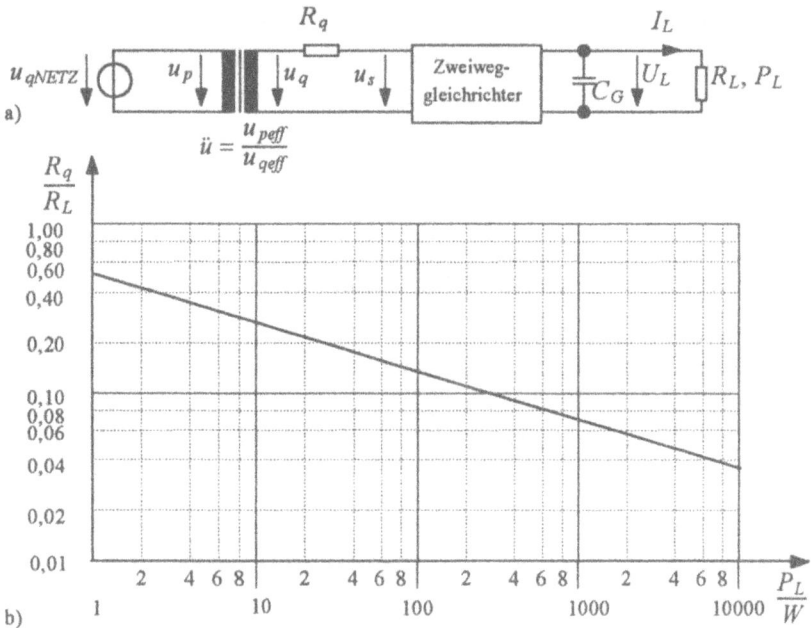

Bild 3.21: Transformator-Ausgangswiderstand R_q a) Schaltung,
            b) R_q in Abhängigkeit von der Gleichstrom-Leistung P_L

Im Bild 3.21a ist der Transformator aufgeteilt in einen *idealen* Transformator und in den *Ausgangswiderstand* R_q. Der ideale Transformator hat das Übersetzungsverhältnis

$$\ddot{u} = \frac{u_{peff}}{u_{qeff}} \qquad\qquad (3.10)$$

Wir wenden jetzt unsere neuen Kenntnisse auf die Brückenschaltung Bild 3.18 an.

Aufgabe 3.14

In der Brückenschaltung Bild 3.18 soll die Last-Gleichspannung $U_L = 5V$ und der Last-Gleichstrom $I_L = 300mA$ sein. Der Transformator wird von der Netzspannung 230V/50Hz gespeist. Wie groß soll nach Bild 3.21 der Transformator-Ausgangswiderstand R_q sein?

Wir müssen jetzt noch im Bild 3.18 die Lastspannungsschwankung u_{Lss}, die Glättungskapazität C_G und den Maximalwert $\hat{u}_q$ bestimmen. Die Lastspannungsschwankung

$$u_{Lss} = \hat{u}_L - \check{u}_L \tag{3.11}$$

wird im allgemeinen gewählt.

Zur Bestimmung von C_G benutzen wir das Diagramm Bild 3.22. Dieses Diagramm verknüpft

u_{Lss}/U_L mit $\omega \bullet C_G \bullet R_L$ und $(R_q + 2 \bullet r_{AK})/R_L$.

U$_L$ ist die Gleichspannung der Mischspannung u$_L$

ω ist die Kreisfrequenz des Netzes.

In diesen drei Ausdrücken kennen wir mit Ausnahme von C_G alle Größen. C_G ermittelt man in folgenden Schritten:

- $(R_q + 2 \bullet r_{AK})/R_L$ berechnen und im Bild 3.22 die zugehörige Kurve aufsuchen.
- u_{Lss}/U_L berechnen.
- Den Wert von $\omega \bullet C_G \bullet R_L$ ablesen, der zu $(R_q + 2 \bullet r_{AK})/R_L$ und u_{Lss}/U_L gehört.
- C_G aus dem abgelesenen Wert von $\omega \bullet C_G \bullet R_L$ berechnen und den nächstgrößeren Kapazitätswert wählen.

Bevor wir das Diagramm Bild 3.22 anwenden, noch ein Hinweis: Die Diagramme in den Bildern 3.22 und 3.23 wurden für eine Dioden-Knickkennlinie mit $U_{AKs} = 0,7V$ und eine Sinusspannung $u_q = 10V \bullet \sin(\omega \bullet t)$ berechnet. Sie sind auch bei $\hat{u}_q = 5V...500V$ hinreichend genau. Wird der Brückengleichrichter von einem Transformator gespeist, dann ist u$_q$ nicht genau sinusförmig. Dadurch entsteht ein weiterer Fehler.

Aufgabe 3.15

In der Brückenschaltung Bild 3.18a ist die Last-Gleichspannung $U_L = 5V$ und der Last-Gleichstrom $I_L = 300mA$. u_{Lss} soll höchstens 10% von U_L sein. Der Ausgangswiderstand des Transformators ist $R_q = 8,35\Omega$ (Werte wie in der Aufgabe 3.14). Es wird angenommen, daß die Dioden des Brückengleichrichters einen differentiellen Widerstand $r_{AK} = 2\Omega$ haben.

Wie groß muß die Kapazität des Glättungskondensators C_G sein?

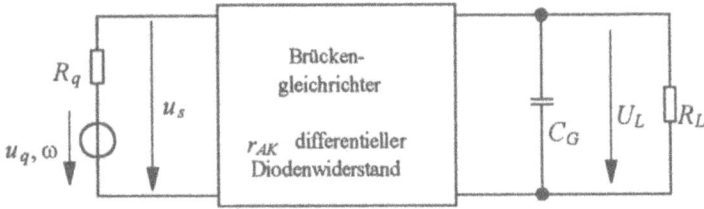

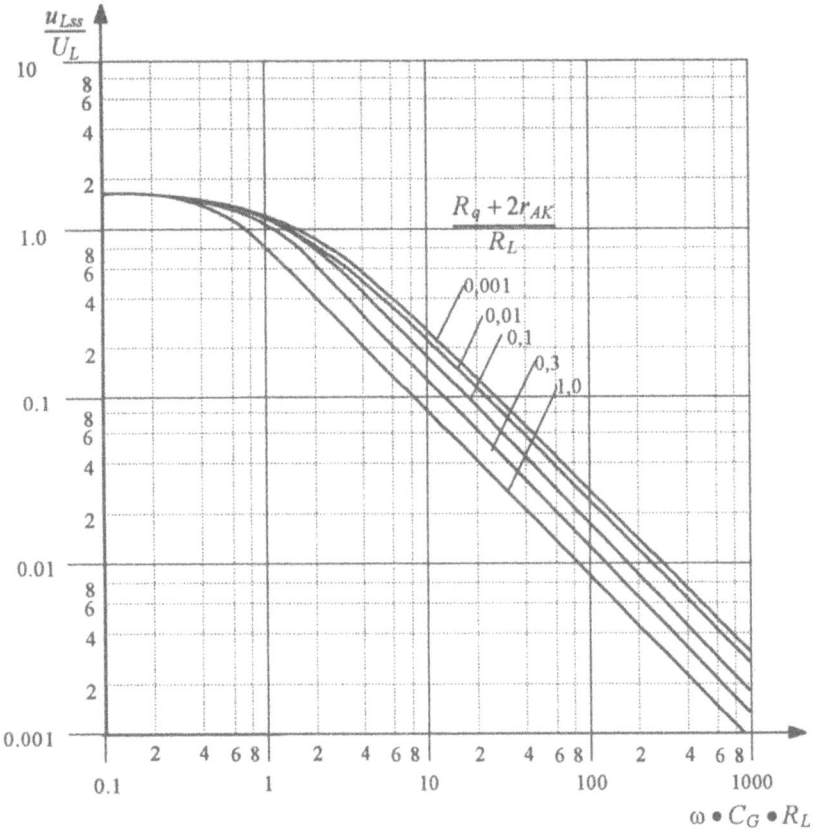

Bild 3.22: Diagramm der relativen Lastspannungsschwankung u_{Lss}/U_L des
Brückengleichrichters (Das Diagramm wurde für eine Dioden-
Knickkennlinie mit $U_{AKs} = 0,7V$ und $u_q = 10V \cdot \sin(\omega \cdot t)$ be-
rechnet. Es ist auch bei $\hat{u}_q = 5V...500V$ hinreichend genau)

Mit einem weiteren Diagramm, das das Bild 3.23 zeigt, können wir die
Ersatz-Urspannung $\hat{u}_q$ des Transformators ermitteln. Das Diagramm enthält
die schon bekannten Größen $\omega \cdot C_G \cdot R_L$ und $(R_q + 2 \cdot r_{AK})/R_L$. Zu den
Werten von $\omega \cdot C_G \cdot R_L$ und $(R_q + 2 \cdot r_{AK})/R_L$ gehört ein bestimmter Wert
$U_L/(\hat{u}_q - 2 \cdot U_{AKs})$, aus dem $\hat{u}_q$ berechnet werden kann.

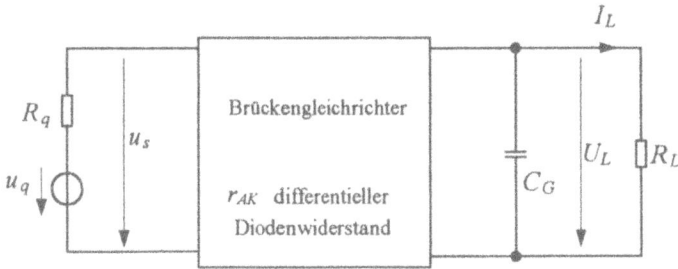

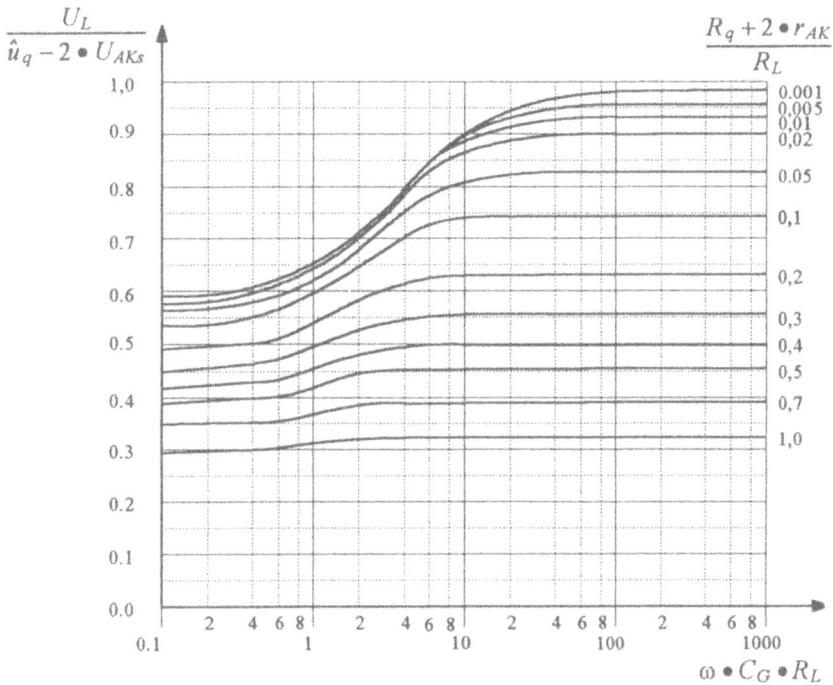

Bild 3.23: Diagramm des Brückengleichrichters zur Bestimmung der
Ersatz-Urspannung $\hat{u}_q$ (Das Diagramm wurde für eine Dioden-
Knickkennlinie mit $U_{AKs} = 0,7V$ und $u_q = 10V \bullet \sin(\omega \bullet t)$ be-
rechnet. Es ist auch bei $\hat{u}_q = 5V...500V$ hinreichend genau)

Aufgabe 3.16

In der Brückenschaltung Bild 3.18 ist $R_L = 16,7\Omega$, $C_G = 2,2mF$ und die
Last-Gleichspannung U_L = 5V. Der Transformator liegt an der Netzspannung 230V/50Hz. Der Ausgangswiderstand R_q des Transformators beträgt
$8,35\Omega$. Wir nehmen an, daß die Dioden des Brückengleichrichters einen differentiellen Widerstand $r_{AK} = 2\Omega$ haben (Werte wie in der Aufgabe 3.15).

a) Ermitteln Sie mit dem Diagramm im Bild 3.23 den Maximalwert $\hat{u}_q$ der
   Ersatz-Urspannung.

b) Wie groß muß das Übersetzungsverhältnis ü des Transformators sein?

Wir müssen jetzt noch zwei Größen bestimmen, mit deren Hilfe wir die Gleichrichterdioden auswählen. Das sind der zulässige Diodenstrom I_{Azul} im Durchlaßgebiet und die zulässige Diodenspannung U_{AKzul} im Sperrbetrieb. Sehen wir uns dazu das Bild 3.24 an.

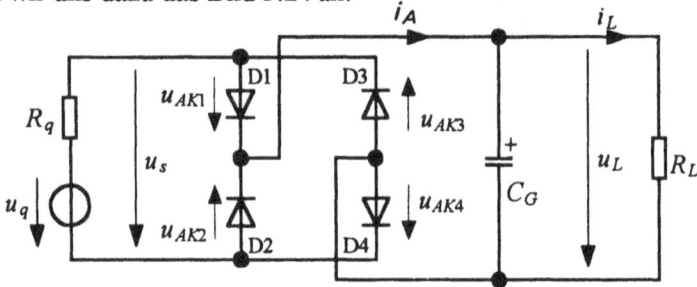

Bild 3.24: Brückengleichrichter

Der größte Diodenstrom fließt, wenn im Bild 3.24 der Glättungskondensator C_G ungeladen ist und $u_q = \hat{u}_q$. Dann erreicht i_A den größtmöglichen Wert

$$i_A = \frac{\hat{u}_q - 2 \bullet U_{AKs}}{R_q + 2 \bullet r_{AK}} \tag{3.11}$$

Der zulässige Diodenstrom I_{Azul} muß also folgende Bedingung erfüllen:

$$\boxed{I_{Azul} \geq \frac{\hat{u}_q - 2 \bullet U_{AKs}}{R_q + 2 \bullet r_{AK}}} \tag{3.12}$$

Dem Bild 3.20b entnehmen wir, daß der *Betrag* der Dioden-Sperrspannung u_{AK4} am größten ist, wenn u_q seinen Minimalwert $\check{u}_q$ annimmt. Im Bild 3.24 leiten dann die Dioden D2 und D3, während die Dioden D1 und D4 sperren. In diesem Fall gilt:

$$u_{AK2} + u_L + u_{AK4} = 0 \quad \Rightarrow$$

$$u_{AK4} = -u_L - u_{AK2} \tag{3.13}$$

u_L ist höchstens gleich $\hat{u}_q - 2U_{AKs}$. Da die Diode D2 leitet, ist $u_{AK2} = U_{AKs}$. Hiermit ergibt sich aus der Gleichung (3.13) der Sperrwert

$$u_{AK4} = -\hat{u}_q + 2 \bullet U_{AKs} - U_{AKs} \quad \Rightarrow$$

$$u_{AK4} = -\hat{u}_q + U_{AKs} \tag{3.14}$$

Vernachlässigt man U_{AKs}, dann gilt für den Betrag der zulässigen Dioden-Sperrspannung:

$$\boxed{|U_{AKzul}| \geq \hat{u}_q} \tag{3.15}$$

In der folgenden Aufgabe bestimmen wir I_{Azul} und $|U_{aKzul}|$ der Gleichrichter-dioden.

Aufgabe 3.17

In der Brückenschaltung Bild 3.18a ist $\hat{u}_q = 12,6V$ und $R_q = 8,35\Omega$. Es wird angenommen, daß die Dioden des Brückengleichrichters eine Knick-kennlinie mit $U_{AKs} = 0,7V$ und $r_{AK} = 2\Omega$ haben (Werte wie in der Aufgabe 3.15).

Wie groß muß der zulässige Diodenstrom sein?
Wie groß muß der Betrag der zulässigen Dioden-Sperrspannung sein?

Stabilisierungsproblem. Die Lastspannungsschwankung u_{Lss} kann trotz des Glättungskondensators C_G noch einige 100mV betragen. Diese Größenord-nung ist für unsere Meßbrücke Bild 2.11 viel zu groß, denn sie könnte die Heizung des Wärmeschranks unzulässig ein- oder ausschalten. Wir können u_{Lss} zwar beliebig verkleinern, indem wir C_G vergrößern, doch dann bleibt immer noch ein Problem, das uns die Elektrizitätswerke bereiten:

Die Netzspannungsamplitude ändert sich langfristig um ±10%.

Um die Auswirkung der Netzspannungsschwankung zu erkennen, nehmen wir einmal an, wir hätten ein Netzgerät mit einer idealen Glättung. Dann än-dern sich aufgrund der Netzspannungsschwankung alle Wechselspannungs-amplituden des Netztransformators und alle Last-Gleichspannungen des Netzgerätes um etwa 10%. Die Gleichspannungen sind also nicht *stabil*. Auch durch die mangelhafte Gleichspannungsstabilität kann unsere Meß-brücke die Heizung des Wärmeschranks unzulässig ein- und ausschalten. Wir lösen dieses Stabilisierungsproblem im folgenden Abschnitt mit einem integrierten Spannungsregler. Dabei erreichen wir zugleich eine bessere Glättung, ohne die Glättungskapazität zu vergrößern.

3.9 Gleichspannungsstabilisierung

In dem vorausgegangenen Abschnitt haben wir gesehen, daß es nicht ganz einfach ist, aus der Netzwechselspannung eine Gleichspannung zu erzeugen. Die gleichgerichtete Spannung schwankt, weil die Glättung nicht vollkom-men gelingt und weil sich die Netzwechselspannungsamplitude um ±10% ändern kann. Beide Einflüsse werden durch *Integrierte Spannungsregler* so-weit herabgesetzt, daß sie keine Probleme verursachen. Wir wollen uns in diesem Abschnitt mit den *Integrierten Spannungsreglern* vertraut machen. Zur Vorbereitung betrachten wir das Prinzip der Spannungsstabilisierung.

3.9.1 Prinzip der Spannungsstabilisierung

Ändert sich die Eingangsspannung einer Schaltung, dann ändert sich im allgemeinen auch die Ausgangsspannung. Aus diesem Verhalten leitet man die folgende Definition ab:

> Ist die *prozentuale Änderung der Ausgangsspannung* einer Schaltung kleiner als die *prozentuale Änderung der Eingangsspannung*, dann ist die Ausgangsspannung stabilisiert.

Wir wenden diese Definition in der folgenden Aufgabe auf die beiden Schaltungen im Bild 3.25 an.

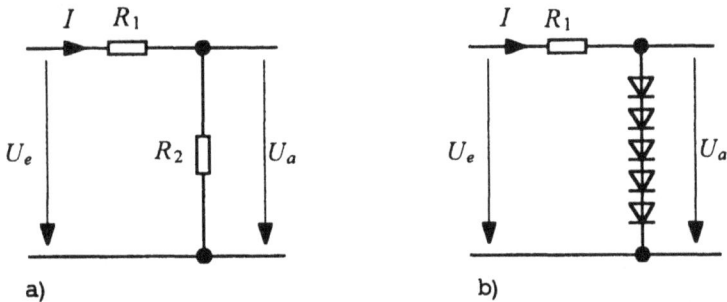

Bild 3.25: a) linearer Spannungsteiler, b) nichtlinearer Spannungsteiler

Aufgabe 3.18

a) In der Schaltung Bild 3.25a ist $U_e = 17V$, $R_1 = 17\Omega$ und $R_2 = 17\Omega$. Die Eingangsspannung U_e nimmt um 10% zu.

   Um wieviel Prozent ändert sich die Ausgangsspannung U_a? Ist die Ausgangsspannung stabilisiert?

b) In der Schaltung Bild 3.25b ist $U_e = 17V$ und $R_1 = 17\Omega$. Jede der fünf Dioden hat eine Knickkennlinie mit $U_{AKs} = 0,7V$ und $r_{AK} = 2\Omega$. Die Eingangsspannung U_e nimmt um 10% zu.

   Um wieviel Prozent ändert sich die Ausgangsspannung U_a? Ist die Ausgangsspannung stabilisiert?

c) In der Schaltung Bild 3.25b ist $u_e = 17V$ und $R_1 = 17\Omega$. Jede der fünf Dioden hat eine Knickkennlinie mit $U_{AKs} = 0,7V$ und $r_{AK} = 0$. Die Eingangsspannung U_e nimmt um 10% zu.

   Um wieviel Prozent ändert sich die Ausgangsspannung U_a? Ist die Ausgangsspannung stabilisiert?

Aus der vorstehenden Aufgabe erkennen wir:

> Bei einem *nichtlinearen* Spannungsteiler (wie in Bild 3.25b) ist die Aus-
> gangsspannung U_a gegen Änderungen der Eingangsspannung U_e stabili-
> siert.
>
> Die Ausgangsspannung ist um so stabiler, je kleiner der differentielle Wi-
> derstand des nichtlinearen Bauelementes ist.

Man kann also mit Gleichrichterdioden Spannungen stabilisieren. Das wird
auch gelegentlich gemacht, insbesondere wenn die stabilisierte Spannung etwa 1 V beträgt. Für größere Spannungen benutzt man jedoch *Z-Dioden*.

3.9.2 Z-Diode

Aufbau. Die Z-Diode wurden speziell zur Spannungsstabilisierung entwik-
kelt. Sie besteht, wie die Gleichrichterdiode, aus einem pn-Übergang. Folglich gleichen sich die $I_A U_{AK}$-Kennlinien der beiden Dioden. Im Gegensatz zur
Gleichrichterdiode werden aber Z-Dioden im *Durchbruchgebiet* betrieben.
Z-Dioden werden für Durchbruchspannungen zwischen 2 V und einigen
100 V gefertigt. Ihr Schaltzeichen und ihre $I_A U_{AK}$-Kennlinie zeigt das Bild
3.26.

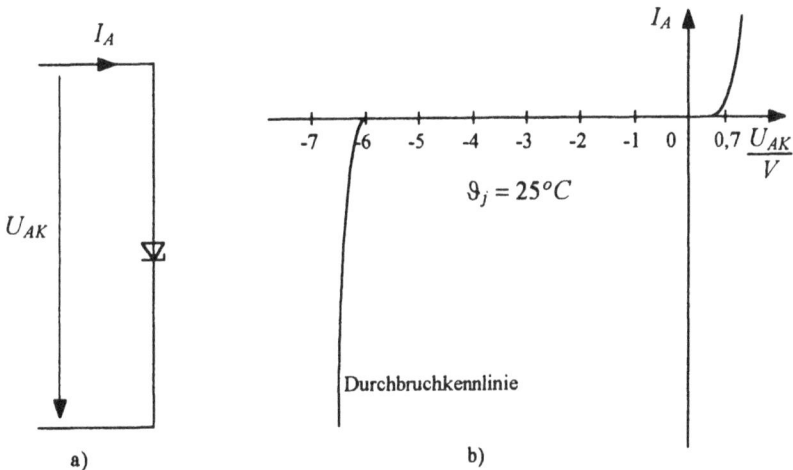

Bild 3.26: Z-Diode a) Schaltzeichen, b) $I_A U_{AK}$-Kennlinie

$I_Z U_Z$-**Kennlinie.** Um negative Vorzeichen zu vermeiden, hat man die Z-
Spannung $U_Z = -U_{AK}$ und den *Z-Strom* $I_Z = -I_A$ eingeführt. Mit diesen Bezeichnungen ergibt sich das Bild 3.27.

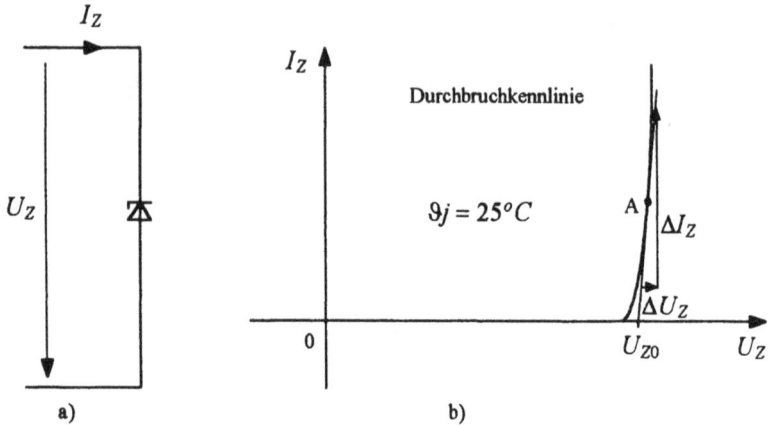

a)   b)

Bild 3.27: Z-Diode a) Schaltzeichen, b) $I_Z U_Z$-Kennlinie

Idealisierte Z-Diode. In Anwendungen wird die Z-Diode häufig idealisiert.
Man ersetzt dann die Durchbruch-Kennlinie Bild 3.27b durch eine Tangente. Auf diese Weise entsteht eine *$I_Z U_Z$-Knickkennlinie* mit der *Durchbruchspannung* U_{Z0} und dem *Z-Widerstand* (differentiellen Widerstand)

$$r_Z = \frac{dU_Z}{dI_Z} \quad bei \quad U_Z > 0 \quad und \quad \vartheta_j = konst. \tag{3.16}$$

Zur idealisierten Z-Diode gehört das Bild 3.28.

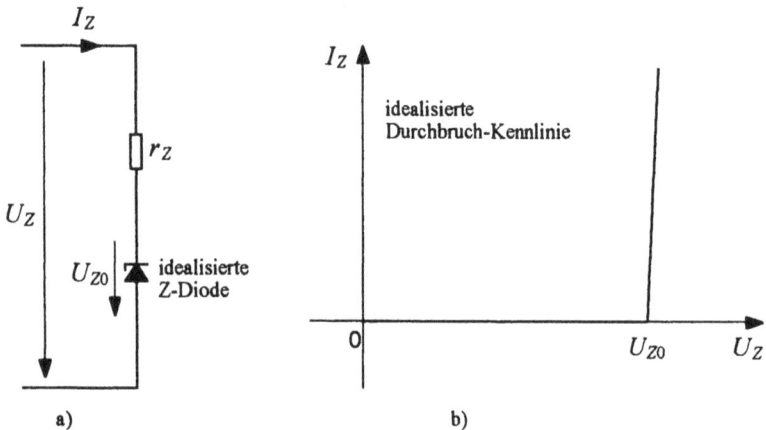

a)   b)

Bild 3.28: Idealisierte Z-Diode a) Ersatzschaltung, b) $I_Z U_Z$-Knickkennlinie

Die Ersatzschaltung Bild 3.28a enthält den Z-Widerstand r_Z und eine *ideale
Z-Diode.* Die ideale Z-Diode hat einen Z-Widerstand, der gleich null ist.
Das Schaltzeichen der idealisierten Z-Diode ist nicht genormt.

Aus dem Bild 3.28a erhalten wir die Gleichungen der idealisierten Z-Diode:

$$I_Z = \frac{U_Z - U_{Z0}}{r_Z} \quad bei \quad U_Z > U_{Z0} \tag{3.17a}$$

$$I_Z = 0 \quad bei \quad U_Z \leq U_{Z0} \tag{3.17b}$$

Der *Z-Widerstand* r_Z hängt vom Z-Strom I_Z und der Durchbruchspannung U_{Z0} ab:

Der Z-Widerstand ist um so kleiner, je größer der Z-Strom ist.

Bei konstantem Z-Strom haben Z-Dioden mit einer Durchbruchspannung $U_{Z0} = 5V \dots 6V$ den kleinsten Z-Widerstand.

Zum Beispiel hat eine Z-Diode mit $U_{Z0} = 5,6V$

- bei $I_Z = 1mA$ einen Z-Widerstand $r_Z \approx 100\Omega$,
- bei $I_Z = 10mA$ einen Z-Widerstand $r_Z \approx 4\Omega$.

Eine **Stabilisierungsschaltung** mit einer Z-Diode zeigt das Bild 3.29a. Wie die folgende Aufgabe zeigt, erreicht man mit dieser Schaltung eine gute Stabilisierung.

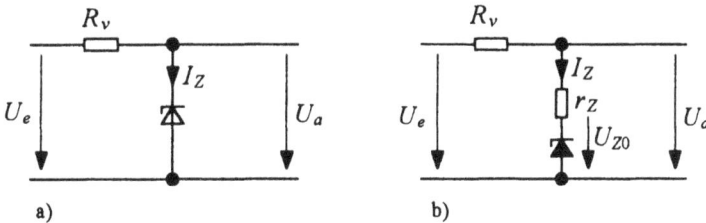

Bild 3.29: Spannungsstabilisierung mit einer Z-Diode
a) Schaltung, b) Ersatzschaltung

Aufgabe 3.19

In der Schaltung Bild 3.29 ist $U_e = 15V$ und $R_v = 330\Omega$. U_e schwankt um $\pm 10\%$. Die Z-Diode hat eine Knickkenlinie mit $U_{Z0} = 5,6V$ und $r_Z = 1\Omega$.

Wie groß ist die prozentuale Änderung von U_a?

Wie groß ist die Leistung P_v, die der Widerstand R_v bei $U_e = 15V$ aufnimmt?

Wie groß ist die Leistung P_Z, die die Z-Diode bei $U_e = 15V$ aufnimmt?

Relativer Temperaturkoeffizient TK_Z. Wie alle Halbleiterbauelemente ist auch die Z-Diode temperaturabhängig. Die Ausgangsspannung U_a im Bild

3.29 hängt infolgedessen auch von der Temperatur ab. Das Temperaturverhalten der Z-Diode wird durch ihren *relativen Temperaturkoeffizienten* TK_Z
beschrieben. Wir sehen uns dazu das Bild 3.30a an. Es zeigt zwei $I_Z U_Z$-
Kennlinien einer Z-Diode für zwei verschiedene Sperrschichttemperaturen
ϑ_{j1} und ϑ_{j2}.

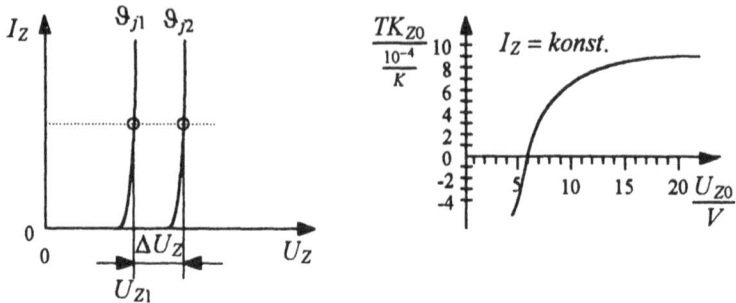

Bild 3.30: Temperaturverhalten der Z-Diode

Aus der relativen Spannungsänderung $\Delta U_Z / U_{Z1}$ im Bild 3.30a und der zugehörigen Änderung der Sperrschichttemperatur

$$\Delta \vartheta_j = \vartheta_{j2} - \vartheta_{j1} \qquad (3.18)$$

definiert man den relativen Temperaturkoeffizienten

$$\boxed{TK_Z = \frac{\Delta U_Z}{U_{Z1} \bullet \Delta \vartheta_j} \quad bei \quad I_Z = konst} \qquad (3.19)$$

$[TK_Z] = 1/K$

Der relative Temperaturkoeffizient TK_Z hängt von der Durchbruchspannung
U_{Z0} und von dem Z-Strom ab. Dem Bild 3.30b entnehmen wir:

- bei $U_{Z0} < 5V$ ist $TK_Z < 0$,
- bei $U_{Z0} > 6V$ ist $TK_Z > 0$.

In der folgenden Aufgabe findet der Temperaturkoeffizient Anwendung.

Aufgabe 3.20

Eine Z-Diode hat bei $\vartheta_{j1} = 25^\circ C$ eine Knickkennlinie mit $U_{Z0} = 5,6V$ und
$r_{AK} = 1\Omega$. Ihr relativer Temperaturkoeffizient ist $TK_Z = -4 \bullet 10^{-4} 1/K$.

Um welchen Wert ändert sich die Durchbruchspannung, wenn die Sperrschichttemperatur von $\vartheta_{j1} = 25^\circ C$ auf $\vartheta_{j2} = 26^\circ C$ ansteigt?

<u>Hinweis:</u> Nehmen Sie an, daß der Temperaturkoeffizient unabhängig von
dem Z-Strom ist.

Temperaturdrift: In der vorstehenden Aufgabe fanden wir: Die Durchbruchspannung nimmt um 2,24mV ab, wenn die Sperrschichttemperatur um 1°C zunimmt. Die Durchbruchspannung hat also eine *Temperaturdrift* von -2,24mV/K. Es gibt nun aber sogar die Möglichkeit, die Temperaturdrift 0mV/K zu erreichen, denn nach Bild 3.30b kann der relative Temperaturkoeffizient gleich 0/K sein:

> Z-Dioden mit einer Durchbruchspannung $U_{Z0} = 5V...6V$ haben bei einem bestimmten Z-Strom einen relativen Temperaturkoeffizienten $TK_Z = 0$.

Wie wir gesehen haben, haben Z-Dioden mit $U_{Z0} = 5V..6V$ außerdem einen sehr kleinen Z-Widerstand r_Z. Daher sind diese Dioden am besten für die Spannungsstabilisierung geeignet.

Wir haben jetzt die wichtigsten Kenngrößen der Z-Diode behandelt. Ein vollständiges Datenblatt finden Sie im Anhang.

Anwendung. Die Schaltung Bild 3.29a ist zur Spannungsstabilisierung sehr gut geeignet, wenn der Ausgang unbelastet ist. Man benutzt die Schaltung deshalb zur Erzeugung von *Referenzspannungen* (Bezugsspannungen). Z.B. werden die Sollwerte in der Meß- und Regelungstechnik häufig mit der Schaltung Bild 3.29a erzeugt.

Belastet man den Ausgang der Schaltung Bild 3.29a mit einem Lastwiderstand, dann wird die Ausgangsspannung U_a zwar auch stabilisiert, aber in diesem Fall treten Verluste im Vorwiderstand R_v und in der Z-Diode auf. Diese Verluste sind um so größer, je kleiner der Lastwiderstand ist. Deshalb wird die Schaltung nicht zur Stabilisierung von Lastspannungen verwendet. Lastspannungen werden heute mit *Integrierten Spannungsreglern* stabilisiert. Damit beschäftigen wir uns im nächsten Abschnitt.

3.9.3 Integrierte Spannungsregler

Integrierte Spannungsregler haben einen Eingang und einen Ausgang. Der Eingang des Spannungsreglers wird von einem Brückengleichrichter gespeist. Der Ausgang des Spannungsreglers speist die Last. Diese Anordnung zeigt das Bild 3.31.

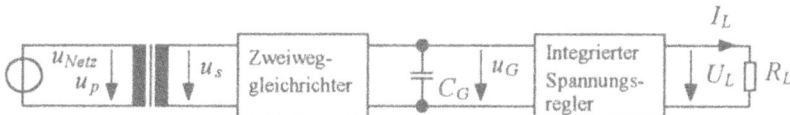

Bild 3.31: Gleichrichterschaltung mit Integriertem Spannungregler

Im Bild 3.31 ist die geglättete Spannung u_G eine Mischspannung gleichbleibender Polarität. Ihr Gleichspannungsanteil ändert sich, wenn die Netzspannungsamplitude $\hat{u}_{Netz}$ schwankt. Trotzdem soll die Lastspannung U_L eine Gleichspannung sein. Außerdem soll die Lastspannung auch bei Laständerungen stets denselben Wert behalten. Beide Aufgaben erfüllt der Integrierte Spannungsregler. Somit gilt:

> Integrierte Spannungsregler stabilisieren die Lastspannung gegen Änderungen der Eingangsspannung und des Lastwiderstandes.

Prinzip der Spannungsreglung. Das Bild 2.32 zeigt das Blockschaltbild eines Integrierten Spannungsreglers.

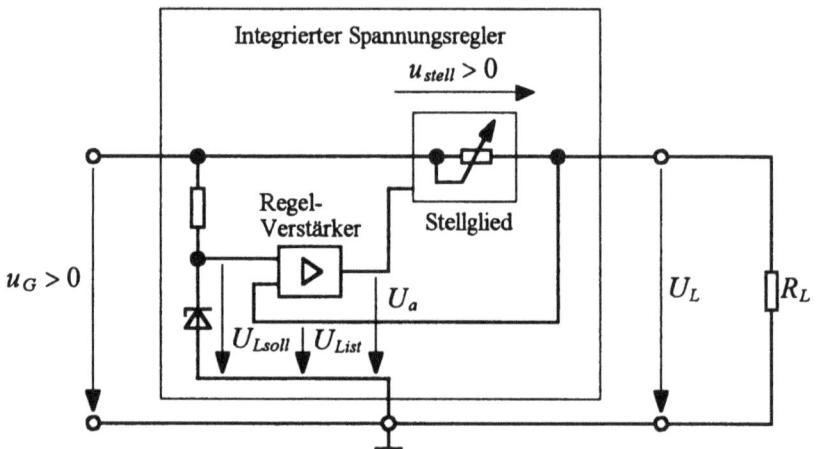

Bild 3.32: Blockschaltbild eines Integrierten Spannungsreglers

Im Bild 3.32 erzeugt die Z-Diode den *Sollwert* U_{Lsoll} der Lastspannung U_L. Der Sollwert wird mit dem *Istwert* $U_{List}= U_L$ einem *Regelverstärker* zugeführt, dessen Spannungsverstärkung $v_u \gg 1$ ist - z.B. $v_u = 100$. Der Regelverstärker verstärkt die Spannungsdifferenz $U_{List} - U_{Lsoll}$. Seine Ausgangsspannung ist also

$$U_a = v_u \bullet (U_{List} - U_{Lsoll}) \qquad\qquad (3.20)$$

Die Spannung U_a verändert das *Stellglied* R_{stell} so, daß U_L bei Änderungen der Mischspannung $u_G > 0$ und bei Änderungen von R_L nahezu konstant bleibt. Bei $U_{List} = U_{Lsoll}$ ist $U_a = 0$; R_{stell} hat dann einen mittleren Wert. In realen Schaltungen ist R_{stell} nicht ein mechanisch gesteuerter Widerstand sondern ein *spannungsgesteuerter Widerstand*, z.B. ein Transistor.

In der folgenden Aufgabe können Sie die Wirkungsweise des Spannungsreglers selbständig erarbeiten.

Aufgabe 3.21

Im Bild 3.32 besteht folgende Beziehung zwischen U_{List} - U_{Lsoll} und R_{stell} :

- Wenn U_{List} - U_{Lsoll} = 0 ist,
  dann ist U_a = 0 und R_{stell} hat einen mittleren Wert.
- Wenn U_{List} - U_{Lsoll} > 0 ist und zunimmt,
  dann nimmt U_a > 0 zu und R_{stell} wird größer.
- Wenn U_{List} - U_{Lsoll} < 0 ist und abnimmt,
  dann nimmt U_a < 0 ab und R_{stell} wird kleiner.

a) R_L ist konstant und die Mischspannung u_G > 0 nimmt zu. Beschreiben Sie die Wirkungsweise des Integrierten Spannungsreglers durch eine Wirkungskette.

b) Die Mischspannung u_G > 0 ist konstant und R_L nimmt ab. Beschreiben Sie die Wirkungsweise des Integrierten Spannungsreglers durch eine Wirkungskette.

c) Im Bild 3.32 liegt am Eingang des Spannungsreglers eine Gleichspannung U_G = 7V. Die Lastspannung ist U_L = 5V. Wie groß ist die Änderung von U_{stell}, wenn U_G um $\Delta U_G = 1V$ zunimmt und die Lastspannung U_L konstant bleibt?

Dem letzten Teil der vorstehenden Aufgabe entnehmen wir, daß zur Regelung von U_L eine Spannung über dem Stellglied abfallen muß. Dadurch entsteht eine Verlustleistung im Stellglied. Da die Verlustleistung möglichst klein sein soll, muß also der Widerstand R_{stell} möglichst klein gegenüber dem kleinsten Lastwiderstand sein. Diese Forderung kann nicht in jedem Fall erfüllt werden. Im ungünstigsten Betrieb liegt die Verlustleistung in der Größenordnung der Last-Leistung. Dann beträgt der Wirkungsgrad - das ist das Verhältnis *abgegebene Leistung/aufgenommene Leistung* - nur etwa 50%.

Überblick über Integrierte Spannungsregler. Für die Spannungsstabilisierung gibt es *Integrierte Spannungsregler*, die wenig kosten. Einen Überblick über die Spannungsregler 78xx/79xx und LM317/LM337 gibt Bild 3.33.

Typ	Lastspannung U_L	Max. Laststrom $|I_{Lmax}|$	Minimale Stellspannung U_{stell} bei I_{Lmax}
78xx	5V... 24V	1A	2,0V
79xx	-5V... -24V	1A	-2,0V
LM317	1,2V... 37V	1,5A	2,3V
LM337	-1,2V...-37V	1,5A	-2,3V

Bild 3.33: Integrierte Spannungsregler
(Strom- und Spannungsbezeichnungen wie im Bild 3.32)

Die Integrierten Spannungsregler der Serie 78xx erzeugen Gleichspannungen, die positiv gegen Masse sind; die Integrierten Spannungsregler der Serie 79xx erzeugen Gleichspannungen, die negativ gegen Masse sind. In den Bezeichnungen 78xx und 79xx steht xx für eine Zahl, die den Wert der stabilisierten Lastspannung in Volt angibt. Z.B. liefert der Integrierte Spannungsregler 7805 eine stabilisierte Gleichspannung von +5V gegen Masse. Beim maximalen Laststrom I_{Lmax} muß die Stellspannung U_{stell} der Regler 78xx mindestens 2V betragen.

Die Spannungsregler 78xx und 79xx erzeugen feste Lastpannungen. Im Gegensatz dazu, erzeugen die Spannungsregler LM317 und LM337 Lastspannungen, die mit einem externen Spannungsteiler eingestellt werden können.

Die **Integrierten Spannungsregler 78xx/79xx** findet man in vielen Schaltungen. Sie sind deshalb im Bild 3.34 zusammengestellt. In dieser Tabelle sind $|U_{Lmin}|$ und $|U_{Lmax}|$ die Grenzwerte, zwischen denen der Betrag der Lastspannung mit Sicherheit liegt.

Typ	Max. Eingangsspannung $|U_{Gmax}|$	Min. Lastspannung $|U_{Lmin}|$	Max. Lastspannung $|U_{Lmax}|$
7805	10V	4,75V	5,25V
7806	11V	5,75V	6,25V
7808	14V	7,70V	8,30V
7810	17V	9,50V	10,40V
7812	19V	11,50V	12,50V
7815	23V	14,40V	15,60V
7818	27V	17,30V	18,70V
7824	33V	23,00V	25,00V
7905	|-10V|	|-4,75V|	|-5,25V|
7906	|-11V|	|-5,75V|	|-6,25V|
7908	|-14V|	|-7,70V|	|-8,30V|
7910	|-17V|	| -9,50V|	|-10,40V|
7912	|-19V|	|-11,50V|	|-12,50V|
7915	|-23V|	|-14,40V|	|-15,60V|
7918	|-27V|	|-17,30V|	|-18,70V|
7924	|-33V|	|-23,00V|	|-25,00V|

Bild 3.34: Integrierte Spannungsregler 78xx/79xx
(Spannungsbezeichnungen wie im Bild 3.32)

Das Datenblatt Integrierter Spannungsregler enthält zusätzlich zu den Daten im Bild 3.34 noch folgende Angaben:

- Für die Spannungsregler 78xx/79xx gibt es unterschiedliche Gehäuse. Je nach Gehäuse liegt der Betrag der Lastströme zwischen 0,1A und 5A.
- Der Betrag der Eingangsspannung $|U_G|$ soll mindesten 2V größer sein als der Betrag der Lastspannung $|U_L|$.
- Der Innenwiderstand der Spannungsregler beträgt etwa 20mΩ.
- Das Verhältnis *Eingangsspannungsänderung zu Ausgangsspannungsänderung* liegt zwischen 500 und 5000.
- Der Reglerstrom I_{Regler} ist etwa $I_{Lmax}/250$.

Da Spannungsregler einen Verstärker enthalten, besteht die Gefahr der *Selbsterregung*. Bei einer Selbsterregung erzeugt der Verstärker eine Wechselspannung, die am Ausgang des Spannungsreglers gemessen werden kann. Um das zu verhindern, schließt man den Eingang und Ausgang des Spannungsreglers *wechselstrommäßig* kurz. Dazu werden Kondensatoren parallel zum Eingang und Ausgang geschaltet. Die Beschaltung der Spannungsregler 78xx und 79xx zeigt Bild 3.35.

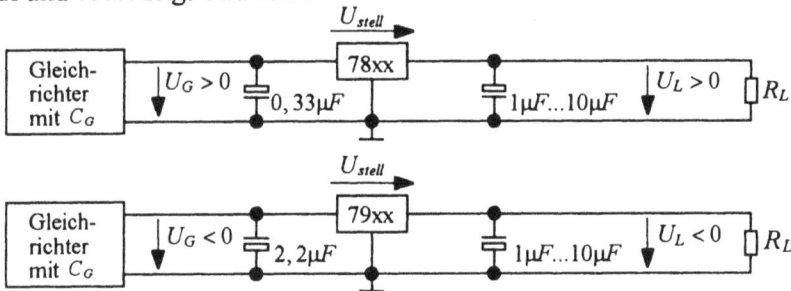

Bild.3.35: Beschaltung der Integrierten Spannungsregler 78xx und 79xx

Vergrößerung der Lastspannung. Die Lastspannung kann bei Festspannungsreglern erhöht werden, indem man einen Spannungsteiler parallel zum Lastwiderstand schaltet. Die Schaltung zeigt das Bild 3.36.

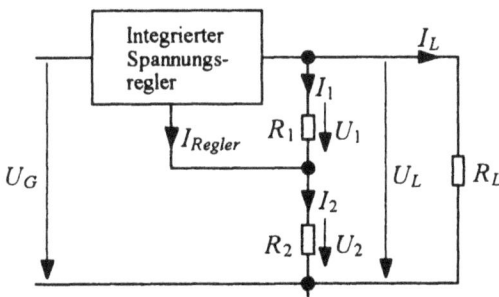

Bild 3.36: Vergrößerung der Lastspannung bei einem Festspannungsregler

Im Bild 3.36 ist U_L gleich der Ausgangsspannung des Spannungsreglers. Beim Spannungsregler 7805 ist also $U_L = 5V$. Den Spannungsteiler R_1, R_2 dimensioniert man so, daß die folgende Bedingung erfüllt wird:

$$\boxed{I_2 >> I_{Regler} \approx \frac{I_{L\max}}{250}} \qquad (3.21)$$

I_{Lmax} *maximaler Laststrom des Spannungsreglers*

Ist die Bedingung (3.21) erfüllt, dann gilt

$$I_2 \approx I_1 = \frac{U_1}{R_1} \quad \Rightarrow$$

$$U_L \approx I_1 \bullet (R_1 + R_2) \quad \Rightarrow$$

$$\boxed{U_L \approx U_1 \bullet (1 + \frac{R_2}{R_1})} \qquad (3.22)$$

Wie im Bild 3.35 werden auch im Bild 3.36 Kondensatoren parallel zum Eingang und Ausgang geschaltet, um Selbsterregung zu verhindern. Außerdem wird der Widerstand R_2 wechselstrommäßig kurzgeschlossen.

Aufgabe 3.22

Der Integrierte Spannungsregler 7818 hat einen maximal zulässigen Laststrom I_{Lmax} = 1A. Er soll durch einen Spannungsteiler so ergänzt werden, daß die Lastspannung U_L zwischen 20,2V und 20,6V liegt.

Berechnen Sie R_1 und R_2 und wählen Sie die Widerstände nach der E12-Reihe. Prüfen Sie, ob U_L in dem gewünschten Spannungsbereich liegt.

Integrierte Spannungsregler LM317/LM337. Einige Daten der einstellbaren Spannungsregler LM317/LM337 sind im Bild 3.37 zusammengestellt.

Kenngröße	LM317	LM337
|Maximale Eingangsspannung|	|+40V|	|-40V|
Einstellbarer Bereich der Ausgangsspannung	1,2V ...37V	-1,2V ...-37
|Min. Spannungsdiff. zwischen Ein- u. Ausgang|	|+2,3V|	|-2,3V|
|Maximaler Ausgangsstrom|	|+1,5A|	|-1,5A|
Reglerstrom (I_{Regler} in Bild 3.36)	+50μA	-65μA

Bild 3.37: Daten der Integrierten Spannungsregler LM317 und LM337

Die Ausgangsspannung der einstellbaren Spannungsregler LM317 und LM337 wird wie im Bild 3.36 mit einem externen Spannungsteiler eingestellt. Die Spannung U_L ist bei diesen Reglern der kleinste Spannungsbetrag des angegebenen Bereichs. Beim LM337 ist also nach Bild 3.37 $U_L = -1,2V$.

Für das Netzteil des Wärmeschranks fehlen uns jetzt nur noch einige Kenntnisse über Kondensatoren, denen der nächste Abschnitt gewidmet ist.

3.10 Eigenschaften von Kondensatoren

Elektronische Schaltungen stellen an Kondensatoren recht unterschiedliche Anforderungen. Zum Beispiel erfordern Netzgeräte Kondensatoren mit großer Kapazität und Hochfrequenzschaltungen Kondensatoren mit geringen Verlusten. Einen Überblick über Kondensator-Bauarten und ihre Eigenschaften gibt das Bild 3.38. Die Kapazitätswerte richten sich nach den Reihen E6 und E12.

Die meisten Angaben im Bild 3.38 bereiten sicherlich keine Probleme. Wir wollen deshalb an dieser Stelle nur auf die *Elektrolytkondensatoren*, den *Verlustfaktor* und die *Spannungsfestigkeit* etwas näher eingehen.

Elektrolytkondensatoren ermöglichen große Kapazitäten bei kleinem Volumen. Für ihren Betrieb ist wichtig:

Elektrolytkondensatoren sind meistens *gepolte* Bauelemente. Gepolte Elektrolytkondensatoren dürfen nur mit Gleichspannungen oder Mischspannungen gleichbleibender Polarität betrieben werden. Bei Falschpolung explodieren sie.

Es gibt jedoch auch Elektrolytkondensatoren für den Betrieb mit Wechselspannungen. Weiterhin ist zu beachten: Elektrolytkondensatoren haben eine große Kapazitätstoleranz (bis zu 50%) und eine verhältnismäßig große *Induktivität*. Die Induktivität entsteht bei Aluminium-Elektrolytkondensatoren durch die aufgewickelten Elektroden und die Zuleitungen. Bei Tantal-Elektrolytkondensatoren wird die Induktivität nur durch die Zuleitungen verursacht. Elektrolytkondensatoren eignen sich aufgrund ihrer Induktivität nicht für hochfrequente Anwendungen.

Verlustfaktor. Im Idealfall sind Kondensatoren verlustfrei, doch in der Realität weisen sie immer Verluste auf. Vor allem spielen die *dielektrischen Verluste* eine Rolle. Im einfachsten Fall berücksichtigt man die Verluste durch einen ohmschen Widerstand, den man parallel zur Kapazität schaltet. Man erhält so die Ersatzschaltung Bild 3.39a des Kondensators.

Der *Verlustfaktor* ist das Verhältnis *Wirkleistung P zu Blindleistung Q*. Im Bild 3.39d ist der Verlustfaktor gleich dem Tangens des *Verlustwinkels* δ .

Bauart/Anwendung	Nennspannung	Kapazität	Toleranz	Temperaturbereich.	Verlustfaktor/10^{-3}
MP-Gleichspannungskondensatoren Kopplung, Glättung	250V..1000V	100nF..64µF	10%, 20%	-55..85°C	1kHz: 6...10
Metallisierte Kunststoff-Kondensatoren					
MKL Mischspannungen,	25...630V	33nF...100µF	10...20%	-55..85°C	1kHz: 12...15
MKT Glättung,	63V...12,5kV	680pF...10µF	5..20%	-55/-40...100°C	1kHz: 5...7
MKC Kopplung, Entkopplung	100...250V	1nF...1µF	5..20%	-55..100°C	1kHz: 1..3
MKP Ablenkstufen in Fernsehgeräten	250V...40kV	1,5nF...4,7µF	5..20%	-40..70/80°C	1kHz: 0,25
MKY Schwingkreise	250V	100nF...10µF	1..5%	-55..85°C	1kHz: 0,5
Verlustarme Kondensatoren					
Styroflex Schwingkreise, Filter,	25...630V	2pF...330nF	0,5...5%	-55/-10..70°C	1kHz: 0,1...0,3
Polypropylen Kopplung, Entkopplung	63...630V	2pF...100nF	1..5%	-55/-40..85°C	1kHz: 0,1...0,5
Glimmer Meßkondensatoren					
Glas Hochtemperatur					
Keramik-Kondensatoren					
NDK Schwingkreise, Filter, Temperaturkompensation	50V, 100V	1pF...47nF	0,5%, 5% 10%	-55..125°C	>50pF: <1,5
HDK Kopplung, Siebung	50V, 100V	220pF...2,2µF	10%, 20%	-55..125°C	25, 30
Elektrolyt-Kondensatoren					
Aluminium Siebung, Kopplung, Glättung, Energiespeicher	6,3...100V 160...450	470nF...390mF	20%, 30% 50%	-55..125°C	100Hz: 60...150
Tantal Glättung, Kopplung	4...125V	100nF...1,2mF	5..20%	-55..125°C	120Hz: 50..80
Kondensatoren für die Energieelektronik					
MP Glättung, Stützung,Stoß	450V...2,8kV	32µF...4,8mF	10%	-40...70°C	50Hz: 6
MKV Wechselspannung, magnet.	640V	1...50µF	10%	-25...70°C	50Hz: 0,3
Spannungskonstanthalter,	330V, 660V	1,5...60µF	10%	-25...85°C	50Hz: 0,5
Kopplung, Kommutierung,	550V	100nF...4,7µF	10%, 20%	-25...70°C	50Hz: 0,2
Bedämpfung.	320V...3kV	100nF...330µF	10%, 20%	-10...40°C	50Hz: 0,2

Bild 3.38: Bauarten und Eigenschaften von Kondensatoren

Mit den Diagrammen im Bild 3.39 ergeben sich folgende Möglichkeiten, um den Verlustfaktor zu berechnen:

$$\tan(\delta) = \frac{P}{Q} = \frac{G}{B} = \frac{1}{\omega \bullet C \bullet R} = \frac{i_{Reff}}{i_{Ceff}} \qquad (3.23)$$

Je kleiner die Verluste des Kondensators sind, desto kleiner ist der Verlustfaktor $\tan(\delta)$. Messungen zeigen, daß der Verlustfaktor mit steigender Frequenz zunimmt.

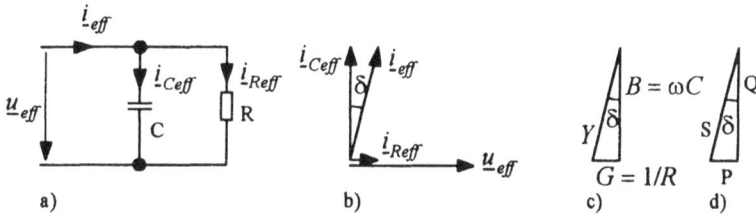

Bild 3.39: Kondensator a) einfache Ersatzschaltung, b) Zeigerdiagramm, c) Leitwerte, d) Leistungen

Spannungsfestigkeit. Die äußeren Abmessungen eines Kondensators hängen von seiner Kapazität und seiner *Spannungsfestigkeit* ab. Je dicker das Dielektrikum ist, desto größer ist die Spannungsfestigkeit. Daher unterscheiden sich Kondensatoren mit gleicher Kapazität aber unterschiedlicher Spannungsfestigkeit in ihrem Volumen.

Wir kennen jetzt die Wirkungsweise eines Netzgerätes, doch fehlt noch die Dimensionierung. Im nächsten Abschnitt dimensionieren wir das Netzgerät des Wärmeschranks.

3.11 Dimensionierung des Netzgerätes

Das Bild 3.40 zeigt noch einmal das Netzgerät unseres Wärmeschranks. Wir wollen abschließend die Bauelemente des Netzgerätes auswählen und dimensionieren. Dafür benötigen wir die Spannungen $U_{SP1} \ldots U_{SP4}$ und die Ströme $I_{SP1} \ldots I_{SP4}$:

$U_{SP1} = 4{,}0V$, $\quad I_{SP1} = 2{,}07mA$; $\quad U_{SP3} = 5{,}0V$, $\quad I_{SP3} = 3{,}0mA$;
$U_{SP2} = 6{,}0V$, $\quad I_{SP2} = 21{,}5mA$; $\quad U_{SP4} = -5{,}0V$, $\quad I_{SP4} = -3{,}0mA$.

Bislang haben wir nur die Werte von U_{SP1} und I_{SP1} ermittelt (Aufgabe 2.4 und 2.5). Die übrigen Größen, deren Werte vorstehend schon genannt sind, ergeben sich erst in den folgenden Kapiteln.

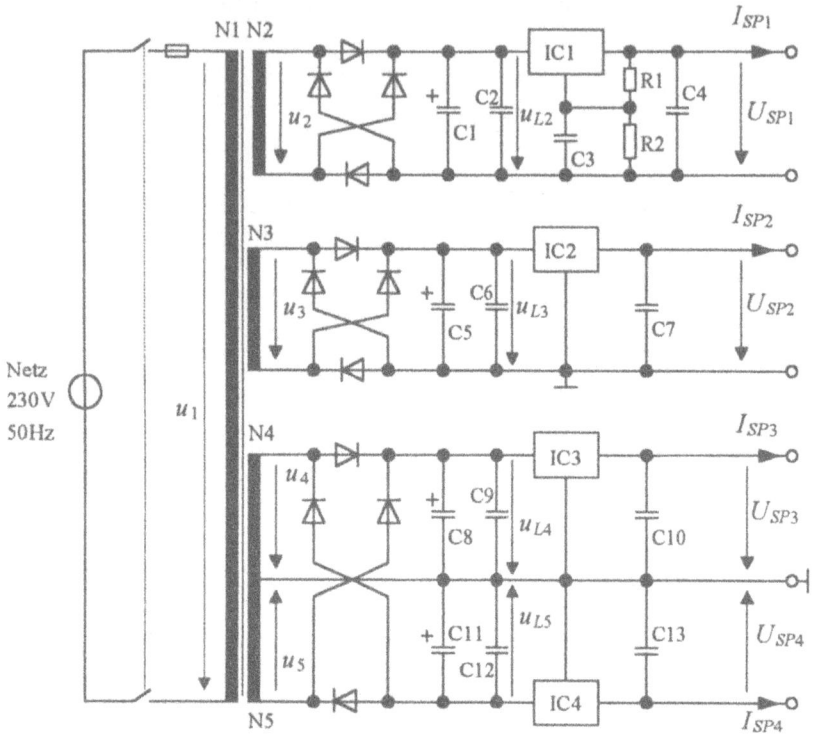

Bild 3.40: Netzgerät des Wärmeschranks

Integrierte Spannungsregler. Da wir die Spannungen U_{SP1} ... U_{Sp4} kennen, können wir für die Bausteine IC1 ... IC4 Spannungsregler auswählen. Das geschieht in der folgenden Aufabe.

Aufgabe 3.23

Im Bild 3.40 ist U_{SP1} = 4,0V, I_{SP1} = 2,07mA; U_{SP2} = 6V, I_{SP2} = 21,5mA; U_{SP3} = 5,0V, I_{SP3} = 3,0mA, U_{SP4} = -5,0V, I_{SP4} = -3,0mA.

a) Wählen Sie für die Bausteine IC1 ... IC4 mit Hilfe der Bilder 3.34 und 3.37 Integrierte Spannungsregler aus.

b) Bestimmen Sie entsprechend Bild 3.35 die kleinsten Kapazitätswerte für $C_2 = C_6 = C_9$, C_{12} und $C_3 = C_4 = C_7 = C_{10} = C_{13}$.

c) Berechnen Sie die Werte der Widerstände R_1 und R_2 und wählen Sie den Strom durch R_2 ungefähr $100 \cdot I_{Regler}$.

Ausgangswiderstände des Netztransformators. Für die Dimensionierung der Gleichrichterschaltungen im Bild 3.40 benötigen wir die Ausgangswiderstände des Netztransformators. Da der Transformator vier Sekundärwicklungen N_2 ...N_5 besitzt, müssen wir also die zugehörigen vier Ausgangswiderstände R_{q2} ...R_{q5} ermitteln. Wir bestimmen die Ausgangswiderstände mit dem Diagramm Bild 3.21.

Aufgabe 3.24

Im Bild 3.40 ist $U_{SP1} = 4{,}0V$, $I_{SP1} = 2{,}07mA$; $U_{SP2} = 6V$, $I_{SP2} = 21{,}5mA$; $U_{SP3} = 5{,}0V$, $I_{SP3} = 3{,}0mA$; $U_{SP4} = -5{,}0V$, $I_{SP4} = -3{,}0mA$. Durch den Spannungsteiler R_1, R_2 fließt der Strom $I_1 \approx I_2 = 5mA$. Die Nenn-Wechselspannung des Netzes beträgt 230V und schwankt um $\pm10\%$. Nehmen Sie an, daß die Spannungsschwankungen u_{L2ss}, u_{L3ss}, u_{L4ss} und u_{L5ss} höchstens 0,4V betragen.

a) Über den Integrierten Reglern IC1 ... IC4 soll im ungünstigsten Fall der kleinste zulässige Wert der Stellspannung U_{stell} abfallen (siehe Bild 3.32). Entnehmen Sie die kleinste zulässige Spannung U_{stell} den Bildern 3.33 und 3.37 und berechnen Sie die Gleichspannungen U_{L2}, U_{L3}, U_{L4} und U_{L5}.

b) Ermitteln Sie mit dem Diagramm Bild 3.21 die vier Ausgangswiderstände R_{q2} (Wicklung N_2), R_{q3} (Wicklung N_3), R_{q4} (Wicklung N_4) und R_{q5} (Wicklung N_5) des Netztransformators.

Hinweise:
- Berücksichtigen Sie beim Regler C1 den Strom durch den Spannungsteiler R_1, R_2.
- Im ungünstigsten Fall
   - ist der Effektivwert der Netzwechselspannung am kleinsten;
   - gleichzeitig weist die Mischspannung u_{L2} gerade ihren Minimalwert auf.
- Wenn eine Leistung kleiner als 1W ist, dann ermitteln Sie aus Bild 3.21 den Ausgangswiderstand für P = 1W.

Glättungskondensatoren, Dioden, Übersetzungsverhältnisse. Die Glättungskondensatoren und die Ersatz-Urspannungen der Sekundärwicklungen im Bild 3.40 dimensionieren wir mit den Diagrammen der Bilder 3.22 und 3.23. Danach können wir die Übersetzungsverhältnisse des Netztansformators berechnen. Abschließend ermitteln wir den zulässigen Diodenstrom und die zulässige Diodenspannung.

Aufgabe 3.25

Im Bild 3.40 ist

$U_{L2} = 7{,}2V$	Eingangs-Gleichspannung des Spannungsreglers IC1
$R_{L2} = 1018\Omega$	Eingangswiderstand des Spannungsreglers IC1
$R_{q2} = 509\Omega$	Ausgangswiderstand der Sekundärwicklung N_2
$U_{L3} = 9{,}1V$	Eingangs-Gleichspannung des Spannungsreglers IC2

$R_{L3} = 423\Omega$ Eingangswiderstand des Spannungsreglers IC2

$R_{q3} = 212\Omega$ Ausgangswiderstand der Sekundärwicklung N_3

$U_{L4} = 8,0V$ Eingangs-Gleichspannung des Spannungsreglers IC3

$R_{L4} = 2,67k\Omega$ Eingangswiderstand des Spannungsreglers IC3

$R_{q4} = 1,34k\Omega$ Ausgangswiderstand der Sekundärwicklung N_4

$U_{L5} = -8,0V$ Eingangs-Gleichspannung des Spannungsreglers IC4

$R_{L5} = 2,67k\Omega$ Eingangswiderstand des Spannungsreglers IC4

$R_{q5} = 1,34k\Omega$ Ausgangswiderstand der Sekundärwicklung N_5

Die Nenn-Wechselspannung des Netzes beträgt 230V/50Hz. Die Lastspannungsschwankungen $u_{L2ss} \ldots u_{L5ss}$ sollen kleiner als 0,4V sein. Nehmen Sie an, die Gleichrichterdioden haben eine Schwellenspannung $U_{AK_s} = 0,7V$ und einen differentiellen Widerstand $r_{AK} = 2\Omega$.

a) Ermitteln Sie mit dem Diagramm Bild 3.22 die Kapazitätswerte der Glättungskondensatoren C_1, C_5, C_8, C_{11}. Wählen Sie die Kapazitätswerte der E6-Reihe.

b) Ermitteln Sie mit dem Diagramm Bild 3.23 die Ersatz-Urspannungen $u_{q2eff} \ldots u_{q5eff}$.

c) Berechnen Sie die Übersetzungsverhältnisse $ü_2 \ldots ü_5$ des Netztransformators.

d) Wie groß muß der zulässige Anodenstrom der Gleichrichterdioden mindestens sein?

   Wie groß muß der Betrag der zulässigen Dioden-Sperrspannung mindestens sein?

Schaltungswerte. Im folgenden sind alle Bauteile des Netzgerätes Bild 3.40 aufgeführt:

IC1: LM317, $R1 = 240\Omega$, $C1 = 68\mu F$, $C5 = 220\mu F$, $C9 = 330nF$,

IC2: 7806, $R2 = 560\Omega$, $C2 = 330nF$, $C6 = 330nF$, $C10 = 1\mu F$,

IC3: 7805, $C3 = 1\mu F$, $C7 = 1\mu F$, $C11 = 33\mu F$,

IC4: 7905, $C4 = 1\mu F$, $C8 = 33\mu F$, $C12 = 2,2\mu F$,

                                                    $C13 = 1\mu F$.

Netztransformator 230V/50Hz primär

$ü_2 = 19$, $ü_3 = 15,3$, $ü_4 = 17,3$, $ü_5 = 17,3$

$R_{q2} = 509\Omega$, $R_{q3} = 212\Omega$, $R_{q4} = 1,34k\Omega$, $R_{q5} = 1,34k\Omega$

Gleichrichterdioden: $I_{Azul} \geq 92mA$, $|U_{AKzul}| \geq 22V$

In einer vollständigen Beschreibung der Bauelemente müssen außerdem die Bauart der Widerstände und Kondensatoren, die Leistungen der Widerstände und die Spannungen der Kondensatoren enthalten sein.

Im nächsten Kapitel werden wir das Stellglied des Wärmeschranks in Angriff nehmen.

3.12 Übungsaufgaben zum Kapitel 3

Aufgabe 3.26

a) Welche Ladungsträger sind am Stromfluß in einem Halbleiter beteiligt? In welche Richtung bewegen sich diese Ladungsträger in einem elektrischen Feld?

b) Auf welche Weise bewegen sich Valenzelektronen im elektrischen Feld eines Halbleiters?

c) Vergleichen Sie die Anzahl der Leitungselektronen mit der Anzahl der Löcher in einem reinen Halbleiter, in einem n-Halbleiter und in einem p-Halbleiter.

d) Sind n-Halbleiter bzw. p-Halbleiter elektrisch neutral, positiv oder negativ geladen?

e) Wie ändert sich die elektrische Leitfähigkeit eines Halbleiters mit der Temperatur?

f) Den Löchern wird eine Ladung zugeordnet. Ist diese Ladung positiv oder negativ? In welche Richtung bewegen sich die Löcher in einem elektrischen Feld?

g) Muß im Durchlaßbetrieb einer Gleichrichterdiode der Pluspol der Spannung U_{AK} am p-Halbleiter oder am n-Halbleiter liegen?

h) Wie groß ist bei einer Silizium-Gleichrichterdiode die Schwellenspannung U_{AKs}? Wie ändert sich bei einer Silizium-Gleichrichterdiode der Betrag des Sperrstroms mit der Temperatur?

i) Welchen Einfluß hat die Sperrspannung auf die Sperrschichtkapazität? Bei welchem Bauelement wird dieser Einfluß ausgenutzt?

k) Dürfen Gleichrichterdioden im Durchbruchbereich betrieben werden?

l) In welchem Bereich der Strom-Spannungs-Kennlinie werden Z-Dioden betrieben? Wodurch zeichnen sich Z-Dioden mit einer Z-Spannung von etwa 6V aus?

Aufgabe 3.27

Die Stabilisierungsschaltung Bild 3.29 soll mit MICRO-CAP untersucht werden. Die Z-Diode hat eine Z-Spannung $U_{Z0} \approx 19V$

Laden Sie aus dem Verzeichnis DATAKA die Datei STAB_Z. In der MICRO-CAP-Schaltung entspricht V(SP,0) der Eingangsspannung U_e (Bild 3.29) und V(Z,0) der Ausgangsspannung U_a.

a) Rufen Sie DC ANALYSIS auf und sehen Sie sich die Kennlinie V(Z,0) in Abhängigkeit von V(SP,0) an. Die Kennlinie zeigt zwei Bereiche:

   - Im Bereich V(SP,0)=0 ... 19V steigt V(Z,0) linear von 0 ... 19V an.
   - Im Bereich V(SP,0)=19V ... 50V steigt V(Z,0) linear von 19V ... 22V an.

   Erklären Sie den Verlauf der Kennlinie.

b) Mit der Funktion STEPPING können Widerstandswerte, Spannungswerte und andere Schaltungswerte *schrittweise* verändert werden.

   Klicken Sie an: DC und 4: STEPPING. Auf dem Bildschirm erscheint das STEPPING-Feld:

Step what	Größe, die schrittweise geändert werden soll
From	Anfangswert der Größe
To	Endwert der Größe
Step value	Schrittweite der Größe

   Wir wollen den Widerstand R_v vom Anfangswert 500Ω bis zum Endwert 1500Ω in einem Schritt von 1000Ω ändern. Füllen Sie das STEPPING-Feld wie folgt aus:

Step what	RV
From	500
To	1500
Step value	1000

   Sehen Sie sich mit DC ANALYSIS die Kennlinie V(Z,0) in Abhängigkeit von V(SP,0) erneut an. Sie erhalten jetzt eine Kennlinie für $R_v = 500\Omega$ (oben) und eine Kennlinie für $R_v = 1500\Omega$ (unten). Erklären Sie den unterschiedlichen Verlauf der beiden Kennlinien.

   Entsprechend können Sie den Z-Widerstand r_Z schrittweise ändern.

   Löschen Sie zum Schluß das STEPPING-Feld.

c) Man kann auch die Bauelemente-Temperatur schrittweise ändern. Das geschieht im Feld LIMITS. Wir wollen die Temperatur der Z-Diode vom *hohen Anfangswert* 127°C bis zum *niedrigen Endwert* 27°C in der *Schrittweite* von 50°C ändern.

Klicken Sie an: DC und LIMITS. Ändern Sie das obere LIMITS-Feld wie folgt:

`Temperature`   127, 27, 50

Sehen Sie sich mit DC ANALYSIS die Kennlinie V(Z,0) in Abhängigkeit von V(SP,0) erneut an. Sie erhalten drei Kennlinien für 27°C (oben), 77°C (Mitte) und 127°C (unten).

Welches Vorzeichen hat der relative Temperaturkoeffizient TK_Z der Z-Diode?

d) Wenn Sie den Wert von TK_Z ermitteln wollen, dann benötigen Sie die Kennlinie $I_Z = f(U_Z, \vartheta)$. Schalten Sie dazu im LIMITS-Feld das Diagramm 1 aus und das Diagramm 2 ein.

Berechnen Sie TK_Z für $U_{Z1} \approx 20,5V$ und $I_{Z1} = 10mA$.

Verlassen Sie zum Schluß STAB_Z ohne zu speichern.

Aufgabe 3.28

Im Bild 3.31 ist die Netzspannung 230V, 50Hz und der Laststrom $I_L = 1A$. Als Integrierter Spannungsregler wird der Baustein 7820 verwendet. Die Spannungsdifferenz $\Delta U_{Regler} = U_G - U_L$ soll 3V betragen. Den Eingangswiderstand des Spannungsreglers bezeichnen wir mit R_G und den Eingangstrom mit I_G (der Strombezugspfeil zeigt in die obere Eingangsklemme. Die Spannungsdifferenz u_{Gss} soll höchstens 2V sein und $(R_q + 2 \bullet r_{AK})/R_G$ soll zwischen 0,001 und 1 liegen. Nehmen Sie an, daß $U_{AKs} = 0,7V$ und $r_{AK} = 2\Omega$ ist.

a) Ermitteln Sie mit den Diagrammen der Bilder 3.21 bis 3.23 den Wert von C_G und wählen Sie einen Wert nach der E6-Reihe.

b) Wie groß muß nach Bild 3.21 der Ausgangswiderstand R_q des Transformators sein?

c) Wie groß muß nach Bild 3.23 die Leerlaufspannung $\hat{u}_q$ des Transformators sein?

d) Wie groß ist u_{Gss} bei der gewählten Dimensionierung?

Aufgabe 3.29

In der Schaltung Bild 3.29b ist $R_v = 500\Omega$, $r_Z = 5\Omega$ und $U_{Z0} = 8,2V$. Am Eingang liegt die Mischspannung

$$U_e(t) = U_e + u_e = 23,9V + 2,02V \bullet \sin(2 \bullet \pi \bullet 100Hz \bullet t).$$

a) Wie lautet die Gleichung der Mischspannung $U_a(t) = U_a + u_a$ mit Zahlenwerten für U_a und u_a?

Hinweise:

- Die Aufgabe wird zweckmäßig mit dem Überlagerungsgesetz gelöst.
  D.h. man berechnet zuerst die Gleichspannung U_a und dann die Wechselspannung u_a. Die Überlagerung (Addition) von U_a und u_a ergibt die Mischspannung $U_a(t)$.
- Für die Berechnung der Gleichspannungen und Gleichströme benötigt man die *Gleichstrom-Ersatzschaltung* der Stabilisierungsschaltung. Die Gleichstrom-Ersatzschaltung einer Schaltung enthält nur

  - die Gleichspannungs- und Gleichstromquellen,
  - die *Gleichstromwiderstände* der konventionellen Bauelemente (ohmsche Widerstände, Spulen, Kondensatoren),
  - die elektronischen Bauelemente (Dioden, Transistoren usw.) bzw. ihre Gleichstrom-Ersatzschaltungen.

- Für die Berechnung der Wechselspannungen und Wechselströme benötigt man die *Wechselstrom-Ersatzschaltung* der Stabilisierungsschaltung. Die Wechselstrom-Ersatzschaltung einer Schaltung enthält nur

  - die Wechselspannungs- und Wechselstromquellen,
  - die *Wechselstromwiderstände* der konventionellen Bauelemente,
  - die elektronischen Bauelemente bzw. ihre Wechselstrom-Ersatzschaltungen.

b) Die Z-Diode hat einen Temperatur-Koeffizienten $TK_Z > 0$. An ihrem Eingang liegt eine Gleichspannung U_e. Die Umgebungstemperatur ϑ_u steigt. Wählen Sie aus der folgenden Wirkungskette die richtigen Pfeile aus:

$$\vartheta_u \uparrow \ \Rightarrow \ \vartheta_j \ (\uparrow / \downarrow) \ \Rightarrow \ U_{Z0} \ (\uparrow / \downarrow) \ \Rightarrow \ I_Z \ (\uparrow / \downarrow) \ und \ U_a \ (\uparrow / \downarrow).$$

3.13 Lösungen zu den Aufgaben im Kapitel 3

Aufgabe 3.1

a) Der Transformator soll die primäre Wechselspannung so transformieren, daß der Maximalwert der sekundären Wechselspannung etwas größer ist als die gewünschte Gleichspannung. Außerdem verhindert der Netztransformator eine leitende Verbindung zwischen dem Netz und der Sekundärwicklung.

b) Eine Gleichrichterdiode hat in der einen Richtung einen sehr kleinen Widerstand (Durchlaßbetrieb) und in der anderen einen sehr großen(Sperrbetrieb).

c) Die vier Gleichrichterdioden bilden eine *Brückenschaltung*.

d) Der Elektrolytkondensator speichert im Durchlaßbetrieb der Gleichrichterdiode Energie. Im Sperrbetrieb der Diode gibt der Kondensator die gespeicherte Energie zum Teil an die Last ab.

e) Die Gleichspannungen U_{SP1} ... U_{SP4} ändern sich grundsätzlich, wenn sich
die Netzwechselspannung oder die Lastwiderstände ändern. Die Spannungsregler IC1 ...IC4 sollen die Gleichspannungen U_{SP1} ... U_{SP4} konstant
halten.

Aufgabe 3.2

a) Aus dem Bild 3.10a ergibt sich für $U_{AK} = 0,7V$:

$$\frac{I_A(100^\circ C)}{I_A(25^\circ C)} = \frac{60mA}{12mA} = \underline{5}$$

a) Aus dem Bild 3.10b ergibt sich für $U_{AK} = -5V$:

$$\frac{I_A(100^\circ C)}{I_A(25^\circ C)} = \frac{-10^{3,3}nA}{-10^1 nA} = \underline{200}$$

Aufgabe 3.3

Aus dem Bild 3.10a ergibt sich für $I_A = 20mA$ der Temperaturdurchgriff zu

$$D_T = \frac{\Delta U_{AK}}{\Delta \vartheta} = \frac{590mV - 740mV}{100^\circ C - 25^\circ C} = \underline{-2\frac{mV}{K}}$$

Aufgabe 3.4

a) Die Gleichung (3.4) ergibt mit $U_q = 5V$ und $R_L = 50\Omega$ folgende Werte-
paare:

U_{AK}/V	0,0	2,5	5,0
I_A/mA	100,0	50,0	0,0

b) Mit den vorstehenden Wertepaaren können Sie die Lastkennlinie im Bild
3.11b einzeichnen.

Aufgabe 3.5

a) In dem Bild 3.11a ergibt sich I_A aus dem Schnittpunkt der Lastgeraden
mit der Diodenkennlinie. Es ist $I_A = 80mA$.

b) Zu dem Schnittpunkt gehören außerdem $U_{AK} = 1V$ und $U_L = U_q - U_{AK} =$
5V - 1V = 4V.

Aufgabe 3.6

a) Im Bild 3.12b gehört zu jedem Wert von u_q ein Schnittpunkt der zugehörigen R_L-Geraden mit der Dioden-Kennlinie. Dieser Schnittpunkt ergibt den

Wert von i_A, der zu u_q gehört. Überträgt man mehrere Werte von i_A in das Diagramm Bild 3.12d, dann erhält man den in Bild 3.41d gezeichneten Stromverlauf.

b) Da $u_L = i_A \bullet R_L$ ist, hat u_L denselben Verlauf wie i_A.

c) Aus dem Bild 3.41 entnehmen wir: $\hat{u}_{AK} = 1V$ und $\breve{u}_{AK} = -5V$.

d) i_A ist ein Mischstrom, u_L und u_{AK} sind Mischspannungen.

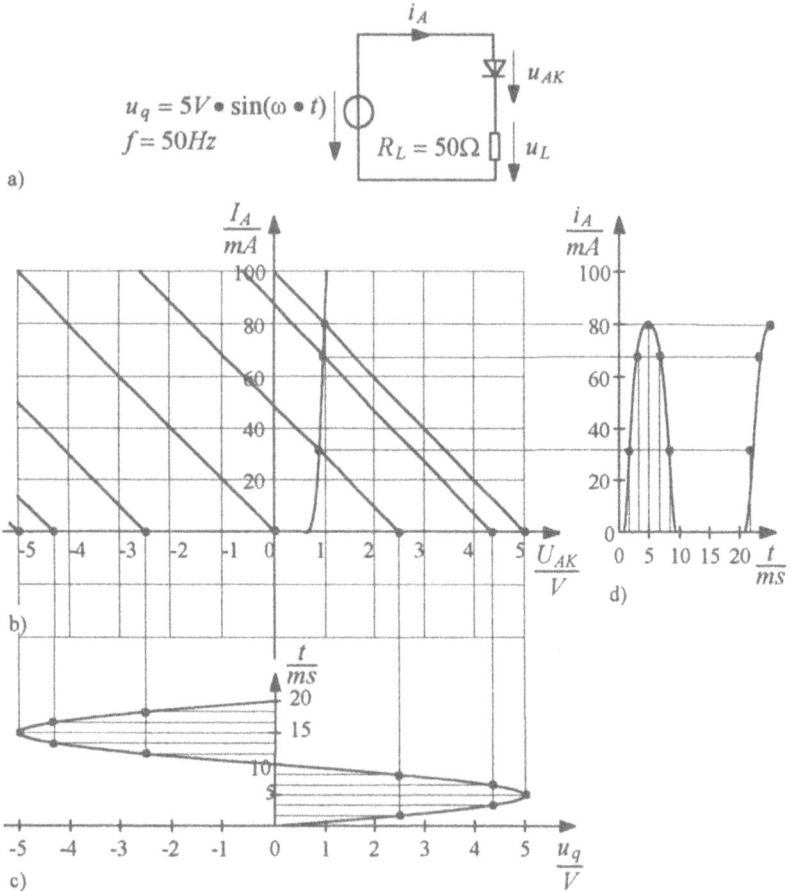

Bild 3.41: Zu Aufgabe 3.6

Aufgabe 3.7

Aus dem Bild 3.13b entnehmen wir:

$U_{AKs} = \underline{0,8V}$

$\Delta U_{AK} = 250mV$

$\Delta I_A = 78mA$

$$r_{AK} = \frac{\Delta U_{AK}}{\Delta I_A} = \frac{250mV}{78mA} = \underline{3,2\Omega}$$

Aufgabe 3.8

a) Im Bild 3.12a wird die Gleichrichterdiode durch ihre Ersatzschaltung mit $U_{AKs} = 0,8V$ und $r_{AK} = 3,2\Omega$ ersetzt. Für $u_q \geq U_{AKs} = 0,8V$ gilt dann:

$$i_A(t) = \frac{u_q - U_{AKs}}{r_{AK} + R_L} = \frac{5V \bullet \sin(2 \bullet \pi \bullet 50Hz \bullet t) - 0,8V}{3,2\Omega + 50\Omega}$$

b) Bei $u_q < U_{AKs}$ sperrt die Diode ideal. Folglich ist dann $i_A(t) = 0$.

c) Zunächst müssen die u_q-Werte für die gegebenen Zeiten berechnet werden. Anschließend werden die $i_A(t)$-Werte nach a) bzw. b) ermittelt. Es ergeben sich folgende Werte:

$\dfrac{t}{ms}$	$\dfrac{u_q}{V}$	$\dfrac{i_A(t)}{mA}$
0,00	0,0	0
0,51	0,8	0
5,00	5,0	79
9,49	0,8	0
10,00	0,0	0
15.00	-5,0	0
20,00	0,0	0

Ein Vergleich dieser Werte mit den Werten, die in der Aufgabe 3.6a zeichnerisch ermittelt wurden, zeigt eine brauchbare Übereinstimmung.

Aufgabe 3.9

c) `Input 1 range 900,0,10`
Die Batteriespannung (Input 1) wird von 900V bis 0V um jeweils 10V geändert.

`X range` Der Bereich (range) der x-Achse geht 1V ... 0V
`1,0`

`Y range` Der Bereich (range) der y-Achse geht von 5A ... 0A
`5,0`

Damit Sie die Durchlaßkennlinie sehen, rufen Sie wieder das Menü DC auf und danach RUN. Das Diagramm zeigt nur die Durchlaßkennlinie.

d) `Input 1 range 0,-492,-10`
Die Batteriespannung (Input 1) wird von -492V bis 0V um jeweils 10V geändert

`X range`   Der Bereich (range) der x-Achse geht von 0V ... -500V
`0,-500`

`Y range`   Der Bereich (range) der y-Achse geht von 0A ... $10^{-3}A$
`0,-1E-3`

Damit Sie die Diodenkennlinie sehen, müssen Sie wieder das Menü DC aufrufen und anschließend RUN. Das Diagramm zeigt nur die Sperr-kennlinie.

e) `Input 1 range -490,-800,10`
Die Batteriespannung (Input 1) wird von -490V bis -800V um jeweils 10V geändert

`X range`   Der Bereich (range) der x-Achse geht von -490V ... -491V
`-490,-491`

`Y range`   Der Bereich (range) der y-Achse geht von 0A ... -2A
`0,-2`

Damit Sie die Diodenkennlinie sehen, müssen Sie wieder das Menü DC aufrufen und anschließend RUN. Das Diagramm zeigt nur die Durch-bruchkennlinie.

Aufgabe 3.10

c) Die Einträge in der P-Spalte lauten von oben nach unten: 1 1 1 2

d) Damit nur das Diagramm V(A,K) abgebildet wird, muß der Eintrag in der P-Spalte wie folgt aussehen: leer 1 leer leer. Die Eintragung "leer" wird mit der Leertaste erzeugt.

Aufgabe 3.11

b) Zeitabschnitt t = 0ms ... 6ms: u_L nimmt von 0V auf etwa 4V zu. Daraus folgt:
- Die Gleichrichterdiode leitet.
- Die Spannungsquelle lädt den Glättungskondensator C_G auf.

Zeitabschnitt t = 6ms ... 22ms: u_L nimmt von etwa 4V auf etwa 2V ab. Daraus folgt:
- Die Gleichrichterdiode sperrt.
- Der Glättungskondensator C_G gibt einen Teil der gespeicherten Ladung an den Lastwiderstand ab.

Zeitabschnitt t = 22ms ... 26ms: u_L nimmt von 2V auf etwa 4V zu. Daraus folgt:
- Die Gleichrichterdiode leitet.
- Die Spannungsquelle lädt den Glättungskondensator C_G nach.

c) Aus dem Diagramm von V(K,0) bzw u_L = f(t) im Bild 3.17b erhalten wir:

$$u_{Lss} = \hat{u}_L - \check{u}_L \approx 4V - 2V = \underline{2V}$$

u_{Lss} nimmt ab, wenn C_G und R_L vergrößert werden. In der Praxis können wir jedoch nur C_G vergrößern, da R_L vorgegeben ist.

e) Aus dem neuen Diagramm von V(K,0) bzw u_L = f(t) erhalten wir:

$$u_{Lss} = \hat{u}_L - \check{u}_L \approx 3,46V - 2,92V = \underline{0,54V}$$

f) In der ersten Periode ist $\hat{i}_A = 1,23A$, in der zweiten Periode ist $\hat{i}_A = 640mA$. Dem Diagramm u_L = f(t) entnehmen wir die Last-Gleichspannung

$$U_L \approx \frac{\hat{u}_L + \check{u}_L}{2} = 3,19V.$$

Damit berechnen wir den Last-Gleichstrom

$$I_L = \frac{U_L}{R_L} \approx \frac{3,19V}{50\Omega} = 63,8mA$$

Der Maximalwert des Anodenstroms ist also viel größer als der Last-Gleichstrom.

Aufgabe 3.12

a) Während der ersten Halbwelle von u_q ist u_q positiv. Infolgedessen leiten die beiden Dioden D1 und D4. Der Strom i_A fließt dann durch D1, R_L, D4 und die Quelle.

b) Während der zweiten Halbwelle von u_q ist u_q negativ. Infolgedessen leiten die beiden Dioden D2 und D3. Der Strom i_A fließt dann durch D2, R_L, D3 und die Quelle.

Aufgabe 3.13

a) Aus dem Diagramm u_L = f(t) in Bild 3.20 entnehmen wir:

$$u_{Lss} = \hat{u}_L - \check{u}_L \approx 3,5V - 3,3V = \underline{0,2V}$$

$$U_L \approx \underline{3,4V}$$

b) Die entsprechenden Werte des Einweggleichrichters der Aufgabe 3.11 waren:

$$u_{Lss} \approx \underline{2V}$$

$$U_L \approx \underline{3V}$$

Es bestätigt sich also die Erwartung, daß die Lastspannungsschwankung des Brückengleichrichters kleiner ist als die Lastspannungsschwankung des Einweggleichrichters.

c) Im eingeschwungenen Zustand ist der Minimalwert $\breve{u}_{AK4} \approx \underline{-4V}$.

d) Im eingeschwungenen Zustand ist der Maximalwert $\hat{i}_A \approx \underline{80mA}$ und die Last-Gleichspannung $U_L \approx 3,35V$. Somit ist der Last-Gleichstrom

$$I_L = \frac{U_L}{R_L} \approx \frac{3,35V}{320\Omega} = \underline{10,5mA}$$

e) Während des Einschwingens ist der Maximalwert $\hat{i}_A \approx \underline{470mA}$.

Aufgabe 3.14

Die Gleich-Leistung ist

$$P_L = U_L \bullet I_L = 5V \bullet 300mA = 1,5W$$

Der Lastwiderstand ist

$$R_L = \frac{U_L}{I_L} = \frac{5V}{0,3A} = 16,7\Omega$$

Zu $P_L = 1,5W$ gehört nach Bild 3.21

$$\frac{R_q}{R_L} \approx 0,5 \quad \Rightarrow$$

$$R_q \approx 0,5 \bullet R_L = 0,5 \bullet 16,7\Omega = \underline{8,35\Omega}$$

$R_q = 8,35\Omega$ ist gegenüber $R_L = 16,7\Omega$ nicht zu vernachlässigen. Infolgedessen ist die Verlustleistung des Transformators hoch und sein Wirkungsgrad entsprechend schlecht. In Anbetracht der kleinen Leistung $P_L = 1,5W$ spielt jedoch der Wirkungsgrad eine untergeordnete Rolle. Macht man R_q kleiner, z.B. gleich 2Ω wie in der MICRO-CAP-Datei B2-GLR2 (Aufgabe 3.13), dann benötigt man einen Transformator mit wesentlich größeren Abmessungen, der natürlich auch teurer ist.

Aufgabe 3.15

Es ist

$$R_L = \frac{U_L}{I_L} = \frac{5V}{0,3A} = 16,7\Omega$$

$$\frac{R_q + 2 \bullet r_{AK}}{R_L} = \frac{8,35\Omega + 2 \bullet 2\Omega}{16,7\Omega} = 0,74$$

Aus der zugehörigen Kurve im Diagramm Bild 2.22 erhalten wir für u_{Lss}/U_L = 0,1:

$$\omega \bullet C_G \bullet R_L \approx 10$$

Aus diesem Wert berechnen wir

$$C_G = \frac{10}{\omega \bullet R_L} = \frac{10}{2 \bullet \pi \bullet 50Hz \bullet 16,7\Omega} = 1,91mF$$

gewählt: $\underline{C_G = 2,2mF}$

Aufgabe 3.16

a) Wie in der Aufgabe 3.15 ist

$$\frac{R_q + 2 \bullet r_{AK}}{R_L} = 0,74$$

Weiterhin ist

$$\omega \bullet C_G \bullet R_L = 2 \bullet \pi \bullet 50Hz \bullet 2,2mF \bullet 16,7\Omega = 11,5$$

Hiermit erhalten wir aus dem Bild 3.2

$$\frac{U_L}{\hat{u}_q - 2 \bullet U_{AKs}} \approx 0,38 \quad \Rightarrow$$

$$\hat{u}_q \approx \frac{U_L}{0,38} + 2 \bullet U_{AKs} = \frac{5V}{0,38} + 2 \bullet 0,7V = \underline{14,6V}$$

b) Mit der Gleichung (3.10) erhalten wir

$$\ddot{u} = \frac{u_{peff}}{u_{qeff}} = \frac{u_{peff}}{\hat{u}_q / \sqrt{2}} = \frac{230V \bullet \sqrt{2}}{14,6V} = \underline{22,3}$$

Aufgabe 3.17

Mit der Gleichung (3.12) berechnen wir den zulässgen Diodenstrom

$$I_{Azul} \geq \frac{\hat{u}_q - 2 \bullet U_{AKs}}{R_q + 2 \bullet r_{AK}} = \frac{12,6V - 2 \bullet 0,7V}{8,35\Omega + 2 \bullet 2\Omega} = \underline{0,907A}$$

Den Betrag der zulässigen Dioden-Sperrspannung ermitteln wir mit der Gleichung (3.15):

$$|U_{AKzul}| \geq \hat{u}_q = \underline{12,6V}$$

Aufgabe 3.18

a) In der Schaltung 3.25a ist zuerst $U_e = U_{e1} = 17V$. Dann ist

$$U_{a1} = U_{e1} \bullet \frac{R_2}{R_1 + R_2} = 17V \bullet \frac{17\Omega}{17\Omega + 17\Omega} = 8,5V$$

Nimmt U_e um 10% zu, dann ist

$$U_{e2} = 1,1 \bullet U_{e1} = 1,1 \bullet 17V = 18,7V$$

$$U_{a2} = U_{e2} \bullet \frac{R_2}{R_1 + R_2} = 18,7V \bullet \frac{17\Omega}{17\Omega + 17\Omega} = 9,35V$$

Die prozentuale Änderung von U_a ist:

$$\frac{\Delta U_a}{U_{a1}} = \frac{U_{a2} - U_{a1}}{U_{a1}} = \frac{9,35V - 8,5V}{8,5V} = 0,1 = \underline{10\%}$$

Da die prozentuale Änderung von U_a gleich der prozentualen Änderung von U_e ist, ist die Ausgangsspannung nicht stabilisiert.

b) In der Schaltung Bild 3.25b ist zuerst $U_e = U_{e1} = 17V$ und

$$I = I_1 = \frac{U_{e1} - 5 \bullet U_{AKs}}{R_1 + 5 \bullet r_{AK}} = \frac{17V - 5 \bullet 0,7V}{17\Omega + 5 \bullet 2\Omega} = 0,5A$$

$$U_{a1} = U_{e1} - I_1 \bullet R_1 = 17V - 0,5A \bullet 17\Omega = 8,5V$$

Nimmt U_e um 10% zu, dann ist

$$U_{e2} = 1,1 \bullet U_{e1} = 1,1 \bullet 17V = 18,7V$$

$$I_2 = \frac{U_{e2} - 5 \bullet U_{AKs}}{R_1 + 5 \bullet r_{AK}} = \frac{18,7V - 5 \bullet 0,7V}{17\Omega + 5 \bullet 2\Omega} = 0,563A$$

$$U_{a2} = U_{e2} - I_2 \bullet R_1 = 18,7V - 0,563A \bullet 17\Omega = 9,13V$$

Die prozentuale Änderung von U_a ist:

$$\frac{\Delta U_a}{U_{a1}} = \frac{U_{a2} - U_{a1}}{U_{a1}} = \frac{9,13V - 8,5V}{8,5V} = 0,0741 = \underline{7,41\%}$$

Da die prozentuale Änderung von U_a kleiner als die prozentuale Änderung von U_e ist, ist die Ausgangsspannung stabilisiert.

c) Wenn $U_e > U_a = 3,5V$ ist, dann ist bei $r_{AK} = 0$ immer

$$U_a = 5 \bullet U_{AKs} = 5 \bullet 0,7V = 3,5V$$

Die prozentuale Änderung von U_a ist somit gleich null. Bei $r_{AK} = 0$ ist die Ausgangsspannung U_a also absolut stabil.

Aufgabe 3.19

Der Schaltung 3.29b entnehmen wir für $U_e = U_{e1} = 15V$:

$$I_{Z1} = \frac{U_{e1} - U_{Z0}}{R_v + r_z} = \frac{15V - 5,6V}{330\Omega + 1\Omega} = 28,4mA$$

$$U_{a1} = I_{Z1} \bullet r_Z + U_{Z0} = 28,4mA \bullet 1\Omega + 5,6V = 5,6284V$$

Bei $U_{e2} = 1,1 \bullet U_{e1} = 1,1 \bullet 15V = 16,5V$ ist

$$I_{Z2} = \frac{U_{e2} - U_{Z0}}{R_v + r_z} = \frac{16,5V - 5,6V}{330\Omega + 1\Omega} = 32,9mA$$

$$U_{a2} = I_{Z2} \bullet r_Z + U_{Z0} = 32,9mA \bullet 1\Omega + 5,6V = 5,6329V$$

$$\frac{\Delta U_a}{U_{a1}} = \frac{U_{a2} - U_{a1}}{U_{a1}} = \frac{5,6329V - 5,6284V}{5,6284V} = 8 \bullet 10^{-4} = \underline{0,08\%}$$

Weiterhin erhalten wir aus dem Bild 3.29 die Leistungen

$$P_v = I_{Z1}^2 \bullet R_v = (28,4mA)^2 \bullet 330\Omega = \underline{266mW}$$

$$P_Z = U_{a1} \bullet I_{Z1} = 5,63V \bullet 28,4mA = \underline{160mW}$$

Aufgabe 3.20

Die Temperaturänderung der Sperrschicht ist

$$\Delta \vartheta_j = \vartheta_{j2} - \vartheta_{j1} = 26°C - 25°C = 1K$$

Mit der Gleichung (3.19) berechnen wir

$$\Delta U_{Z0} = TK_Z \bullet U_{Z1} \bullet \Delta \vartheta_j = -4 \bullet 10^{-4} \frac{1}{K} \bullet 5,6V \bullet 1K = -2,24mV$$

Die Durchbruchspannung nimmt also um 2,24mV ab, wenn die Sperrschichttemperatur um 1°C zunimmt.

Aufgabe 3.21

a) R_L = konstant und die Mischspannung $u_G > 0 \uparrow \Rightarrow U_L = U_{List} > 0 \uparrow$
$\Rightarrow U_{List} - U_{Lsoll} > 0 \uparrow \Rightarrow U_a > 0 \uparrow \Rightarrow R_{stell} \uparrow \Rightarrow$ dem Anwachsen von U_L wird entgegengewirkt.

Die Lastspannung U_L wird also gegen Änderungen der Mischspannung u_G stabilisiert.

b) Die Mischspannung $u_G > 0$ ist konstant und $R_L \downarrow \Rightarrow U_L = U_{List} > 0 \downarrow$
$\Rightarrow U_{List} - U_{Lsoll} < 0 \downarrow \Rightarrow U_a < 0 \downarrow \Rightarrow R_{stell} \downarrow \Rightarrow$ dem Absinken von U_L wird entgegengewirkt.

Die Lastspannung U_L wird also gegen Änderungen des Lastwiderstandes R_L stabilisiert.

c) Dem Bild 3.32 entnehmen wir:

$$U_{stell} + U_L - U_G = 0 \quad \Rightarrow$$

$$U_{stell} = U_G - U_L$$

Da U_L = konstant ist, ist folglich

$$\Delta U_{stell} = \Delta U_G = \underline{1V}$$

Aufgabe 3.22

Beim Integrierten Spannungsregler 7818 ist die Spannung U_1 = 18V. Mit der Näherungsgleichung (3.21) erhalten wir

$$I_{Regler} \approx \frac{I_{L\,max}}{250} = \frac{1A}{250} = 4mA$$

Mit $I_1 = 10 \bullet I_{Regler}$ erhalten wir

$$I_1 = 10 \bullet 4mA = 40mA \quad \Rightarrow$$
$$R_1 = \frac{U_1}{I_1} = \frac{18V}{40mA} = 450\Omega$$

Wir wählen den nächst kleineren Normwert der E12-Reihe:

$R_1 = \underline{390\Omega}$

Aus der Näherungsgleichung (3.22) ergibt sich

$$\frac{R_2}{R_1} \approx \frac{U_L}{U_1} - 1 = \frac{20,4V}{18V} - 1 = 0,133$$

$R_2 = 0,133 \bullet R_1 = 0,133 \bullet 390\Omega = 51,87$

Wir wählen den nächst größeren Normwert der E12-Reihe: $R_2 = \underline{56\Omega}$

Zum Schluß prüfen wir den Wert von U_L:

$$U_L \approx U_1 \bullet (1 + \frac{R_2}{R_1}) = 18V \bullet (1 + \frac{56\Omega}{390\Omega}) = 20,58V$$

Hätten wir für R_2 den nächst kleineren Normwert der E12-Reihe gewählt, $R_2 = 47\Omega$, dann wäre $U_L \approx 20,17V$.

Aufgabe 3.23

a) Da es für $U_{SP1} = 4V$ keinen Festspannungsregler gibt, realisieren wir den IC1 mit dem einstellbaren Regler LM317. Für $U_{SP2} = 6V$ wählen wir den Festspannungsregler 7806 (IC2), für $U_{SP3} = 5V$ den Festspannungsregler 7805 (IC3) und für $U_{SP4} = -5V$ den Festspannungsregler 7905 IC4).

b) Nach Bild 3.35 ergeben sich folgende Kapazitätswerte: $C_2 = C_6 = C_9 = 330nF$, $C_{12} = 2,2\mu F$, $C_3 = C_4 = C_7 = C_{10} = C_{13} = 1\mu F$.

c) Dem Bild 3.37 entnehmen wir für den LM317 folgende Kennwerte:
   - Die kleinste Ausgangsspannung ist $U_a = 1,2V$ (entspricht U_1 im Bild 3.36),
   - der Reglerstrom ist $I_{Regler} = 50\mu A$.

   Der Strom durch R_2 ist I_2 (siehe Bild 3.36). Es ist

   $$I_2 = 100 \bullet I_{Regler} = 100 \bullet 50\mu A = 5mA$$

   Der Strom durch R_1 ist I_1 (siehe Bild 3.36). Es ist

   $$I_1 = I_2 - I_{Regler} = 5mA - 50\mu A \approx 5mA$$

   $$R_1 = \frac{U_a}{I_1} \approx \frac{1,2V}{5mA} = \underline{240\Omega} \quad \text{(Wert der E24-Reihe)}$$

   Über R_2 fällt die Spannung U_2 ab (siehe Bild 3.36). Es ist

   $$U_2 = U_{SP1} - U_a = 4V - 1,2V = 2,8V$$

   $$R_2 = \frac{U_2}{I_2} = \frac{2,8V}{5mA} = \underline{560\Omega} \quad \text{(Wert der E24-Reihe)}$$

Aufgabe 3.24

a) Nach Bild 3.37 ist $U_{stell1} = 2,3V$ die kleinste zulässige Stellspannung des

Reglers IC1. Im folgenden bezeichnen wir die Last-Gleichspannung, die zum Nennwert 230V der Netzwechselspannung gehört, mit U_{L2}. Sinkt die Netzwechselspannung auf 90% ihres Nennwertes, dann beträgt die Last-Gleichspannung $\approx 0,9 \bullet U_{L2}$. Da die Lastspannungsschwankung u_{L2ss} höchstens 0,4V ist, ist der kleinste Wert der Last-Mischspannung $\approx 0,9 \bullet U_{L2} - 0,5 \bullet u_{L2ss}$. Für diesen ungünstigsten Fall gilt:

$$0,9 \bullet U_{L2} - 0,5 \bullet u_{L2ss} = U_{stell1} + U_{SP1} \Rightarrow$$

$$0,9 \bullet U_{L2} - 0,5 \bullet 0,4V = 2,3V + 4V = 6,3V \quad \Rightarrow$$

$$U_{L2} = \underline{7,2V}$$

Entsprechend ergibt sich:

$$U_{L3} = \underline{9,1V}, \quad U_{L4} = \underline{8,0V}, \quad U_{L5} = \underline{-8,0V}$$

b) Der IC1 nimmt die Leistung P_{L2} auf. Es ist

$$P_{L2} = U_{L2} \bullet (I_{SP1} + I_2) = 7,2V \bullet (2,07mA + 5mA) = 50,9mW < 1W$$

gewählt: $P_{L2} = 1W$

Der Eingang des IC1 belastet die Gleichrichterschaltung mit

$$R_{L2} = \frac{U_{L2}}{I_{SP1} + I_2} = \frac{7,2V}{2,07mA + 5mA} = 1018\Omega$$

Für $P_{L2} = 1W$ entnehmen wir dem Bild 3.21: $R_{q2}/R_{L2} = 0,5$. Somit ist

$$R_{q2} = 0,5 \bullet R_{L2} = 0,5 \bullet 1018\Omega = \underline{509\Omega}$$

Eine entsprechende Rechnung für die Integrierten Spannungsregler IC2 ... IC4 ergibt:

$$P_{L3} = 195,7mW < 1W, \quad R_{L3} = 423\Omega, \quad R_{q3} = \underline{212\Omega}$$

$$P_{L4} = P_{L5} = 24mW < 1W, \quad R_{L4} = R_{L5} = 2,67k\Omega, \quad R_{q4} = R_{q5} = \underline{1,34k\Omega}$$

Aufgabe 3.25

a) Für die Gleichrichterschaltung, die den IC1 speist, gilt:

$$\frac{R_{q2} + 2 \bullet r_{AK}}{R_{L2}} = \frac{509\Omega + 2 \bullet 2\Omega}{1018\Omega} = 0,5$$

$$\frac{u_{L2ss}}{U_{L2}} = \frac{0,4V}{7,2V} = 0,056$$

Hiermit erhalten wir aus Bild 3.22:

$$\omega \bullet C_1 \bullet R_{L2} \approx 20 \quad \Rightarrow$$

$$C_1 = \frac{20}{\omega \bullet R_{L2}} = \frac{20}{2 \bullet \pi \bullet 50Hz \bullet 1018\Omega} = 62,6\mu F$$

gewählt: $C_1 = 68\mu F$

Entsprechend ergeben sich:

$C_5 = 151\mu F$

gewählt: $C_5 = \underline{220\mu F}$

$C_8 = C_{11} = 23,8\mu F$

gewählt: $C_8 = C_{11} = \underline{33\mu F}$

Für die Kondensatoren C_1, C_5, C_8, C_{11} wählen wir Elektrolytkondensatoren.

b) Für die Gleichrichterschaltung, die den IC1 speist, gilt:

$$\frac{R_{q2} + 2 \bullet r_{AK}}{R_{L2}} = \frac{509\Omega + 2 \bullet 2\Omega}{1018\Omega} = 0,5$$

$$\omega \bullet C_1 \bullet R_{L2} = 2 \bullet \pi \bullet 50Hz \bullet 68\mu F \bullet 1018\Omega = 21,7$$

Hiermit erhalten wir aus dem Bild 3.23

$$\frac{U_{L2}}{\hat{u}_{q2} - 2 \bullet U_{AKs}} = 0,46 \quad \Rightarrow$$

$$\hat{u}_{q2} = \frac{U_{L2}}{0,46} + 2 \bullet U_{AKs} = \frac{7,2V}{0,46} + 2 \bullet 0,7V = \underline{17,1V}$$

Eine entsprechende Rechnung ergibt:

$\hat{u}_{q3} = \underline{21,2V}$

$\hat{u}_{q4} = \hat{u}_{q5} = \underline{18,8V}$

c) Der Maximalwert der Netzwechselspannung ist

$\hat{u}_{Netz} = \sqrt{2} \bullet u_{Netz\ eff} = \sqrt{2} \bullet 230V = 325V$

Zur Sekundärwicklung N_2 gehört das Übersetzungsverhältnis

$\ddot{u}_2 = \frac{\hat{u}_{Netz}}{\hat{u}_{q2}} = \frac{325V}{17,1V} = \underline{19}$

Eine entsprechende Rechnung ergibt:

$\ddot{u}_3 = \underline{15,3}$

$\ddot{u}_4 = \ddot{u}_5 = \underline{17,3}$

Mit den ermittelten Ausgangswiderständen R_{q2} ... R_{q5} und den Übersetzungsverhältnissen $\ddot{u}_2$... $\ddot{u}_5$ kann der Netztransformator hergestellt werden.

d) Der größte Anodenstrom fließt durch die Dioden, die den Spannungsregler IC2 speisen. Nach Gleichung (3.12) muß der zulässige Anodenstrom folgende Bedingung erfüllen:

$$I_{Azul} \geq \frac{\hat{u}_{q3} - 2 \bullet U_{AKs}}{R_{q3} + 2 \bullet r_{AK}} = \frac{21,2V - 2 \bullet 0,7V}{212\Omega + 2 \bullet 2\Omega} = 91,7mA$$

Die größte Leerlaufspannung ist $\hat{u}_{q3} = 21,2V$. Der Betrag der zulässigen Dioden-Sperrspannung muß nach Gleichung (3.15) folgende Bedingung erfüllen:

$$|U_{AKzul}| \geq \hat{u}_{q3} = \underline{21,2V}$$

Aufgabe 3.26

a) Am Stromfluß eines Halbleiters sind Leitungselektronen und Valenzelektronen beteiligt. Beide Ladungsträger bewegen sich gegen die Richtung des elektrischen Feldes.

b) In einem Halbleiter bewegen sich Valenzelektronen von Loch zu Loch gegen die Richtung des elektrischen Feldes.

c) In einem reinen Halbleiter ist die Anzahl der Leitungselektronen gleich der Anzahl der Löcher.

In einem n-Halbleiter ist die Anzahl der Leitungselektronen größer als die Anzahl der Löcher.

In einem p-Halbleiter ist die Anzahl der Löcher größer als die Anzahl der Leitungselektronen.

d) Alle n-Halbleiter und p-Halbleiter sind elektrisch neutral.

e) Mit steigender Temperatur nimmt die elektrische Leitfähigkeit eines Halbleiters zu.

f) Den Löchern wird eine positive Ladung zugeordnet.
Die Löcher bewegen sich in einem elektrischen Feld in die Feldrichtung.

g) Im Durchlaßbetrieb einer Gleichrichterdiode muß der Pluspol der Spannung U_{AK} am p-Halbleiter liegen.

h) Bei Silizium-Gleichrichterdioden ist die Schwellenspannung $U_{AKs} \approx 0,7V$. Nimmt die Temperatur um 10°C zu, dann verdoppelt sich der Betrag des Sperrstroms.

i) Je größer der Betrag der Sperrspannung ist, desto breiter ist die Raumladungszone und desto kleiner ist die Sperrschichtkapazität. Dieser Einfluß der Sperrspannung auf die Sperrschichtkapazität wird bei der Kapazitätsdiode genutzt.

k) Gleichrichterdioden dürfen nicht im Durchbruchbereich betrieben werden.

l) Z-Dioden werden im Durchbruchbereich der Strom-Spannungs-Kennlinie betrieben.

Z-Dioden mit einer Z-Spannung von etwa 6V haben einen sehr kleinen differentiellen Widerstand und eine sehr geringe Temperaturabhängigkeit.

Aufgabe 3.27

a) Im Bereich V(SP,0) = 0 ... 19V ist die Z-Diode gesperrt. Folglich ist
V(Z,0) = V(SP,0) = 0 ... 19V.

Im Bereich V(SP,0) = 19V ... 50V leitet die Z-Diode. Folglich steigt
V(Z,0) nur noch von 19V ... 22V an.

b) Die Schaltung stabilisiert um so besser, je größer der Vorwiderstand R_v ist. Demzufolge steigt die Kennlinie V(Z,0) in Abhängigkeit von V(SP,0) bei V(SP,0) $\geq$ 19V um so geringer, je größer R_v ist. Zur geringeren Steigung gehört $R_v = 1500\Omega$.

c) Der relative Temperaturkoeffizient der Z-Diode ist nach Gleichung (3.19) wie folgt definiert:

$$TK_Z = \frac{\Delta U_Z}{U_{Z1} \bullet \Delta \vartheta_j} \quad bei \quad I_Z = konst$$

Die Kennlinie V(Z,0) in Abhängigkeit von V(SP,0) zeigt: Zu $\Delta\vartheta_j > 0$ gehören $\Delta U_Z < 0$ und $U_{Z1} > 0$. Somit ist $TK_Z < 0$.

d) Aus den Kennlinien für $\vartheta_{j1} = 27°C$ (rechts) und $\vartheta_{j2} = 127°C$ (links) lesen wir für $I_Z = 10mA$ folgende Spannungen ab: $U_{Z1} \approx 20,5V$, $U_{Z2} \approx 19,5V$. Damit berechnen wir

$$TK_Z \approx \frac{19,5V - 20,5V}{20,5V \bullet (127°C - 27°C)} \approx -4,9 \bullet 10^{-4}\frac{1}{K}$$

Aufgabe 3.28

a) Die Ausgangsspannung des Spannungsreglers 7820 ist

$$U_L = 20V \quad \Rightarrow$$

$$U_G = U_L + \Delta U_{Regler} = 20V + 3V = 23V$$

$$I_G \approx I_L = 1A$$

$$R_G = \frac{U_G}{I_G} = \frac{23V}{1A} = 23\Omega$$

$$\frac{u_{Gss}}{U_G} = \frac{2V}{23V} = 0,087$$

Mit diesem Wert erhalten wir aus Bild 3.23 für den ungünstigsten Fall
$(R_q + 2 \bullet r_{AK})/R_L = 0,001$:

$$\omega \bullet C_G \bullet R_G \approx 30 \quad \Rightarrow$$

$$C_G \approx \frac{30}{\omega \bullet R_G} = \frac{30}{2 \bullet \pi \bullet 50Hz \bullet 23\Omega} = 4,15mF$$

gewählt: $C_G = \underline{4,7mF} \Rightarrow$

$$\omega \bullet C_G \bullet R_G = 2 \bullet \pi \bullet 50Hz \bullet 4,7mF \bullet 23\Omega = 33,9$$

b) Die Eingangsleistung des Spannungsreglers ist

$$P_G = U_G \bullet I_G \approx 23V \bullet 1A = 23W$$

Zu diesem Wert gehört nach Bild 3.21

$$\frac{R_q}{R_G} \approx 0,2 \quad \Rightarrow$$

$$R_q \approx 0,2 \bullet \dot{R}_G = 0,2 \bullet 23\Omega = \underline{4,6\Omega}$$

c) Es ist

$$\frac{R_q + 2 \bullet r_{AK}}{R_G} = \frac{4,6\Omega + 2 \bullet 2\Omega}{23\Omega} = 0,374$$

Mit diesem Wert und $\omega \bullet C_G \bullet R_G = 33,9$ erhalten wir aus dem Bild 3.23:

$$\frac{U_G}{\hat{u}_q - 2 \bullet U_{AKs}} \approx 0,52 \quad \Rightarrow$$

$$\hat{u}_q = \frac{U_G}{0,52} + 2 \bullet U_{AKs} = \frac{23V}{0,52} + 2 \bullet 0,7V = \underline{45,6V}$$

d) Mit den gewählten Werten

$$\frac{R_q + 2 \bullet r_{AK}}{R_G} = 0,374 \quad und \quad \omega \bullet C_G \bullet R_G = 33,9$$

erhalten wir aus dem Bild 3.22:

$$\frac{u_{Gss}}{U_G} \approx 0,04 \Rightarrow$$

$$u_{Gss} \approx 0,04 \bullet 23V = \underline{0,92V} \quad < 2V$$

Aufgabe 3.29

a) Das Bild 3.42a zeigt die Gleichstrom-Ersatzschaltung der Stabilisierungs-schaltung. Der Schaltung entnehmen wir den Gleichstrom

$$I_Z = \frac{U_e - U_{Z0}}{R_v + r_z} = \frac{23,9V - 8,2V}{500\Omega + 5\Omega} = 31,2mA$$

Die Gleichspannung am Ausgang ist

$$U_a = I_Z \bullet r_Z + U_{Z0} = 31,2mA \bullet 5\Omega + 8,2V = 8,36V$$

Das Bild 3.42b zeigt die Wechselstrom-Ersatzschaltung der Stabilisie-rungsschaltung. Der Schaltung entnehmen wir den Wechselstrom

$$i_Z = \frac{u_e}{R_v + r_Z}$$

und die Wechselspannung am Ausgang

$$u_a = i_Z \bullet r_Z = \frac{u_e}{R_v + r_Z} \bullet r_Z = \frac{2,02V \bullet \sin(2 \bullet \pi \bullet 100Hz \bullet t)}{500\Omega + 5\Omega} \bullet 5\Omega$$

$$u_a = 20mV \bullet \sin(2 \bullet \pi \bullet 100Hz \bullet t)$$

Die Mischspannung am Ausgang ist

$$U_a(t) = U_a + u_a = \underline{8,36V + 0,02V \bullet \sin(2 \bullet \pi \bullet 100Hz \bullet t)}$$

b) Zu $\vartheta_U \uparrow$ gehört das Bild 3.42c. Es ergibt sich folgende Wirkungskette:

$$\vartheta_U \uparrow \;\Rightarrow\; \vartheta_j \uparrow \;\Rightarrow\; U_{Z0} \uparrow \;\Rightarrow\; I_Z \downarrow \text{ und } U_a \uparrow$$

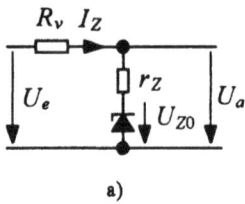

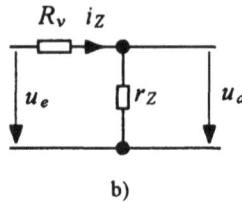

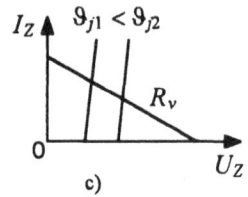

a)   b)   c)

Bild 3.42: Zu Aufgabe 3.29

4 Transistor als Schalter

Die Heizleistung des Wärmeschranks kann nach zwei Verfahren geregelt werden:

- Kontinuierliche Veränderung der Heizleistung mit der Temperatur (Stufenlose Regelung).
- Ein- bzw. Ausschalten der Heizung bei den Toleranzwerten der Temperatur (Zweipunkt-Regelung).

Wir haben uns schon für die Zweipunkt-Regelung entschieden, denn wir schalten die Heizung mit einem Relais ein und aus. Das Relais ist ein Teil des Stellgliedes. In diesem Abschnitt wollen wir das Stellglied durch einen Transistor erweitern, der das Relais steuert. Mit Transistoren können Leistungen bis zu einigen 100W geschaltet werden. Der Transistor und das Relais bilden zusammen das *Stellglied* unserer Heizung.

4.1 Stellglied des Wärmeschranks

Das Bild 4.1 enthält die bisher erarbeiteten Schaltungen des Wärmeschranks und das vollständige Stellglied, das aus dem schon bekannten Relais und einer vorgeschalteten Transistorstufe besteht.

Sicherlich sind Ihnen Transistoren nicht völlig unbekannt. Versuchen Sie einmal, die nachstehende Aufgabe zu lösen.

Aufgabe 4.1

Die folgenden Aufgaben beziehen sich auf die Schaltung Bild 4.1:

a) Wie verhält sich der Transistor, wenn $U_S = 0$ ist? Ist dann das Relais erregt?

b) Wie verhält sich der Transistor, wenn U_S einen großen positiven Wert hat? Ist dann das Relais erregt?

c) Welche Aufgabe hat die Diode, die parallel zum Relais liegt?

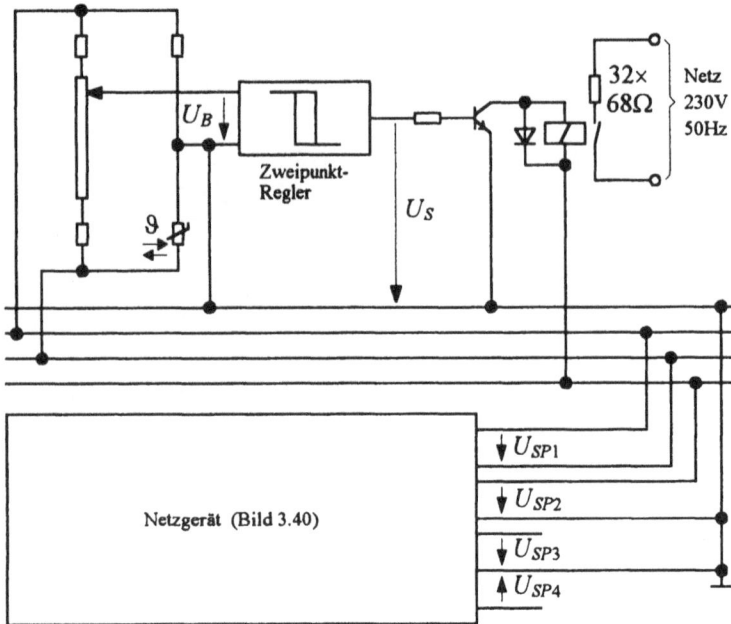

Bild 4.1: Temperatur-Vergleichsschaltung des Wärmeschranks
    und Stellglied

d) Prüfen Sie, ob Sie noch wissen, wie die Regelung arbeitet.

Der Zweipunktregler schaltet bei U_B = -10mV und bei U_B = +10mV. Bei
U_B < -10mV ist U_S > 0, bei U_B > 10mV ist U_S < 0. Die Ist-Temperatur ϑ_{ist}
des Wärmeschranks liegt unterhalb der Soll-Temperatur ϑ_{soll} und U_B ist
negativ.

Ergänzen Sie die folgende Wirkungskette, indem Sie eine der beiden vorgegebenen Antworten auswählen: Die Heizung ist eingeschaltet $\Rightarrow$
ϑ_{ist} ($\uparrow$ / $\downarrow$) $\Rightarrow$ $R_{Heißleiter}$ ($\uparrow$ / $\downarrow$) $\Rightarrow$ U_B ($\uparrow$ / $\downarrow$) $\Rightarrow$ bei U_B (= -10mV/
+10mV) schaltet der Zweipunkt-Regler $\Rightarrow$ U_S (> 0/< 0) die Kollektor-
Emitter-Strecke des Transistors (leitet/sperrt) $\Rightarrow$ das Relais (zieht an/
fällt ab) $\Rightarrow$ die Heizung wird (eingeschaltet/ausgeschaltet).

Die Transistorstufe sieht zwar harmlos aus, doch bietet sie eine Reihe von
Problemen. Da Transistoren außerordentlich wichtige Bauelemente sind,
werden wir uns gründlich mit ihnen beschäftigen. Zunächst sehen wir uns
den *Aufbau, die Wirkungsweise und einige Kennlinien des Bipolaren
Transistors* an. Danach untersuchen wir den *Schalterbetrieb des Transistors.* Erst im letzten Abschnitt dieses Kapitels dimensionieren wir das
Stellglied.

4.2 Bipolare Transistoren

1948 erfanden die Amerikaner Shockley, Bardeen und Brattain den Bipolaren Transistor, als sie die Leitungseigenschaften von Germanium untersuchten. Die Bezeichnung *Transistor* entstand durch die Zusammenziehung der englischen Wörter *transfer* (übertragen) und *Resistor* (Widerstand). Transistoren haben innerhalb der elektronischen Bauelemente eine herausragende Bedeutung, da sie als *Schalter* und zur *Verstärkung* benutzt werden.

4.2.1 Aufbau und Wirkungsweise des npn-Transistors

Aufbau. Bipolare Transistoren werden meistens aus Silizium gefertigt. Sie bestehen aus drei Halbleiterschichten, die entweder die Reihenfolge npn aufweisen oder die Reihenfolge pnp. Somit gibt es npn-Transistoren und pnp-Transistoren. Die meisten Transistoren sind npn-Transistoren. Das Bild 4.2 zeigt verschiedene Darstellungen des npn-Transistors.

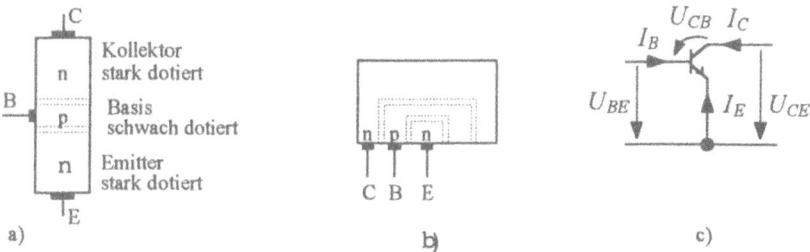

Bild 4.2: npn-Transistor a) schematischer Aufbau, b) Schnitt durch einen Planar-Transistor, c) Schaltzeichen mit Bezugspfeilen.

Der schematische Aufbau Bild 4.2a gibt die Schichtenfolge am besten wieder. Die mittlere Schicht wird *Basis B* genannt. Sie ist etwa 1μm dick und schwach dotiert. Die untere und die obereSchicht sind der *Emitter E* und der *Kollektor C*. Beide Schichten sind stark dotiert. In der Praxis ist der Kollektor stets viel größer als der Emitter. Einen Eindruck der Größenverhältnisse vermittelt das Bild 4.2b, das einen Transistor in *Planar-Technik* zeigt. Das Schaltzeichen des npn-Transistors und die Festlegung der Spannungs- und Strombezugspfeile finden Sie in dem Bild 4.2c. Das Schaltzeichen gilt eigentlich für Transistoren in Integrierten Schaltungen. Bei diskreten Transistoren wird das Gehäuse durch einen Kreis dargestellt, der das Schaltzeichen einschließt. Meistens wird der Kreis heute weggelassen.

Wirkungsweise. Bedingt durch die Schichtenfolge gibt es in jedem Bipolaren Transistor zwei pn-Übergänge, die das elektrische Verhalten eines Transistors bestimmen. Wir wiederholen deshalb die wesentlichen Eigenschaften des pn-Übergangs noch einmal:

- Ein pn-Übergang wird in *Durchlaßrichtung* betrieben, wenn der p-Halbleiter mit dem Pluspol einer Spannungsquelle verbunden ist und der n-Halbleiter mit dem Minuspol. Die Spannungsquelle erzeugt im Halbleiter ein elektrisches Feld, das die *Ladungsträger-Diffusion* ermöglicht. Im Durchlaßbetrieb werden Leitungselektronen des n-Halbleiters *(Majoritätsträger)* in den p-Halbleiter und Löcher des p-Halbleiters *(Majoritätsträger)* in den n-Halbleiter injiziert. Der *Durchlaßstrom* steigt mit der Durchlaßspannung an.
- Ein pn-Übergang wird in *Sperrichtung* betrieben, wenn der p-Halbleiter mit dem Minuspol einer Spannungsquelle verbunden ist und der n-Halbleiter mit dem Pluspol. Die Spannungsquelle erzeugt im Halbleiter ein elektrisches Feld, das Leitungselektronen des p-Halbleiters *(Minoritätsträger)* in den n-Halbleiter und Löcher des n-Halbleiters *(Minoritätsträger)* in den p-Halbleiter treibt. Der *Sperrstrom* ist nahezu unabhängig von der Sperrspannung.

Für alle Bipolaren Transistoren gilt:

> Im *Normalbetrieb* arbeitet die Basis-Emitter-Strecke (BE-Strecke) in Durchlaßrichtung und die Kollektor-Basis-Strecke (CB-Strecke) in Sperrichtung.

Das ist bei npn-Transistoren der Fall, wenn $U_{BE} > 0$ und $U_{CB} > 0$ ist. Die CB-Strecke ist auch dann gesperrt, wenn im Bild 4.2c folgende Bedingung erfüllt ist:

$$U_{CE} = U_{CB} + U_{BE} \geq U_{BE} \qquad (4.1)$$

Wir sehen uns jetzt die Transistor-Ströme im Bild 4.3 näher an. Es sei $U_{BE} = 0V \ldots 1V$ und $U_{CE} = 1V \ldots 10V$. Damit ist die Bedingung (4.1) erfüllt. Etwas vereinfacht ergibt sich folgendes Bild:

- Leitungselektronen werden durch den leitenden pn-Übergang der BE-Strecke vom Emitter in die Basis injiziert. Diese Leitungselektronen verursachen im wesentlichen den Emitterstrom $I_E < 0$. Es werden auch Löcher von der Basis in den Emitter indiziert, doch ist dieser Löcherstrom zu vernachlässigen, da die Basis viel schwächer dotiert ist als der Emitter.

- Ein kleiner Teil der in die Basis eingewanderten Leitungselektronen fließt über den Basisanschluß B zur Quelle mit der Urspannung U_{q1}. Diese Leitungselektronen verursachen im wesentlichen den Basisstrom $I_B > 0$.

- Der größte Teil der in die Basis eingewanderten Leitungselektronen diffundiert durch die sehr dünne Basis in den gesperrten pn-Übergang der CB-Strecke. Das elektrische Feld in dem pn-Übergang treibt die eingedrungenen Leitungselektronen weiter in den Kollektor. Die Leitungselektronen fließen dann über den Kollektoranschluß C zur Quelle mit der Urspannung U_{q2}. Sie verursachen im wesentlichen den Kollektorstrom $I_C > 0$.

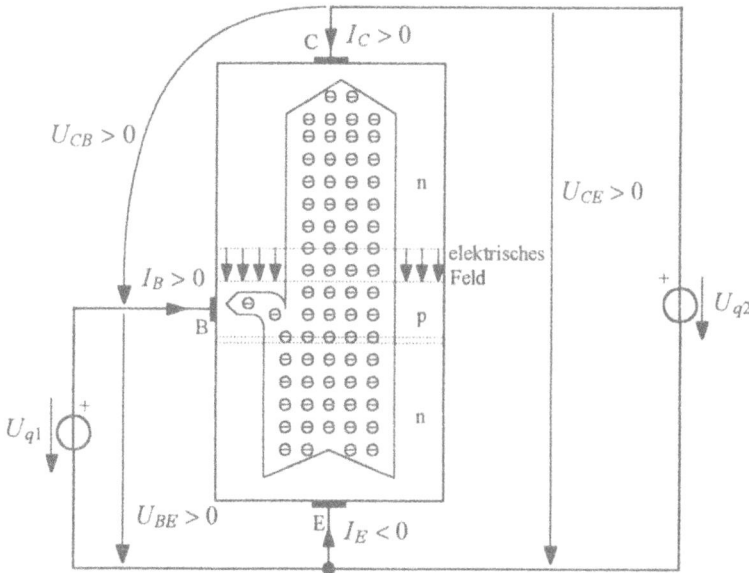

Bild 4.3: Vereinfachte Darstellung der Ströme eines npn-Transistors

In der vorstehenden Erklärung wurden die Löcherströme vernachlässigt, da sie von untergeordneter Bedeutung sind. Tatsächlich aber sind an allen Transistorströmen Leitungselektronen und Löcher beteiligt, worauf der Name *BipolarerTransistor* hinweist.

Der Basisstrom I_B ist sehr klein gegenüber dem Kollektorstrom I_C und dem Betrag des Emittertroms $|I_E|$. Untersucht man verschiedene Transistoren, dann findet man:

$$I_B \approx 0,002 \bullet I_C \quad \ldots \quad 0,02 \bullet I_C \qquad (4.2)$$

In der Praxis ist also

$$I_C \approx -I_E \qquad (4.3)$$

Wenden wir auf den Transistor die Knotenpunktregel an, dann erhalten wir

$$\boxed{I_E + I_C + I_B = 0}$$ (4.4)

Aufgabe 4.2

In dem Bild 4.3 ist $U_{BE} = 0{,}8V$, $U_{CE} = 6V$, $I_C = 200mA$ und $I_B = 2mA$.

a) Wird die BE-Strecke in Durchlaßrichtung betrieben?
b) Wie groß ist U_{CB}?
c) Wird die CB-Strecke in Sperrichtung betrieben?
d) Wie groß ist der genaue Wert von I_E?

4.2.2 Kennlinien, Kenngrößen und Grenzwerte des npn-Transistors

Das Verhalten von Transistoren beschreibt man durch *Kennlinien, Kenngrößen* und *Modelle.* Außerdem gibt man *Grenzwerte* an, die im Betrieb unbedingt eingehalten werden müssen. Wir behandeln in diesem Abschnitt die wichtigsten Kennlinien, Kenngrößen und Grenzwerte für den Schalterbetrieb des Transistors.

Kennlinien. Im Bild 4.4 ist der Einfluß der Spannungen U_{BE} und U_{CE} auf die Transistorströme wiedergegeben.

Das Bild 4.4b zeigt die Kennlinien $I_B = f(U_{BE})$ und $I_C = f(U_{BE})$. Sie entsprechen der Durchlaßkennlinie des pn-Übergangs zwischen Basis und Emitter, denn der Durchlaßstrom steigt exponentiell mit der Durchlaßspannung an. Beachten Sie, daß im Bild 4.3b aus Gründen der Darstellung $10 \bullet I_B$ abgebildet ist.

U_{BE} ist die *Eingangsspannung* des Transistors und I_B sein *Eingangsstrom.* Die Kennlinie $I_B = f(U_{BE})$ wird deshalb als *Eingangskennlinie* bezeichnet. Aus dem Bild 4.4b läßt sich zu jedem *Eingangsstrom* I_B der zugehörige *Ausgangsstrom* I_C ablesen und als Kennlinie $I_C = f(I_B)$ darstellen. Das Ergebnis zeigt das Bild 4.4c. Die Kennlinie wird *Übertragungskennlinie* genannt. - Als *Übertragungskennlinie* wird jede Kennlinie bezeichnet, die eine *Ausgangsgröße* mit einer *Eingangsgröße* verknüpft. Die Übertragungskennlinie $I_C = f(I_B)$ zeigt die wesentliche Eigenschaft des Bipolaren Transistors:

Ein kleiner Transistor-Eingangsstrom I_B steuert einen großen Transistor-Ausgangsstrom I_C.

Ideal wäre eine lineare Übertragungskennlinie, doch leider verläuft diese Kennlinie bei allen Bipolaren Transistoren *nichtlinear*.

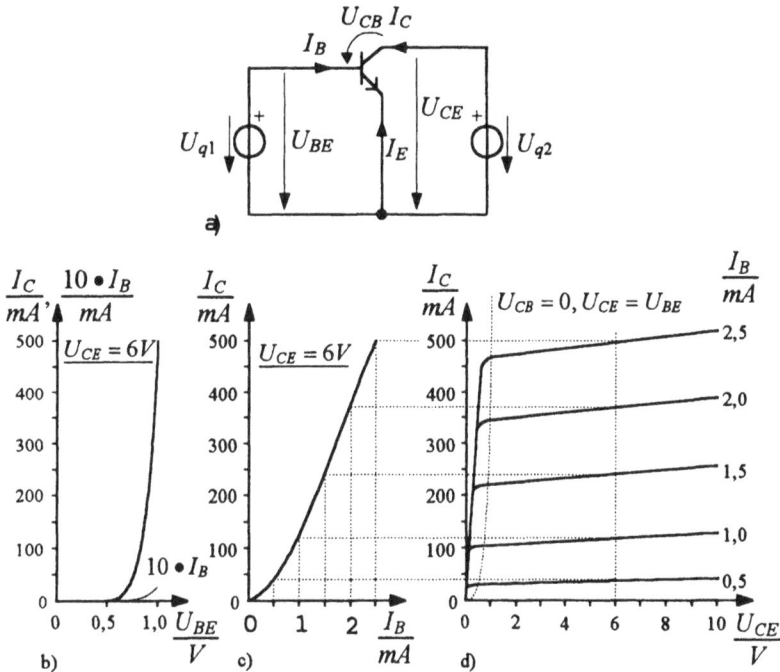

Bild 4.4: Kennlinien des npn-Transistors a) Schaltung
b) $I_B = f(U_{BE})$ und $I_C = f(U_{BE})$, c) $I_C = f(I_B)$, d) $I_C = f(U_{CE}, I_B)$

Die Kennlinien in den Bildern 4.4b und 4.4c setzen voraus, daß die Kollektor-Emitter-Spannung konstant ist. - Beide Kennlinien gelten für U_{CE} = 6V. Es stellt sich also die Frage, welchen Einfluß U_{CE} auf die Transistorströme hat. Die Antwort gibt das Bild 4.4d: Wenn $U_{CE} \geq U_{BE}$ ist bzw. $U_{CB} \geq 0$, dann ist die CE-Strecke gesperrt, und dann ist der Einfluß von U_{CE} auf I_C gering. Die Kennlinie $I_C = f(U_{CE})$ entspricht der Sperrkennlinie des pn-Übergangs, denn der Sperrstrom hängt nur geringfügig von der Sperrspannung ab.

Die Kennlinienpunkte für U_{CE} = 6V können wir aus der Übertragungskennlinie Bild 4.4d konstruieren. Da sich für jeden Wert von I_B eine Kennlinie $I_C = f(U_{CE})$ ergibt, erhält man ein *Kennlinienfeld* $I_C = f(U_{CE}, I_B)$. In dieser Schreibweise sind U_{CE} und I_B Variablen. Die erste Variable U_{CE} ist die *unabhängige Variable*. Die zweite Variable I_B wird *Parameter* genannt. Da U_{CE} die *Ausgangsspannung* ist und I_C der *Ausgangsstrom*, bezeichnet man das $I_C U_{CE}$-Kennlinienfeld als *Ausgangs-Kennlinienfeld*.

Wenn jedoch $U_{CE} < U_{BE}$ ist bzw. $U_{CB} < 0$, dann wird auch die CB-Strecke in Durchlaßrichtung betrieben, und folglich hängt dann I_C sehr stark von U_{CE} ab. Dieser Betrieb heißt *Übersteuerungsbetrieb*.

Die Transistor-Kennlinien werden für eine bestimmte Sperrschichttemperatur ϑ_j dargestellt, meistens für $\vartheta_j = 25^\circ C$. Sie sind erheblich temperaturabhängig.

Gleichstromverstärkung B. Aus der Übertragungskennlinie Bild 4.4c erhalten wir als erste Kenngröße die *Gleichstromverstärkung*

$$\boxed{B = \frac{I_C}{I_B}} \tag{4.5}$$

Da die Übertragungskennlinie nichtlinear verläuft, ist B keine Konstante. Man sieht im Bild 4.4c, daß B sich mit dem Kollektorstrom I_C ändert. Die Gleichstromverstärkung B liegt zwischen 50 und 500. Sie hängt ein wenig von der der Spannung U_{CE} ab. B ist besonders für den Schalterbetrieb des Transistors wichtig.

Aufgabe 4.3

a) Wie groß ist im Bild 4.4c die Gleichstromverstärkung B bei $I_C = 40mA$ und $I_C = 370mA$?

b) Wie groß ist im Bild 4.4d die Gleichstromverstärkung B bei $I_B = 2mA$ für $U_{CE} = 1V$ und $U_{CE} = 10V$?

c) Wie ändert sich die Übertragungskennlinie $I_C = f(I_B)$, wenn U_{CE} größer wird?

Kollektor-Restströme. Für den Schalterbetrieb spielen neben der Gleichstromverstärkung die Restströme des Transistors eine Rolle. Wir betrachten dazu das Bild 4.5.

Die Restströme I_{CB0}, I_{CE0} und I_{CES} haben nur eine meßtechnische Bedeutung. Eine praktische Rolle spielt hingegen I_{CER} beim Transistor-Schalter.

Im Bild 4.5a wird der Transistor mit gesperrter CB-Strecke und offener Emitterleitung ($I_E = 0$) betrieben. Es fließt dann der *Kollektor-Basis-Reststrom* I_{CB0}.

I_{CB0} ist der kleinste Reststrom des Transistors.

Bei Silizium-Transistoren großer Leistung ist $I_{CB0} = 100nA \dots 100\mu A$, bei Silizium-Transistoren kleiner Leistung ist $I_{CB0} = 100pA \dots 100nA$.

Im Bild 4.5b wird die CB-Strecke in Sperrichtung betrieben und die BE-

Strecke in Durchlaßrichtung, während die Basisleitung offen ist ($I_B = 0$). Es fließt dann der *Kollektor-Emitter-Reststrom* I_{CE0}.

I_{CE0} ist der größte Reststrom des Transistors und erheblich größer als I_{CB0}.

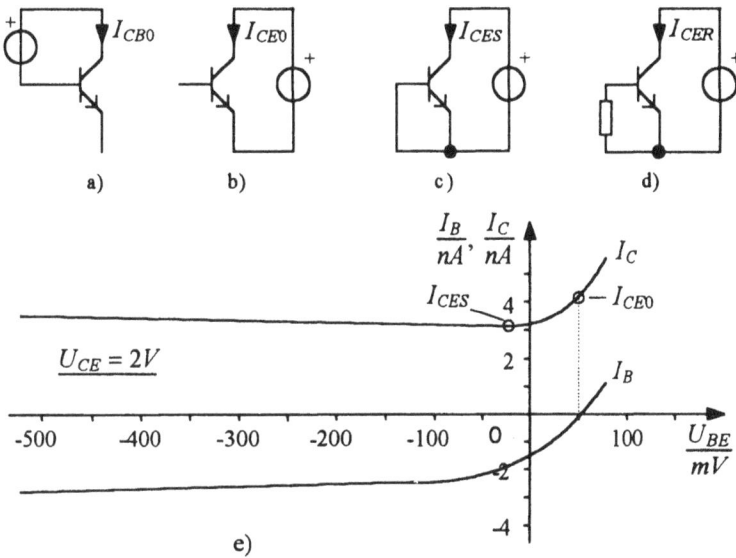

Bild 4.5: Kollektor-Restströme a)... d) Schaltungen, e) $I_C U_{BE}$-Kennlinie mit Kollektor-Restströmen I_{CE0} und I_{CES}

Im Bild 4.5c wird die CB-Strecke in Sperrichtung betrieben, während die BE-Strecke kurzgeschlossen ist. Es fließt dann der *Kollektor-Emitter-Reststrom I_{CES}* (s, short circuit).

Im Bild 4.5d liegt zwischen der Basis und dem Emitter ein Widerstand R. Es fließt dann der *Kollektor-Emitter-Reststrom I_{CER}*. I_{CER} ist vom Widerstand R abhängig und liegt zwischen I_{CE0} (bei $R = \infty$) und I_{CES} (bei R = 0). Dieser Betrieb ist praktisch wichtig, denn beim Transistor-Schalter liegt meistens im ausgeschalteten Zustand ein Widerstand zwischen der Basis und dem Emitter. In diesem Fall fließt im ausgeschalteten Zustand der Kollektor-Reststrom I_{CER}.

Das Bild 4.5e zeigt die $I_B U_{BE}$-Kennlinie und die $I_C U_{BE}$-Kennlinie bei kleinen Werten von U_{BE} sowie die Restströme I_{CE0} und I_{CES}.

Kollektor-Emitter-Durchbruchspannungen. Im Normalbetrieb des Transistors ist der pn-Übergang zwischen dem Kollektor und der Basis gesperrt. Je größer die Spannung U_{CE} ist, desto stärker wird die CB-Sperrschicht beansprucht. Bei einem bestimmten Wert von U_{CE} kommt es zum *Durchbruch* der CB-Strecke. Vergrößert man weiterhin U_{CB}, dann ändert sich I_C sehr stark mit U_{CB} und der Transistor wird thermisch zerstört. Den vollständigen Verlauf der $I_C U_{CE}$-Kennlinie zeigt das Bild 4.6e.

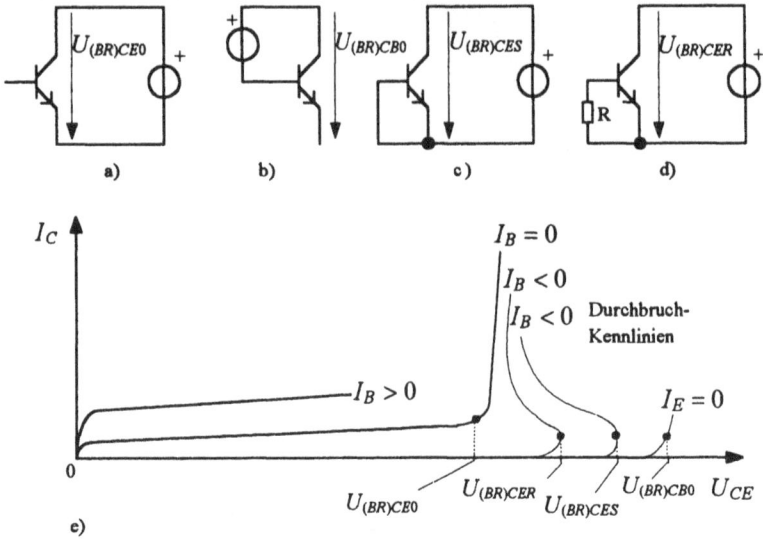

Bild 4.6: Kollektor-Emitter-Durchbruchspannungen
    a)...d) Meßschaltungen, e) $I_C U_{CE}$-Kennlinie mit Durchbruch-
    spannungen $U_{(BR)CE0}$, $U_{(BR)CER}$, $U_{(BR)CER}$

Dem Bild 4.6e entnehmen wir: Der Verlauf der Durchbruchkennlinie und der Betrag der Durchbruchspannung (breakdown voltage) hängen von der Schaltung des Transistors ab. Die Bilder 4.6a ... d zeigen die Schaltungen, in denen die Kollektor-Durchbruchspannungen bei einem definierten Kollektorstrom gemessen werden.

Die kleinste Durchbruchspannung tritt bei offener Basis auf ($I_B = 0$, Bild 4.6a). Sie wird *Kollektor-Emitter-Durchbruchspannung $U_{(BR)CE0}$* genannt. Die größte *Kollektor-Emitter-Durchbruchspannung $U_{(BR)CB0}$* tritt bei offenem Emitter auf ($I_E = 0$, Bild 4.6b). Zwischen $U_{(BR)CB0}$ und $U_{(BR)CE0}$ liegen die Durchbruchspannungen $U_{(BR)CES}$ (Bild 4.6c) und $U_{(BR)CER}$ (Bild 4.6d).

Temperaturdurchgriff. Alle Transistor-Kennlinien und -Kennwerte hängen stark von der Temperatur ab. Als Beispiel dafür möge das Bild 4.7 dienen, das zwei $I_C U_{BE}$-Kennlinien für 25°C und 100°C wiedergibt.

Wie bei der Gleichrichterdiode beschreibt man das Temperaturverhalten des Transistors durch einen *Temperaturdurchgriff.* Der Temperaturdurchgriff des Transistors bezieht sich auf die $I_C U_{BE}$-Kennlinie und ist wie folgt definiert:

$$D_T = \frac{\Delta U_{BE}}{\Delta \vartheta_j} \quad bei \quad I_C = konst \qquad (4.6)$$

U_{BE} Basis-Emitter-Spannung
I_C Kollektorstrom
ϑ_j Sperrschichttemperatur

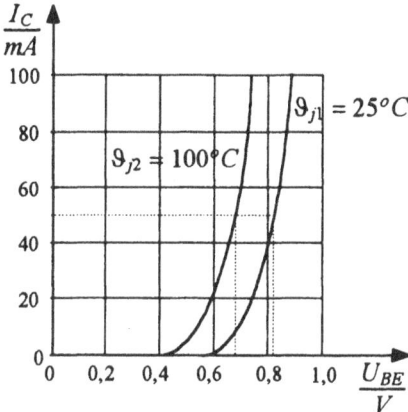

Bild 4.7: Temperaturabhängigkeit der $I_C U_{BE}$-Kennlinie

Bei npn-Transistoren ist $D_T \approx -2mV/K$. Das bedeutet: Steigt die Sperrschichttemperatur ϑ_j um 1K, dann kann die dadurch bedingte Vergrößerung des Kollektorstroms I_C kompensiert werden, indem man U_{BE} um 2mV verkleinert.

Aufgabe 4.4

a) Ermitteln Sie aus dem Bild 4.7 den Temperaturdurchgriff bei $I_C = 50mA$.

b) Wie groß muß U_{BE} bei $\vartheta_{j3} = 75°C$ sein, damit $I_C = 50mA$ ist?

Grenzwerte. Beim Bipolaren Transistor gibt es mehrere Größen, deren Grenzwerte unbedingt eingehalten werden müssen. Die wichtigsten Größen sind im folgenden zusammengestellt.

Sperrschichttemperatur. Wie bei allen Bauelementen mit pn-Übergängen darf auch beim Bipolaren Transitor eine bestimmte Sperrschichttemperatur ϑ_{jmax} nicht überschritten werden. Bei Silizium-Transistoren liegt ϑ_{jmax} zwischen 125°C und 200°C.

Transistorspannungen. Die pn-Übergänge des Transistors dürfen nicht im Durchbruchbereich betrieben werden. Die Transistor-Datenblätter enthalten daher Grenzwerte für U_{CB}, U_{CE} und U_{BE}, die vom Transistortyp abhängen. Bei npn-Transistoren liegen die Grenzwerte für U_{CB} und U_{CE} zwischen einigen 10V und 100V und die Grenzwerte für $-U_{BE}$ zwischen einigen Volt und einigen 10V.

Transistorströme. Weitere Grenzwerte werden für den Kollektorstrom und für den Basisstrom angegeben. Die Grenzwerte der Transistorströme gelten unabhängig von der Sperrschichttemperatur. Sie hängen wie alle anderen Grenzwerte vom Transistortyp ab.

Datenblatt. Über die Eigenschaften eines Transistortyps gibt sein Datenblatt Auskunft. Das Datenblatt des Transistors BC 413 finden Sie im Anhang dieses Buches. Darin sind wesentlich mehr Kenngrößen enthalten, als wir behandelt haben, u.a. Kenngrößen für den Verstärkerbetrieb.

Aufgabe 4.5

Wir wollen die Kennlinien $I_B = f(U_{BE})$, $I_C = f(U_{BE})$ und $I_E = f(U_{BE})$ eines npn-Transistors mit dem Simulationsprogramm MICRO-CAP untersuchen.

Starten Sie MICRO-CAP.
Laden Sie aus dem Verzeichnis DATAKA die Datei T-EIN.

a) Sehen Sie sich mit DC ANALYSIS die Kennlinien $I_B = f(U_{BE})$, $I_C = f(U_{BE})$ und $-I_E = f(U_{BE})$ an.

Wie groß sind die Umgebungstemperatur ϑ_U und die Kollektor-Emitter-Spannung U_{CE}? Wie groß sind I_B, I_C, I_E und B bei $U_{BE} = 0{,}8V$?

b) Rufen Sie das Fenster LIMITS auf.
Ändern Sie die Eintragung für TEMPERATURE wie folgt: 127, 27.
Schalten Sie die Diagramme $I_B = f(U_{BE})$ und $-I_E = f(U_{BE})$ aus.

Wie groß sind die Umgebungstemperaturen ϑ_{U1}, ϑ_{U2} und die Kollektor-Emitter-Spannung U_{CE}? Ermitteln Sie aus der Kennlinie $I_C = f(U_{BE})$ den Temperaturdurchgriff D_T bei $I_C = 100mA$?

c) Rufen Sie das Fenster LIMITS auf.
Ändern Sie die Eintragung für INPUT 2 RANGE wie folgt: 10, 2, 8.
Ändern Sie die Eintragung für TEMPERATURE wie folgt: 27.

Sie erhalten zwei Kennlinien $I_C = f(U_{BE})$ für zwei verschiedene Werte von U_{CE}. Um welche Werte von U_{CE} handelt es sich? Welchen Einfluß hat U_{CE} auf die Kennlinie?

d) Rufen Sie das Fenster LIMITS auf.
Schalten Sie das Diagramm $I_C = f(U_{BE})$ aus und $I_B = f(U_{BE})$ ein.

Sie erhalten zwei Kennlinien $I_B = f(U_{BE})$, die für zwei verschiedene Werte von U_{CE} gelten. Um welche Werte von U_{CE} handelt es sich? Beurteilen Sie, wie stark der Einfluß von U_{CE} auf die Eingangskennlinie ist (Antwort: stark/schwach).

Verlassen Sie das Programm, ohne zu speichern.

Aufgabe 4.6

Wir wollen das Ausgangskennlinienfeld $I_C = f(U_{CE}, I_B)$ eines npn-Transistors mit dem Simulationsprogramm MICRO-CAP untersuchen. Starten Sie MICRO-CAP. Laden Sie aus dem Verzeichnis DATAKA die Datei T-AUS.

a) Sehen Sie sich mit DC ANALYSIS das Ausgangs-Kennlinienfeld $I_C = f(U_{CE}, I_B)$ an.

Wie groß sind die Umgebungstemperatur ϑ_U und die Basisströme I_B?
Wie groß sind I_C und B bei $U_{CE} = 10V$ und $I_B = 1,5mA$?

b) Rufen Sie das Fenster LIMITS auf.
Ändern Sie die Eintragung für TEMPERATURE wie folgt: 37, 27.

Sie erhalten zwei Ausgangskennlinienfelder $I_C = f(U_{CE}, I_B)$ für zwei verschiedene Werte der Umgebungstemperatur ϑ_U.

Wie groß sind die Umgebungstemperaturen ϑ_{U1} und ϑ_{U2}?
Welchen Einfluß hat die Umgebungstemperatur ϑ_U auf die Ausgangskennlinien $I_C = f(U_{CE}, I_B)$?
Wie groß ist die prozentuale Änderung von I_C bei $U_{CE} = 10V$ und $I_B = 1,5mA$?

Verlassen Sie das Programm, ohne zu speichern.

Transistor-Verlustleistung. Damit ein Transistor als Schalter oder als Verstärker benutzt werden kann, müssen seine Basis-Emitter-Strecke und seine Kollektor-Emitter-Strecke mit Gleichspannungen gespeist werden. Das Bild 4.8a zeigt die Gleichspannungen und -ströme.

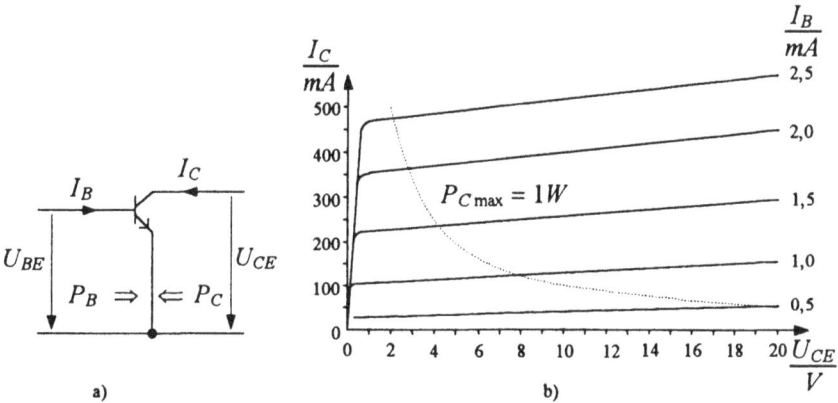

Bild 4.8: Kollektor-Verlustleistung
      a) Bezugspfeile, b) Verlustleistungs-Hyperbel

Die CE-Strecke nimmt die Leistung P_C auf:

$$P_C = U_{CE} \bullet I_C \qquad (4.7)$$

Die BE-Strecke nimmt die Leistung P_B auf:

$$P_B = U_{BE} \bullet I_B \qquad (4.8)$$

Beide Leistungen erwärmen den Transistor. Die Leistung $P_C + P_B$ heißt deshalb *Transistor-Verlustleistung*. Da stets $P_C \gg P_B$ ist, gilt:

Die *Transistor-Verlustleistung* ist praktisch gleich der *Kollektor-Verlustleistung* P_C.

Die höchste zulässige Verlustleistung P_{Cmax} hängt von der höchsten zulässigen Sperrschichttemperatur ϑ_{jmax}, der maximalen Umgebungstemperatur ϑ_{Umax} und dem gesamten Wärmewiderstand R_{thges} ab:

$$P_{cmax} = \frac{\vartheta_{jmax} - \vartheta_{Umax}}{R_{thges}} \qquad (4.9)$$

Ist P_{Cmax} bekannt, dann kann für jeden Wert von U_{CE} der *thermisch zulässige Kollektorstrom* I_{Cth} berechnet werden:

$$I_{Cth} = \frac{P_{Cmax}}{U_{CE}} \qquad (4.10)$$

Die Gleichung (4.10) ist die Gleichung einer Hyperbel. Sie wird als *Verlustleistungs-Hyperbel* bezeichnet und kann im Ausgangskennlinienfeld $I_C = f(U_{CE}, I_B)$ eingezeichnet werden (Bild 4.8b).

Arbeitsbereich. Trägt man im Ausgangskennlinienfeld $I_C = f(U_{CE}, I_B)$ zusätzlich zur Verlustleistungs-Hyperbel die Grenzwerte von U_{CE} und I_C ein, dann erhält man den Bereich, in dem der Transistor betrieben werden darf.

Die maximal zulässige Verlustleistung P_{Cmax} und die Grenzwerte des Kollektorstroms I_C und der Kollektor-Emitter-Spannung U_{CE} legen zusammen mit der I_C-Achse und der U_{CE}-Achse den *Arbeitsbereich* des Transistors fest.

Aufgabe 4.7

Ein Transistor hat eine maximal zulässige Sperrschichttemperatur $\vartheta_{jmax} = 175^oC$. Sein thermischer Widerstand zwischen Sperrschicht und Gehäuse ist $R_{thG} = 200K/W$. Er ist auf einem Kühlblech mit dem thermischen Widerstand $R_{thK} = 100K/W$ montiert. Die Umgebungstemperatur steigt höchstens auf 55°C. Anhand des Datenblattes werden folgende Grenzwerte festgelegt: $U_{CEmax} = 20V$, $I_{Cmax} = 100mA$.

a) Wie groß ist die maximal zulässige Kollektorverlustleistung P_{Cmax}?

b) Zeichnen Sie im Bild 4.9 den Arbeitsbereich des Transistors ein.

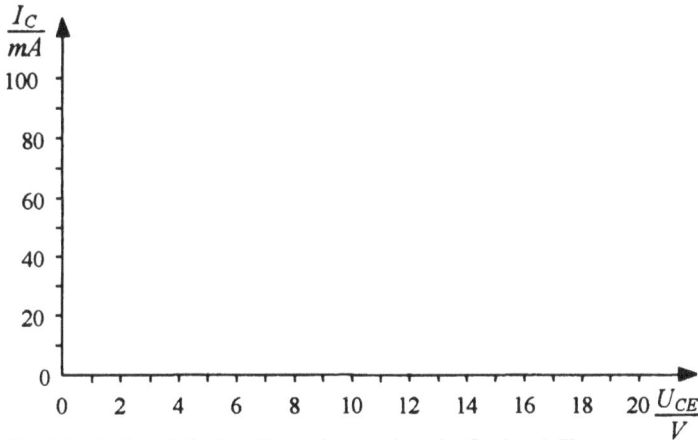

Bild 4.9: Arbeitsbereich des Transistors (zu Aufgabe 4.7)

4.2.3 pnp-Transistor

Der pnp-Transistor unterscheidet sich vom npn-Transistor nur durch seine Schichtenfolge - also p-n-p statt n-p-n - und durch die Vorzeichen seiner Spannungen und Ströme. Das Schaltzeichen und die Kennlinien $I_B = f(U_{BE})$, $I_C = f(U_{BE})$, $I_C = f(I_B)$, und $I_C = f(U_{CE}, I_B)$ des pnp-Transistors zeigt das Bild 4.10.

Im Normalbetrieb müssen die Basis-Emitter-Strecke und die Kollektor-Emitter-Strecke in Durchlaßrichtung betrieben werden. Es muß also $U_{BE} \leq 0$ und $U_{CB} \leq 0$ bzw. $U_{CE} \leq U_{BE}$ sein. Eigentlich müßten die Kennlinien im vierten Quadranten gezeichnet werden, doch das ist nicht üblich. Die Schichtenfolge p-n-p bedingt, daß der Emitterstrom im wesentlichen aus Löchern besteht.

Einzelne pnp-Transistoren werden selten verwendet. Jedoch findet man häufig die Kombination eines pnp-Transistors mit einem npn-Transistor, der gleichartige Kennlinien und gleiche Kennwerte aufweist. Dieses Transistorpaar bezeichnet man als *komplementäre Transistoren. Gegentakt-Endstufen* werden fast immer mit komplementären Transistoren aufgebaut, da dieses Schaltungskonzept zu außerordentlich einfachen Schaltungen mit guten Eigenschaften führt.

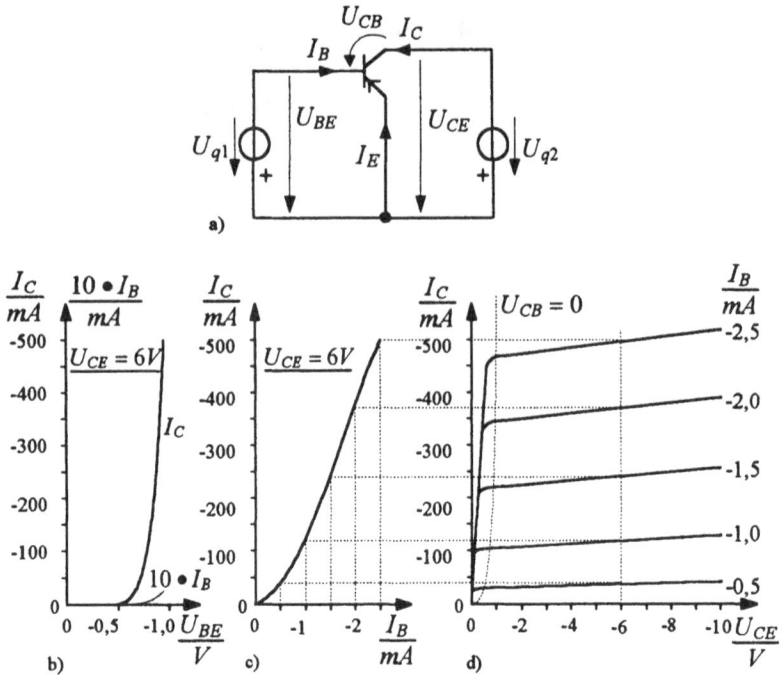

Bild 4.10: Kennlinien des pnp-Transistors a) Schaltung,
b) $I_B = f(U_{BE})$ und $I_C = f(U_{BE})$, c) $I_C = f(I_B)$, d) $I_C = f(U_{CE}, I_B)$

4.3 Transistor-Schalter mit ohmscher Last

Transistoren werden in den meisten Fällen als Schalter oder als Verstärker eingesetzt. Der Schalterbetrieb dominiert in der Digitaltechnik und der Verstärkerbetrieb in der Analogtechnik. Da in den letzten Jahren die Digitaltechnik die Analogtechnik in vielen Bereichen abgelöst hat, ist die Bedeutung des Schalterbetriebes gewachsen. Das ist der Grund, weshalb wir mit dem Schalterbetrieb beginnen.

Im Schalterbetrieb schaltet der Transistor Lastwiderstände ein und aus. In der Praxis findet man vor allem

- ohmsche Last,
- kapazitiv-ohmsche Last,
- induktiv-ohmsche Last.

Da das Stellglied des Wärmeschranks aus einem Transistor besteht, der ein Relais schaltet, interessiert uns besonders die induktiv-ohmsche Last. Dieser

Fall ist jedoch der schwierigste. Wir werden uns deshalb zunächst einmal mit der ohmschen Last vertraut machen.

Beim Schalterbetrieb des Transistors unterscheidet man zwischen

- dem eingeschalteten Zustand,
- dem ausgeschalteten Zustand
- und dem Wechsel vom einem Zustand in den anderen.

Dem *eingeschalteten und ausgeschalteten Zustand* entspricht das *statische Verhalten* des Transistors; dem *Wechsel vom einen Zustand in den anderen* entspricht das *dynamische Verhalten*. Wir beginnen mit dem statischen Verhalten und wenden uns dann dem dynamischen Verhalten zu.

4.3.1 Statisches Verhalten

Wird ein Transistor als Schalter betrieben, dann dient der Transistor als Ersatz eines mechanischen Schalters. Sehen wir uns dazu das Bild 4.11 an.

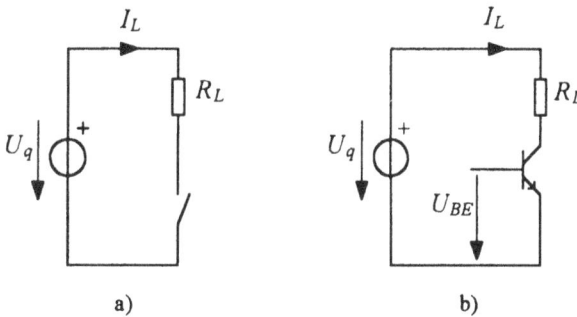

Bild 4.11: Schalter a) mechanischer Schalter,
b) Transistor als Schalter (Prinzipschaltung)

Mechanischer Schalter. In der Schaltung Bild 4.11a schaltet ein mechanischer Schalter den Laststrom I_L des Lastwiderstandes R_L. Bei geöffnetem Schalter ist der Widerstand zwischen den Schalterkontakten praktisch unendlich; bei geschlossenem Schalter ist der Widerstand zwischen den Kontakten praktisch gleich null. Das Umschalten von dem einen Widerstand zum anderen erfordert außerordentlich wenig Zeit. Diesen guten Eigenschaften stehen eine Reihe schlechter Eigenschaften gegenüber: niedrige Schaltfrequenz (Anzahl der Schaltungen/s), Schalterprellen, Kontaktabbrand, niedrige Lebensdauer.

Transistor-Schalter. Die Nachteile des mechanischen Schalters können wir vermeiden, wenn wir einen Transistor als Schalter benutzen. Wir erhalten dann die Schaltung Bild 4.11b.

> Bei $U_{BE} \geq 0,7V$ hat die Kollektor-Emitter-Strecke des Transistors einen kleinen Widerstand - der *Transistor ist eingeschaltet* bzw. *leitend*.
>
> Bei $U_{BE} \leq 0$ ist der Widerstand der Kollektor-Emitter-Strecke sehr groß - der *Transistor ist ausgeschaltet* bzw. *gesperrt*.

Der Transistor ist also weder im eingeschalteten Zustand noch im ausgeschalteten Zustand so gut wie ein mechanischer Schalter. Das spielt jedoch angesichts der vielen positiven Eigenschaften des Transistors keine wesentliche Rolle. Außerdem weist der Transistor gegenüber dem mechanischen Schalter erhebliche Vorteile beim Platzbedarf und bei den Kosten auf. Das wird besonders deutlich bei den digitalen Integrierten Schaltungen.

Im Bild 4.12a ist die einfachste Schaltungsmöglichkeit eines Transistor-Schalters dargestellt.

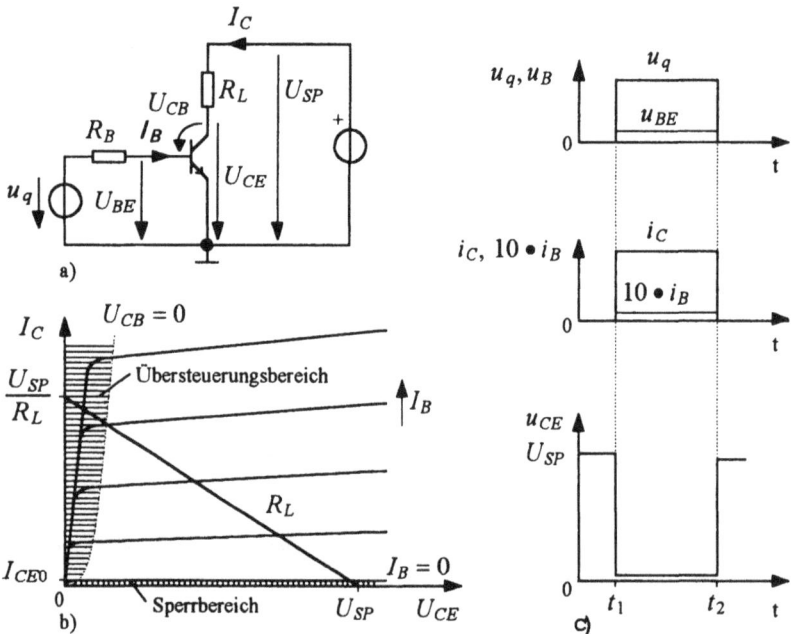

Bild 4.12: Transistor als Schalter
  a) Schaltung, b) Ausgangs-Kennlinienfeld,
  c) Strom- und Spannungsdiagramme in Abhängigkeit von der Zeit

Der *Basiswiderstand* R_B dient der *Strombegrenzung* von I_B. Er liegt meistens zwischen $10k\Omega$ und $100k\Omega$. Vergißt man diesen Widerstand, dann wird der Transistor mit großer Wahrscheinlichkeit beim Einschalten zerstört.

Lastgerade. Für den Lastwiderstand R_L können wir im Ausgangs-Kennlinienfeld Bild 4.12b eine *Lastgerade* zeichnen. Die Gleichung der Lastgeraden erhalten wir aus dem Bild 4.12a:

$$I_C \cdot R_L + U_{CE} - U_{SP} = 0 \quad \Rightarrow$$

$$\boxed{I_C = \frac{U_{SP} - U_{CE}}{R_L}} \tag{4.11}$$

Zum Zeichnen der Lastgeraden genügen zwei Punkte. Den ersten Punkt wählen wir für $U_{CE} = 0$. Dazu gehört nach Gleichung (4.11) $I_C = U_{SP}/R_L$.

Der erste Punkt der Lastgeraden hat also die Koordinaten $(0; \dfrac{U_{Sp}}{R_L})$.

Den zweiten Punkt wählen wir für $U_{CE} = U_{SP}$. Dazu gehört nach Gleichung (4.11) $I_C = 0$.

Der zweite Punkt der Lastgeraden hat also die Koordinaten $(U_{SP}; 0)$.

Arbeitspunkte. Der Transistor im Bild 4.12a wird durch eine Rechteckspannung geschaltet. Zum eingeschalteten Zustand gehört ein *Arbeitspunkt* A_1 und zum ausgeschalteten Zustand ein Arbeitspunkt A_2. Beide Arbeitspunkte liegen auf der Lastgeraden. Die Frage ist, wo wir diese Arbeitspunkte hinlegen.

Im eingeschalteten Zustand soll der Widerstand der Kollektor-Emitter-Strecke (CE-Strecke) möglichst klein sein. Das erreichen wir, indem wir den Arbeitspunkt A_1 des Transistors in den *Übersteuerungsbereich* legen (Bild 4.12b). Sicherlich erinnern Sie sich noch: Der Übersteuerungsbereich ist im Ausgangs-Kennlinienfeld derjenige Bereich, in dem $U_{CB} < 0$ ist bzw. $U_{CE} < U_{BE}$.

Im ausgeschalteten Zustand soll der Widerstand der CE-Strecke möglichst groß sein. Das erreichen wir, indem wir den Arbeitspunkt A_2 des Transistors in den *Sperrbereich* legen (Bild 4.12b). Der Sperrbereich ist im Ausgangs-Kennlinienfeld derjenige Bereich, in dem $I_B \leq 0$ ist.

Bevor wir uns mit den beiden Arbeitspunkten näher beschäftigen, wollen wir uns in der folgenden Aufgabe mit den Spannungs- und Strom-Zeit-Diagrammen im Bild 4.12c auseinandersetzen.

Aufgabe 4.8

In der Schaltung Bild 4.12a liegt der Arbeitspunkt A_1 für den eingeschalteten Zustand im Übersteuerungsbereich und der Arbeitspunkt A_2 für den ausgeschalteten Zustand im Sperrbereich.

a) Erklären Sie die Diagramme des Bildes 4.12c für die Zeit $t < t_1$ durch folgende Wirkungskette:

$u_q = (0/\hat{u}_q) \Rightarrow u_{BE} \approx (0/0,7V) \Rightarrow$ Transistor ist (ein-/ausgeschaltet) $\Rightarrow$
Lage des Arbeitspunktes $\Rightarrow i_B (\approx 0/ = \hat{i}_B) \Rightarrow I_C (\approx 0/ = \hat{i}_C) \Rightarrow$
$u_{CE} \approx (0/U_{SP})$.

b) Erklären Sie die Diagramme des Bildes 4.12c für die Zeit $t_1 < t < t_2$ durch
folgende Wirkungskette:

$u_q = (0/\hat{u}_q) \Rightarrow u_{BE} \approx (0/0,7V) \Rightarrow$ Transistor ist (ein-/ausgeschaltet) $\Rightarrow$
Lage des Arbeitspunktes $\Rightarrow i_B (\approx 0/ = \hat{i}_B) \Rightarrow I_C (\approx 0/ = \hat{i}_C) \Rightarrow$
$u_{CE} \approx (0/U_{SP})$.

Wir sehen uns jetzt den Arbeitspunkt A_1 im eingeschalteten Zustand näher
an. Dazu betrachten wir das Bild 4.13.

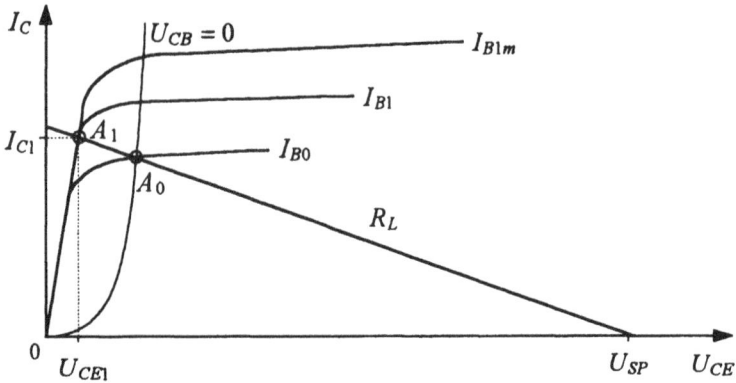

Bild 4.13: Arbeitspunkt A_1 des eingeschalteten Transistors

Wählen wir im Bild 4.13 den Arbeitspunkt A_0 bzw. den Basisstrom I_{B0}, dann
arbeitet der Transistor gerade an der Übersteuerungsgrenze. In diesem Fall
ist $U_{CB} = 0$, und die CB-Strecke leitet noch nicht. Erhöhen wir den Basisstrom auf den Wert I_{B1}, dann erreichen wir den Arbeitspunkt A_1 im Steilan-
stieg der $I_C U_{CE}$-Kennlinie. In diesem Arbeitspunkt leitet die CB-Strecke, und
der Transistor ist *übersteuert*. Zum Arbeitspunkt A_1 gehört der kleinste
Gleichstromwiderstand der CE-Strecke. Da die Kennwerte eines Transistortyps von Exemplar zu Exemplar streuen, ist es vorteilhaft, den Transistor
noch stärker zu übersteuern, also z.B. den Basisstrom I_{B1m} im Bild 4.13 zu
wählen. Die Übersteuerung wird durch den *Übersteuerungsfaktor m* charak-
terisiert:

$$m = \frac{I_{B1m}}{I_{B0}}$$

Meistens ist der Strom I_{B0} nicht bekannt, wohl aber der Kollektorstrom I_{C1}
und die zugehörige Gleichstrom-Verstärkung $B_1 = I_{C1}/I_{B1}$. Man kann dann

den Übersteuerungsfaktor näherungsweise berechnen:

$$m = \frac{I_{B1m}}{I_{B0}} \approx \frac{I_{B1m}}{I_{B1}} = \frac{B_1 \cdot I_{B1m}}{I_{C1}}$$ (4.12)

$B_1 = I_{C1}/I_{B1}$

Üblich ist m = 1,5 ... 3. Die Übersteuerung weist beim Umschalten von einem Zustand in den anderen Vor- und Nachteile auf, die wir im Abschnitt 4.3.2 behandeln werden.

Im ausgeschalteten Zustand liegt der Arbeitspunkt A_2 im Sperrbereich. Dieser Bereich, in dem der Basisstrom $I_B \leq 0$ ist, ist im Bild 4.14 vergrößert dargestellt.

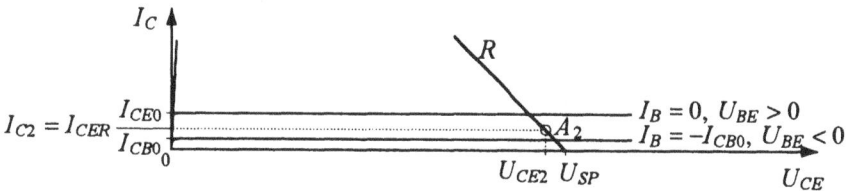

Bild 4.14: Arbeitspunkt A_2 des ausgeschalteten Transistors

Mit der Schaltung Bild 4.12a kann weder $I_B = 0$ noch $I_B = -I_{CB0}$ eingestellt werden, da bei $U_q = 0$ der Widerstand R_B zwischen der Basis und dem Emitter liegt. Bei $U_q = 0$ stellt sich also ein Arbeitspunkt A_2 ein, zu dem der Kollektorstrom $I_{C2} = I_{CER}$ gehört, der zwischen I_{CE0} und I_{CB0} liegt. Der Strom I_{C2} ist meistens so klein, daß er vernachlässigt werden kann.

Aufgabe 4.9

In der Schaltung Bild 4.12a ist $R_B = 12k\Omega$, $R_L = 150\Omega$ und $U_{SP} = 5V$. Die Rechteckspannung u_q hat den Maximalwert $\hat{u}_q = 5V$ und den Minimalwert $\check{u}_q = 0$ (siehe (Bild 4.12c).

Zum Arbeitspunkt A_1 (siehe Bild 4.12b) gehört $I_{C1} = 32mA$, $B_1 = 135$ und m = 1,5.

Zum Arbeitspunkt A_2 (siehe Bild 4.12b) gehört $I_{C2} = 100nA$ und $B_2 = 100$.

a) Wie groß sind die Werte von U_{CE1}, I_{B1m} und U_{BE1m}, die zum Arbeitspunkt A_1 gehören?

b) Wie groß sind die Werte von U_{CE2}, I_{B2} und U_{BE2}, die zum Arbeitspunkt A_2 gehören?

c) Wie groß sind im Bild 4.12c die Maximalwerte und die Minimalwerte der Mischgrößen $i_B(t)$, $u_{BE}(t)$, $i_C(t)$ und $u_{CE}(t)$?

Im nächsten Abschnitt untersuchen wir das Umschaltverhalten des Transistors.

4.3.2 Dynamisches Verhalten

Im vorherigen Abschnitt haben wir das statische Verhalten eines Transistors untersucht, also den Dauerbetrieb im eingeschalteten und ausgeschalteten Zustand. Jetzt wollen wir uns ansehen, was passiert, wenn ein Transistor von einem Zustand in den anderen umgeschaltet wird. Das Verhalten beim Umschalten bezeichnet man als *dynamisches Verhalten*.

Werfen wir noch einmal einen Blick auf die Diagramme Bild 4.12c. Dort erfordert das Umschalten von einen Zustand bzw. Arbeitspunkt zum anderen scheinbar keine Zeit. Tatsächlich benötigt aber jeder Schaltvorgang eine kleine Zeit, die in den Diagrammen Bild 4.12c vernachlässigt wurde. Diese Schaltzeiten spielen eine wesentliche Rolle, denn sie bestimmen die höchste Schaltfrequenz eines Transistors. Zum Beispiel hängt die Taktfrequenz eines Computers mit den Schaltzeiten der verwendeten Transistoren zusammen.

Das dynamische Verhalten eines Transistors testet man für zwei Betriebsfälle, nämlich für die *Stromsteuerung* und für die *Spannungssteuerung*. Wir beginnen mit der Stromsteuerung.

Stromsteuerung. Bei der Stromsteuerung wird der Transistor von einer *Stromquelle* gesteuert, die den Basisstrom I_B schaltet. Wir untersuchen das dynamische Verhalten des Tansistors bei Stromsteuerung in der folgenden Aufgabe mit MICRO-CAP.

Aufgabe 4.10

Starten Sie MICRO-CAP und laden Sie aus dem Verzeichnis DATAKA die Datei TSCH_I.CIR.

Das Schaltungsfenster zeigt zwei gleiche Transistor-Schalter. Beide Transistoren sind stromgesteuert. Der linke Transistor wird im eingeschalteten Zustand an der Übersteuerungsgrenze betrieben, und der rechte Transistor wird im eingeschalteten Zustand übersteuert.

a) Sehen Sie sich die Schaltung an, insbesondere den Quellenwiderstand der Quelle uq1 und das Modell von uq1.

   Hinweis: MICRO-CAP enthält keine Impuls-Stromquelle. Deshalb müssen Impuls-Stromquellen durch Impuls-Spannungsquellen ersezt werden. Da Stromquellen einen unendlichen Quellenwiderstand haben, können sie nur angenähert realisiert werden. Dazu muß der Quellenwiderstand der Ersatz-Spannungsquelle möglichst groß gegenüber dem Lastwiderstand sein.

Die Spannungsquelle uq1 ist beschrieben durch

```
. MODEL uq1 PUL (VZERO=0 VONE=400 P1=0 P2=0 P3=15u
P4=15u P5=25u)
```

In dieser Beschreibung bedeutet:

. MODEl	Modellbeschreibung
uq1	Name des Modells bzw. der Spannungsquelle
PUL	Impuls-Spannungsquelle
VZERO	Spannung des 0-Pegels (LOW-Pegel)
VONE	Spannung des 1-Pegels (HIGH-Pegel)
P1	Beginn des 0-1-Übergangs
P2	Ende des 0-1-Übergangs
P3	Beginn des 1-0-Übergangs
P4	Ende des 1-0-Übergangs
P5	Puls-Periodendauer

b) Der linke Transistor wird mit $\hat{u}_{q1} = 400V$ betrieben. Er arbeitet im einge-schalteten Zustand an der Übersteuerungsgrenze ($U_{CB} = 0$).

Rufen Sie TRANSIT ANALYSIS auf.
Berechnen Sie für den linken Transistor den Maximalwert des Basis-stroms aus den Werten des Modells uq1.
Vergleichen Sie die Strom- und Zeitwerte im Diagramm für den Basis-strom mit der Modellbeschreibung von uq1.
Vergleichen Sie die Diagramme mit Bild 4.15b.

c) Der rechte Transistor wird mit $\hat{u}_{q2} = 2000V$ betrieben. Er wird im einge-schalteten Zustand übersteuert ($U_{CB} < 0$).

Rufen Sie das Fenster LIMITS in TRANSIENT ANALYSIS auf.
Bilden Sie I(Q2, B2) gemeinsam mit I(Q1, B1) als Diagramm 1 ab.
Bilden Sie I(SP, C2) gemeinsam mit I(SP, C1) als Diagramm 2 ab.

Rufen Sie TRANSIT ANALYSIS auf.
Berechnen Sie für den rechten Transistor den Maximalwert des Basis-stroms aus den Werten des Modells uq2.
Vergleichen Sie die Stromwerte im Diagramm für den Basisstrom mit der Modellbeschreibung von uq2.
Vergleichen Sie die Diagramme mit Bild 4.15c.

Verlassen Sie das Programm, ohne zu speichern.

Schaltzeiten. Die Ergebnisse der vorstehenden Aufgabe sind im Bild 4.15 wiedergegeben. Das Bild 4.15b gilt für die Stromsteuerung ohne Übersteue-rung; das Bild 4.15c gilt für die Stromsteuerung mit Übersteuerung. Sie se-hen, daß der Transistor immer eine bestimmte Zeit benötigt, um von einem

Zustand in den anderen zu schalten. Da diese Schaltzeiten in der Praxis eine
große Bedeutung haben, hat man sie definiert.

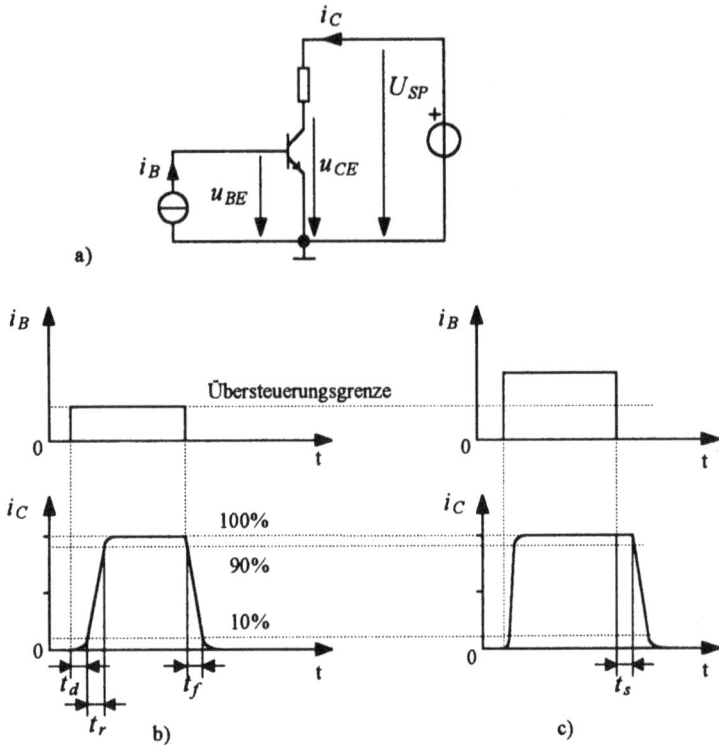

Bild 4.15: Stromsteuerung a) Schaltung, b) $i_B = f(t)$ und $i_C = f(t)$ ohne
Übersteuerung, c) $i_B = f(t)$ und $i_C = f(t)$ bei Übersteuerung

Dem Bild 4.15b entnehmen wir folgende Schaltzeiten:

- Die *Verzögerungszeit* (delay time) t_d ist diejenige Zeit, in der eine Größe von 0% auf 10% ihres Maximalwertes ansteigt.
- Die *Anstiegszeit* (rise time) t_r ist diejenige Zeit, in der eine Größe von
  10% auf 90% ihres Maximalwertes ansteigt.
- Die *Abfallzeit* (fall time) t_f ist diejenige Zeit, in der eine Größe von
  90% auf 10% ihres Maximalwertes abfällt.

Die Summe aus Verzögerungszeit und Anstiegszeit ist die *Einschaltzeit*

$$t_{ein} = t_d + t_r \qquad (4.13)$$

Ein Vergleich der Bilder 4.15b und c ergibt:

Durch Übersteuerung wird die Einschaltzeit des Transistors verkürzt.

Die Übersteuerung hat aber auch einen Nachteil, der sich beim Ausschalten zeigt (Bild 4.15b/c):

Wird ein übersteuerter Transistor ausgeschaltet, dann fließt der Kollektorstrom während der *Speicherzeit* t_s (storage time) nahezu unverändert weiter.

Die anschließende Abfallzeit t_f ist unabhängig von der Übersteuerung. Die Summe aus Speicherzeit und Abfallzeit ist die *Ausschaltzeit*

$$t_{aus} = t_s + t_f$$ (4.14)

Das Schaltverhalten des npn-Transistors hängt mit der Diffusion der Leitungselektronen in der Basis zusammen (siehe Abschnitt 3.2):

- In der Basis nimmt die Dichte der Leitungselektronen in Richtung zum Kollektor ab. Dadurch können die Leitungselektronen durch die Basis in Richtung zum Kollektor diffundieren. Je größer das Dichtegefälle der Leitungselektronen ist, desto größer ist der Kollektorstrom. Jede Änderung des Dichtegefälles erfordert Zeit.

Mit dem Dichtegefälle der Leitungselektronen ist eine Ladung in der Basis verbunden. Ohne Übersteuerung gehört daher zu jedem Kollektorstrom auch eine bestimmte Ladung.

Bei einer Übersteuerung speichert die Basis eine größere Ladung als zum Maximalwert des Kollektorstroms gehört (Überschußladung).

- Beim Einschalten ohne Übersteuerung ist etwa die Einschaltzeit t_{ein} erforderlich, bis sich in der Basis das Dichtegefälle eingestellt hat, das zum Maximalwert des Kollektorstroms gehört.

- Beim Ausschalten ohne Übersteuerung ist etwa die Abfallzeit t_f erforderlich, bis sich in der Basis das Dichtegefälle eingestellt hat, das zum Minimalwert des Kollektorstroms gehört.

- Beim Ausschalten eines übersteuerten Transistors fließt zunächst während der Speicherzeit t_s die Überschußladung aus dem pn-Übergang ab. Erst danach sinkt der Kollektorstrom.

Spannungssteuerung. Bei der Spannungssteuerung wird der Transistor von einer *Spannungsquelle* gesteuert, die die Basis-Emitter-Spannung U_{BE} schaltet. Wir untersuchen in der folgenden Aufgabe das dynamische Verhalten des Tansistors bei Spannungssteuerung mit MICRO-CAP.

Aufgabe 4.11

Starten Sie MICRO-CAP und laden Sie aus dem Verzeichnis DATAKA die Datei TSCH_U.CIR.

Das Schaltungsfenster zeigt zwei gleiche Transistor-Schalter. Beide Transistoren sind spannungsgesteuert. Der linke Transistor wird im eingeschalteten Zustand an der Übersteuerungsgrenze betrieben, und der rechte Transistor wird im eingeschalteten Zustand übersteuert.

a) Bei $\hat{u}_{q1} = 646mV$ wird der Transistor im eingeschalteten Zustand an der Übersteuerungsgrenze betrieben ($U_{CB} = 0$).

Rufen Sie TRANSIT ANALYSIS auf.
Vergleichen Sie die Diagramme mit Bild 4.16b.
Ist der Transistor im Einschaltmoment übersteuert?
Ist der Transistor im Ausschaltmoment übersteuert?
Kehren Sie zum Schaltungsfenster zurück.

b) Bei $\hat{u}_{q2} = 655mV$ wird der Transistor im eingeschalteten Zustand übersteuert ($U_{CB} < 0$).

Rufen Sie TRANSIT ANALYSIS auf.
Vergleichen Sie die Diagramme mit Bild 4.16c.

Verlassen Sie das Programm, ohne zu speichern.

Das wichtigste Ergebnis der Spannungssteuerung entnehmen wir dem Bild 4.16b. In diesem Betrieb arbeitet der Transistor nach Ablauf des *Einschaltvorgangs* an der Übersteuerungsgrenze $U_{CB} = 0$. Trotzdem wird er im Einschaltmoment übersteuert. Dadurch ist die Anstiegszeit kürzer als bei der Stromsteuerung ohne Übersteuerung.

Die Übersteuerung beim Einschalten hängt wieder mit der Diffusion zusammen. Zunächst muß eine Ladung in der Basis gespeichert werden, damit ein Diffusionsgefälle aufgebaut wird. Dadurch fließt im Einschaltmoment ein größerer Basisstrom, als zum Kollektorstrom im eingeschalteten Zustand gehört. Der Transistor verhält sich also beim Einschalten wie eine Kapazität, die geladen wird. Dementsprechend ordnet man dem Transistor eine *Diffusionskapazität* zu, die zwischen der Basis und dem Emitter liegt.

Auch beim Ausschalten weist die Spannungssteuerung gegenüber der Stromsteuerung einen Vorteil auf, denn das Bild 4.16b zeigt, daß während des Ausschaltvorgangs ein Basisstrom $i_B < 0$ fließt. Dieser Strom entlädt die Basis zusammen mit dem Kollektorstrom. Dadurch ist die Abfallzeit kürzer als bei der Stromsteuerung ohne Übersteuerung. Die Entladung der Basis kann durch Umpolen der Basis-Emitter-Spannung noch unterstützt werden.

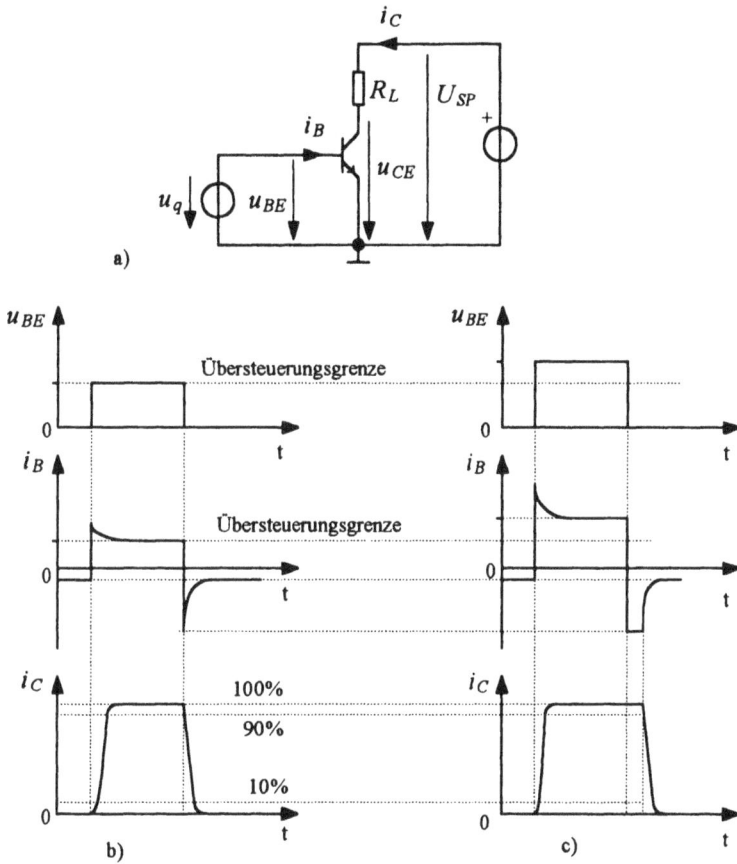

Bild 4.16: Spannungssteuerung
a) Schaltung, b) $u_{BE} = f(t)$, $i_B = f(t)$ und $i_C = f(t)$ ohne Übersteuerung, c) $u_{BE} = f(t)$, $i_B = f(t)$ und $i_C = f(t)$ bei Übersteuerung

Das Bild 4.16c bestätigt, was schon die Stromsteuerung zeigte: Ist der Transistor im Ausschaltmoment übersteuert, dann tritt eine Speicherzeit auf.

Zusammenfassend ergibt sich:

Die Spannungssteuerung ist hinsichtlich der Anstiegszeit und der Abfallzeit des Transistors günstiger als die Stromsteuerung.

Im nächsten Abschnitt werden wir unsere neuen Kenntnisse anwenden. Dabei werden Sie für den Transistor-Schalter eine einfache Schaltung kennenlernen, die eine kurze Einschaltzeit und und eine kurzer Ausschaltzeit aufweist.

4.3.3 Schalter mit kleinen Schaltzeiten

Der vorangegangene Abschnitt brachte folgende Erkenntnisse:

- Kleine Schaltzeiten werden erreicht, wenn der Transistor spannungsgesteuert wird.
- Durch Übersteuerung wird die Einschaltzeit verkürzt und die Ausschaltzeit verlängert.
- Die Ausschaltzeit wird kleiner, wenn die Basis-Emitter-Spannung U_{BE}
  beim Ausschalten umgepolt wird.

Diese Erkenntnisse wurden in der Schaltung Bild 4.17 berücksichtigt.

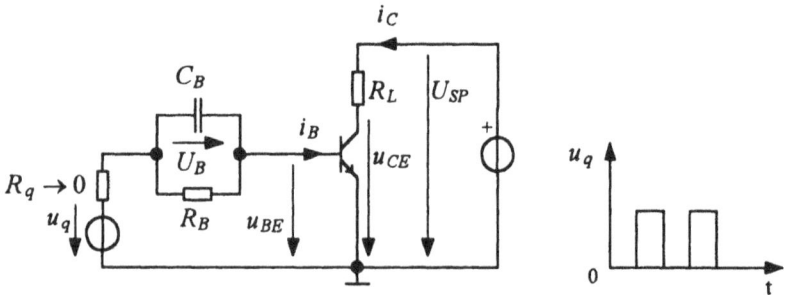

Bild 4.17: Transistor-Schalter mit kleinen Schaltzeiten

Dem Bild 4.17 entnehmen wir:

- Der Generator ist niederohmig ($R_q \rightarrow 0$). Außerdem wird R_B im Einschaltmoment durch C_B kurzgeschlossen. Daraus folgt:

  - Spannungssteuerung und Übersteuerung im Einschaltmoment.
  - kurze Einschaltzeit.

- Im eingeschalteten Zustand

  - ist $u_q > 0$, C_B aufgeladen, $u_B > 0$, $u_{BE} > 0$ und $i_B > 0$,
  - ist i_B durch R_B so begrenzt, daß der Transistor nur wenig übersteuert
    wird.

- Im Ausschaltmoment ist der Transistor nur wenig übersteuert, $u_q = 0$,
  $u_{BE} = -u_B < 0$ und $i_B < 0$. Folglich ist die Ausschaltzeit klein.

Die Kapazität C_B liegt in der Größenordnung von 10pF und muß experimen-
tel ermittelt werden.

Die folgende Aufgabe zeigt den Einfluß von C_B auf die Schaltzeiten.

Aufgabe 4.12

Starten Sie MICRO-CAP und laden Sie aus dem Verzeichnis DATAKA die Datei TSCH_R.CIR.

Im Schaltungsfenster ist die RC-Kombination in der Basis mit RBAS und CBAS bezeichnet. Es ist CBAS = 27pF.

a) Rufen Sie TRANSIENT ANALYSIS auf und sehen Sie sich die Diagramme an. - Die Einschaltzeit ist in diesem Fall sehr klein.

b) Ändern Sie CBAS auf 18pF. Sehen Sie sich die Diagramme erneut mit TRANSIENT ANALYSIS an. - Die Einschaltzeit ist in diesem Fall sehr groß.

Verlassen Sie das Programm, ohne zu speichern.

Überlastung. Damit ein Transistor im Schalterbetrieb nicht überlastet wird, müssen seine Arbeitspunkte A_1 (eingeschalteter Zustand) und A_2 (ausgeschalteter Zustand) im zulässigen Arbeitsbereich liegen). Unter Umständen ist es aber erlaubt, daß die Lastgerade, wie im Bild 4.18, die Verlustleistungs-Hyperbel schneidet, also zum Teil außerhalb des zulässigen Arbeitsbereiches verläuft.

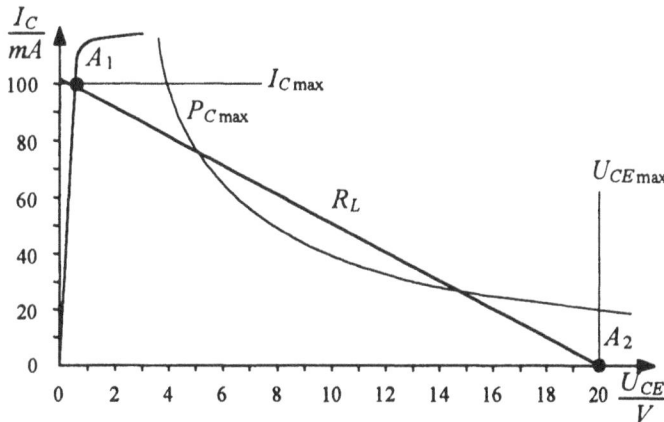

Bild 4.18: Lastgerade des Transistor-Schalters mit ohmscher Last

Im Bild 4.18 ist der zulässige Arbeitsbereich durch die I_{Cmax}-Gerade, die Verlustleistungs-Hyperbel P_{Cmax}, die U_{CEmax}-Gerade und das Achsenkreuz begrenzt. Die beiden Arbeitspunkte liegen auf den Grenzen des zulässigen Arbeitsbereiches, die Lastgerade aber verläuft nur teilweise im zulässigen Arbeitsbereich. Dieser Betrieb ist erlaubt, wenn

- die Einschaltzeit und die Ausschaltzeit so klein sind, daß während des Umschaltens von einem Arbeitspunkt zum anderen die zulässige Sperr-

schichttemperatur nicht überschritten wird.
- die Schaltfrequenz so klein ist, daß der Transistor im statischen Zustand (Arbeitspunkte A_1 und A_2) genügend Zeit zum Abkühlen hat.

Schneidet die Lastgerade die Verlustleistungs-Hyperbel, dann ist die Gefahr, daß der Transistor zerstört wird um so größer, je größer die Schaltzeiten und die Schaltfrequenz sind.

Lastwiderstand parallel zur CE-Strecke. Häufig liegt der Lastwiderstand eines Transistor-Schalters parallel zur Kollektor-Emitter-Stecke. Die Schaltung sieht dann wie im Bild 4.19 aus.

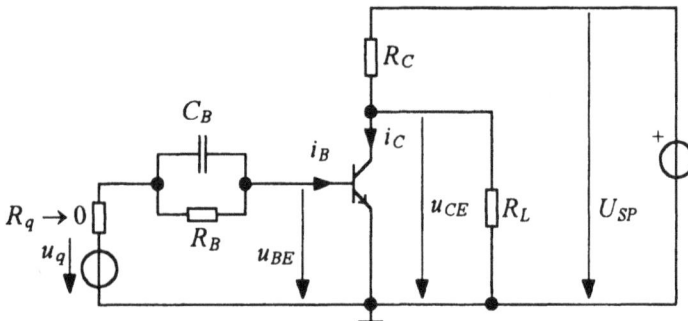

Bild 4.19: Transistor-Schalter mit Lastwiderstand parallel zur Kollektor-
Emitter-Strecke

Der Lastwiderstand R_L kann z.B. der Eingang einer zweiten Transistorstufe sein. Der Kollektorwiderstand R_C ist dann trotzdem erforderlich. - Wäre nämlich $R_C = 0$, dann wäre im eingeschalteten und ausgeschalteten Zustand $u_{CE} = U_{SP}$. Der gesamte Lastwiderstand $R_{L\,ges}$ ist in diesem Fall gleich dem Parallelwiderstand von R_L und R_C. Zu diesem Ergebnis kommt man, wenn man für U_{SP}, R_C und R_L eine Ersatzspannungsquelle zeichnet. Wir sehen uns dazu die folgende Aufgabe an.

Aufgabe 4.13

Im Bild 4.19 ist $U_{SP} = 27,6V$, $R_C = 270\Omega$, $R_L = 715\Omega$. Behauptung: Die $R_{L\,ges}$-Gerade liegt genauso wie die R_L-Gerade im Bild 4.18. Prüfen Sie die Behauptung.

Wir haben jetzt die ohmsche Last ausgiebig behandelt und wenden uns im nächsten Abschnitt dem Transistor-Schalter mit kapazitiv-ohmscher Last zu.

4.4 Schalter mit kapazitiv-ohmscher Last

Kapazitiv-ohmsche Lasten entstehen im allgemeinen ungewollt, z.B. wenn der Lastwiderstand R_L im Bild 4.19 über eine lange Leitung an die Kollektor-Emitter-Strecke angeschlossen wird. Leitungen haben nämlich stets eine Kapaziät. Im allgemeinen ist diese Kapazität kleiner als 100pF und daher bei kleinen Frequenzen ohne merklichen Einfluß. Anders sieht das bei großen Frequenzen aus, z.B. in Computern mit einer Taktfrequenz größer 1MHz. Kapazitiv-ohmsche Lasten entstehen also durch ungewollte Schaltungskapazitäten und spielen vor allem in der Hochfrequenztechnik eine Rolle. Das ist der Grund, weshalb wir uns mit dieser Last beschäftigen müssen.

Im Bild 4.20a schaltet der Transistor eine kapazitiv-ohmsche Last, die aus R_L und C_L besteht. C_L können Sie als Schaltkapazität auffassen. Der Einfachheit halber wurde die Stromsteuerung gewählt.

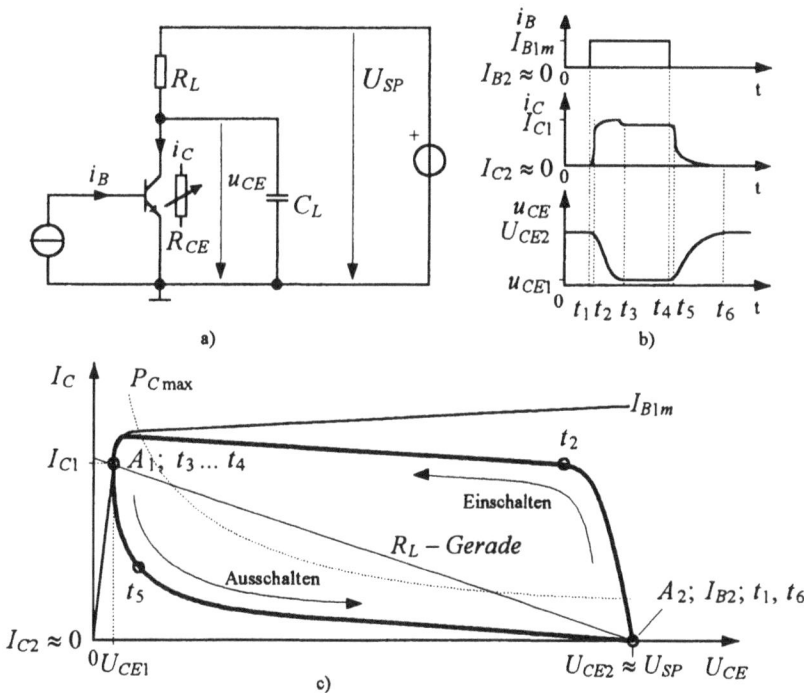

Bild 4.20: Stromgesteuerter Transistor-Schalter mit kapazitiv-ohmscher Last a) Schaltung, b) Diagramme $i_B = f(t)$, $i_C = f(t)$, $u_{CE} = f(t)$, c) Dynamische Lastkennlinie (dick ausgezogen)

Aus der folgenden Aufgabe erhalten wir die Diagramme Bild 4.20b und c.

Aufgabe 4.14

Starten Sie MICRO-CAP und laden Sie aus dem Verzeichnis DATAKA die
Datei TSCH_RC1.CIR.

a) Rufen Sie TRANSIENT ANALYSIS auf und sehen Sie sich die Diagramme I(Q,B) = f(t), I(C1,C) = f(t) und V(C,0) = f(t) an. Vergleichen
Sie die Diagramme mit dem Bild 4.20b.

b) Sehen Sie sich mit TRANSIENT ANALYSIS das Diagramm I(C,C1) =
f(V(C,0)) an. Vergleichen Sie das Diagramm mit dem Bild 4.20c.

Verlassen Sie das Programm ohne zu speichern.

Nachstehend werden zuerst die Diagramme im Bild 4.20b erklärt, danach
folgt das Diagramm Bild 4.20c.

Zu den Diagrammen Bild 4.20b:

- In der Zeit t = 0 .... t_1 ist $i_B = I_{B2} \approx 0$ ⇒ der Transistor ist gesperrt,
  $i_C = I_{C2} \approx 0$, C_L ist auf $u_{CE} = U_{CE2} \approx U_{SP}$ geladen, $R_{CE} = R_{CEmax}$. Alle
  Spannungen und Ströme sind konstant (statisches Verhalten, Arbeitspunkt
  A_2).
- Zur Zeit t_1 wird $i_B = I_{B1m}$ ⇒ der Transistor wird eingeschaltet.
- In der Zeit t_1 .... t_2 wird der Transistor schnell leitend, R_{CE} wird schnell
  kleiner, erreicht aber nicht den Minimalwert R_{CEmin} ⇒ i_C steigt schnell an.
  C_L kann sich in diesem Zeitabschnitt nur wenig entladen ⇒ u_{CE} nimmt nur
  wenig ab.
- In der Zeit t_2 .... t_3 nimmt R_{CE} bis auf R_{CEmin} ab, C_L wird bis auf $u_{CE} = U_{CE1}$
  entladen.
- In der Zeit t_3 .... t_4 ist der Transistor eingeschaltet und alle Spannungen
  und Ströme sind konstant (statisches Verhalten, Arbeitspunkt A_1).
- Zur Zeit t_4 wird $i_B = I_{B2} \approx 0$ ⇒ der Transistor wird ausgeschaltet.
- In der Zeit t_4 .... t_5 wird der Transistor schnell gesperrt, R_{CE} nimmt schnell
  zu, erreicht aber nicht den Maximalwert R_{CEmax} ⇒ i_C fällt schnell ab.
  C_L kann sich in diesem Zeitabschnitt nur wenig aufladen ⇒ u_{CE} nimmt
  nur wenig zu.
- In der Zeit t_5 .... t_6 nimmt R_{CE} bis auf R_{CEmax} zu, C_L wird bis auf $u_{CE} =$
  U_{CE2} geladen.
- Zur Zeit t_6 sind wieder alle Spannungen und Ströme wie in der Zeit
  t = 0 ... t_1 (statisches Verhalten, Arbeitspunkt A_2).

Dynamische Lastkennlinie. Das Diagramm Bild 4.20c ergibt sich aus den
Diagrammen Bild 4.20b wie folgt: Man ermittelt im Bild 4.20b für die Zeitpunkte t_1 ... t_6 die Werte von u_{CE} und i_C und trägt sie im Bild 4.20c ein. Auf

diese Weise ergibt sich die dick ausgezogene *dynamische Lastkennlinie*. In Übereinstimmung mit den Diagrammen Bild 4.20b finden wir:

- In der Zeit t_1 ... t_2 nimmt i_C stark zu und u_{CE} ein wenig ab.
- In der Zeit t_2 ... t_3 ändert sich i_C nur noch wenig, während u_{CE} stark abnimmt.
- In der Zeit t_3 ... t_4 arbeitet der Transistor im Arbeitspunkt A_1 (statisches Verhalten).
- In der Zeit t_4 ... t_5 nimmt i_C stark ab und u_{CE} nimmt ein wenig zu.
- In der Zeit t_5 ... t_6 nimmt i_C nur noch wenig ab, während u_{CE} stark zunimmt.
- Ab dem Zeitpunkt t_6 arbeitet der Transistor im Arbeitspunkt A_2 (statisches Verhalten).

Überlastung. Im Bild 4.20c wird der Transistor beim Einschalten außerhalb des zulässigen Arbeitsbereiches betrieben und somit gefährdet. Die Größe der Gefährdung hängt von der Lastkapazität C_L und der Schaltfrequenz ab, denn:

- Je größer C_L ist, desto größer ist die Einschaltzeit.
- Je größer die Schaltfrequenz ist, desto weniger Zeit hat der Transistor zur Abkühlung.

Daraus folgt:

> Die Gefahr, daß der Tansistor beim Einschalten überlastet wird, ist um so größer, je größer die Lastkapazität C_L und die Schaltfrequenz sind.

Die Diagramme der Bilder 4.20b und c erhält man auch dann, wenn C_L parallel zu R_L liegt. Diese Behauptung können Sie prüfen, indem Sie für die neue Schaltung die Ersatz-Spannungsquelle für U_{SP}, R_L und C_L zeichnen. Sie erhalten dann wieder das Bild 4.20a. Sie können die Schaltung auch simulieren; sie ist im Verzeichnis DATAKA unter dem Namen TSCH_RC2.CIR enthalten.

4.5 Schalter mit induktiv-ohmscher Last

Unser eigentliches Ziel ist es, das Stellglied des Wärmeschranks zu dimensionieren. Das Stellglied besteht aus einem Transistor, der ein Relais steuert (Bild 4.1). Relais haben einen ohmschen und einen induktiven Widerstand. Andere induktiv-ohmsche Lasten, die häufig vorkommen, sind der Schrittmotor und Speicherdrosseln.

Im Bild 4.21a schaltet der Transistor eine induktitiv-ohmsche Last R_L, L_L.

Wir wählen wieder die Stromsteuerung, um die Schaltung zu untersuchen.

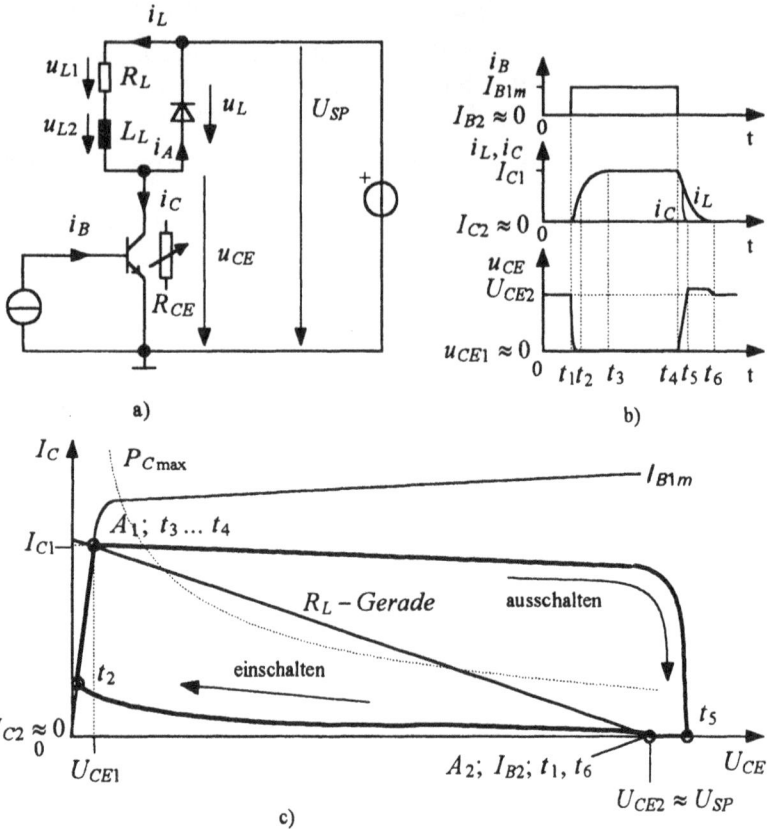

a)

b)

c)

Bild 4.21: Stromgesteuerter Transistor-Schalter mit induktiv-ohmscher Last
a) Schaltung, b) Diagramme $i_B = f(t)$, $i_L = f(t)$ und $i_C = f(t)$,
$u_{CE} = f(t)$, c) Dynamische Lastkennlinie (dick ausgezogen)

Aus der folgenden Aufgabe erhalten wir die Diagramme Bild 4.21b und c.

Aufgabe 4.15

Starten Sie MICRO-CAP und laden Sie aus dem Verzeichnis DATAKA die
Datei TSCH_RL.CIR.

a) Rufen Sie TRANSIENT ANALYSIS auf und sehen Sie sich die Diagramme I(Q,B) = f(t), I(C1,C) = f(t), I(M,C1)= f(t) und V(C,0) = f(t) an.
Vergleichen Sie die Diagramme mit dem Bild 4.21b.

b) Sehen Sie sich mit TRANSIENT ANALYSIS das Diagramm I(C1,C) =
f(V(C,0)) an. Vergleichen Sie das Diagramm mit dem Bild 4.21c.

Verlassen Sie das Programm, ohne zu speichern.

Nachstehend werden zuerst die Diagramme im Bild 4.21b erklärt, danach folgt das Diagramm Bild 4.21c.

Zu den Diagrammen Bild 4.21b:

- In der Zeit $t = 0 \dots t_1$ ist $i_B = I_{B2} \approx 0 \Rightarrow$ der Transistor ist gesperrt $\Rightarrow$ $i_C = I_{C2} \approx 0$, $u_{L1} \approx 0$, $u_{L2} = 0$, $u_{CE} = U_{CE2} \approx U_{SP}$, L_L ist ohne Magnetfeld, $R_{CE} = R_{CEmax}$. Alle Spannungen und Ströme sind konstant (statisches Verhalten, Arbeitspunkt A_2).
- Zur Zeit t_1 wird $i_B = I_{B1m} \Rightarrow$ der Transistor wird eingeschaltet. Dadurch entsteht eine selbstinduktive Spannung $u_{L2} > 0 \Rightarrow$ die Diode sperrt.
- In der Zeit $t_1 \dots t_2$ wird der Transistor schnell leitend, R_{CE} wird schnell kleiner und erreicht zur Zeit t_2 den Minimalwert R_{CEmin}.
  Aufgrund der selbstinduktiven Spannung u_{L2} ist im Einschaltmoment $i_L = i_C = I_{C2} \approx 0$.
  Bis zum Zeitpunkt t_2 steigt $i_C = i_L$ wegen der selbstinduktiven Spannung u_{L2} nur langsam an; u_{CE} fällt schnell auf ≈ 0 ab.
- In der Zeit $t_2 \dots t_3$ ist weiterhin die Selbstinduktion wirksam, und folglich nimmt $i_L = i_C$ nur langsam zu.
  Zur Zeit t_3 ist die selbstinduktive Spannung $u_{L2} = 0$ und $i_L = i_C = I_{C1}$. L_L speichert magnetische Energie.
- In der Zeit $t_3 \dots t_4$ ist der Transistor eingeschaltet und alle Spannungen und Ströme sind konstant (statisches Verhalten, Arbeitspunkt A_1).
- Zur Zeit t_4 wird der Transistor ausgeschaltet. Dadurch entsteht eine selbstinduktive Spannung $u_{L2} < 0 \Rightarrow$ die Diode leitet.
- In der Zeit $t_4 \dots t_5$ wird der Transistor schnell gesperrt, R_{CE} nimmt schnell zu und erreicht zur Zeit t_5 den Maximalwert R_{CEmax}. Entsprechend schnell fällt i_C ab und nimmt u_{CE} zu.
  Die in L_L gespeicherte magnetische Energie nimmt in der Zeit $t_4 \dots t_5$ nur wenig ab. Ein Teil von i_L fließt über den Transistor, der andere Teil über die Diode.
  - In der Zeit $t_5 \dots t_6$ ist $i_C \approx 0$ und $i_L \approx i_A$. Die in L_L gespeicherte magnetische Energie nimmt bis auf null ab.
- Zur Zeit t_6 sind wieder alle Spannungen und Ströme wie zur Zeit $t = 0 \dots t_1$ (statisches Verhalten, Arbeitspunkt A_2).

Dynamische Lastkennlinie. Das Diagramm Bild 4.21c ergibt sich aus den Diagrammen Bild 4.21b wie folgt: Man ermittelt im Bild 4.21b für die Zeitpunkte $t_1 \dots t_6$ die Werte von u_{CE} und i_C und trägt sie im Bild 4.21c ein. Auf diese Weise ergibt sich die dick ausgezogene *dynamische Lastkennlinie*. In Übereinstimmung mit den Diagrammen Bild 4.21b finden wir:

- In der Zeit $t_1 \dots t_2$ nimmt i_C nur wenig zu und u_{CE} stark ab.
- In der Zeit $t_2 \dots t_3$ nimmt i_C weiterhin zu, während u_{CE} nahezu konstant ist.
- In der Zeit $t_3 \dots t_4$ arbeitet der Transistor im Arbeitspunkt A_1 (statisches

Verhalten).

- In der Zeit t_4 ... t_5 nimmt i_C stark ab und u_{CE} nimmt stark zu.
- In der Zeit t_5 ... t_6 ist i_C konstant, während u_{CE} ein wenig abnimmt.
- Ab dem Zeitpunkt t_6 arbeitet der Transistor im Arbeitspunkt A_2 (statisches Verhalten).

Überlastung. Im Bild 4.21c wird der Transistor beim Ausschalten außerhalb des zulässigen Arbeitsbereiches betrieben und somit gefährdet. Die Gefährdung hängt von der Lastinduktvität L_L und der Schaltfrequenz ab, denn:

- Je größer L_L ist, desto größer ist die Ausschaltzeit.
- Je größer die Schaltfrequenz ist, desto weniger Zeit hat der Transistor zur Abkühlung.

Daraus folgt:

> Die Gefahr, daß der Tansistor beim Ausschalten überlastet wird, ist um so größer, je größer die Lastinduktivität L_L und die Schaltfrequenz sind.

Wir haben jetzt das Schaltverhalten des Transistors mit verschiedenen Lasten kennengelernt. Im nächsten Abschnitt werden wir das Stellglied des Wärmeschranks dimensionieren.

4.6 Dimensionierung des Stellgliedes

Das Stellglied desWärmeschranks ist im Bild 4.22 noch einmal zusammen mit der Temperaturvergleichsschaltung, dem Zweipunkt-Regler und der Heizung dargestellt. Wir werden abschließend das Stellglied dimensionieren.

Für die Dimensionierung benötigen wir die Kennwerte des Relais, die schon im Kapitel 1 genannt wurden:

Gleichstromwiderstand 270Ω
Anzugsstrom   20mA

Anhand des Anzugsstroms wählen wir den Transistor BC413 (ITT, Daten im Anhang). Wir müssen außerdem U_{SP2}, U_S und R_B bestimmen.

Die **Speisespannung** U_{SP2} ermitteln wir in der folgenden Aufgabe.

Aufgabe 4.16

Das Stellglied im Bild 4.22 soll mit dem Transistor BC413 aufgebaut werden, dessen Datenblätter Sie im Anhang finden. Die höchste Umgebungstemperatur ist $\vartheta_{U\max} = 50°C$. Das Relais hat einen Gleichstromwiderstand von 270Ω und einen Anzugsstrom von 20mA. Dieser Strom soll im Arbeitspunkt A_1 des Transistors (leitender Zustand) fließen. Der Transistor wird ohne Kühlkörper montiert.

a) Entnehmen Sie den Datenblättern folgende Kenn- und Grenzwerte:
U_{CE0}, I_{Cmax}, ϑ_{jmax}, I_{CB0} und den Wärmewiderstand R_{thU}.
Ermitteln Sie aus dem Kennlinienfeld $I_C = f(U_{CE})$ für den Arbeitspunkt A_1 die Werte von I_{B1} (ohne Übersteuerung) und U_{CE1}.

b) Berechnen Sie die Speisespannung U_{SP2} und prüfen Sie, ob bei ausgeschaltetem Transistor $U_{CE} < U_{CE0}$ ist.

c) Berechnen Sie den Basisstrom I_{B1m} für den Übersteuerungsfaktor $m = 1,5$.

d) Zeichnen Sie ein $I_C U_{CE}$-Diagramm mit Verlustleistungshyperbel.
Zeichnen Sie in dem $I_C U_{CE}$-Diagramm die R_L-Gerade und die Arbeitspunkte A_1 (eingeschalteter Zustand) und A_2 (ausgeschalteter Zustand) ein.

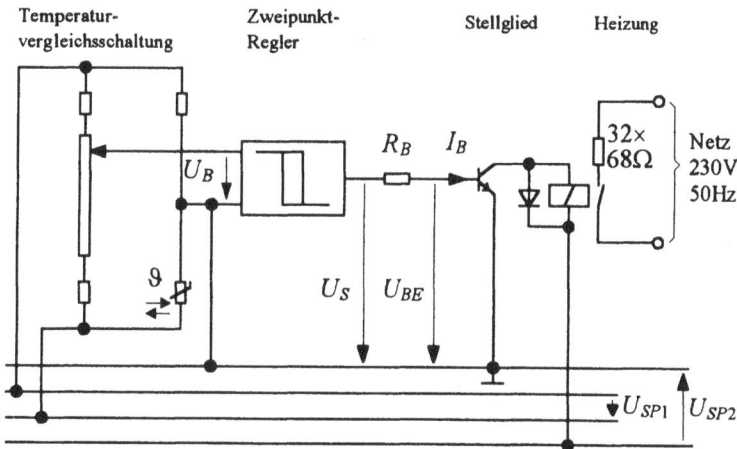

Bild 4.22: Stellglied des Wärmeschranks im Zusammenhang mit der Temperaturvergleichsschaltung, dem Zweipunkt-Regler und der Heizung

Exemplarstreuungen und Basiswiderstand. Das Bild 4.22 enthält den Basiswiderstand R_B, über dessen Wahl wir uns anhand des Bildes 4.23 Klarheit verschaffen wollen.

Bislang sind wir davon ausgegangen, daß zu einem bestimmten Transistortyp eine ganz bestimmte $I_B U_{BE}$-Kennlinie gehört. Leider trifft das nicht zu. Mißt man nämlich die $I_B U_{BE}$-Kennlinien von mehreren Exemplaren desselben Transistortyps, dann ergeben sich unterschiedliche Kennlinien. Im Bild 4.23b sind die $I_B U_{BE}$- Kennlinien für drei Transistoren des gleichen Typs dargestellt:

- Die rechte Kennlinie (*untere Streugrenze*) gehört zum schlechtesten Exemplar.

- Die linke Kennlinie (*obere Streugrenze*) gehört zum besten Exemplar.
- Die mittlere (dicke) Kennlinie ist der *Mittelwert aller Exemplare* eines Typs.

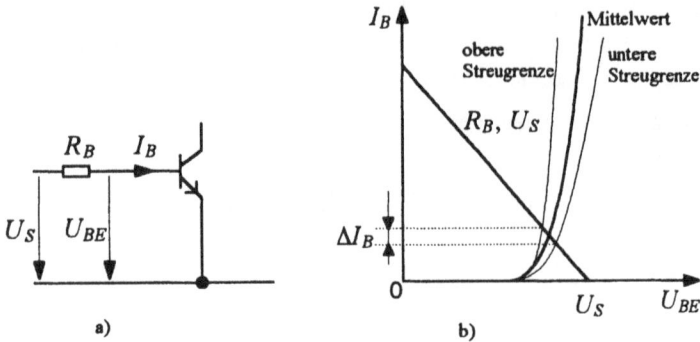

Bild 4.23: Basis-Widerstand R_B a) Eingangsschaltung des Transistors,
b) $I_B U_{BE}$-Kennlinien und R_B-Gerade

Die Transistor-Hersteller geben meistens den Mittelwert und die Streugrenzen der $I_B U_{BE}$-Kennlinien an (siehe BC413 im Anhang). Die Bedeutung der Streugrenzen wird deutlich, wenn wir im Bild 4.23b eine Kennlinie für den Widerstand R_B einzeichnen. Die Gleichung dieser Kennlinie erhalten wir aus dem Bild 4.23a:

$$I_B \bullet R_B + U_{BE} - U_S = 0 \implies$$

$$\boxed{I_B = \frac{U_S - U_{BE}}{R_B}} \qquad (4.15)$$

Die Gleichung (4.15) ist die Gleichung einer Geraden, die als R_B-*Gerade* bezeichnet wird. Im Bild 4.23b ist eine R_B-Gerade eingezeichnet. Sie schneidet die drei $I_B U_{BE}$-Kennlinien des Transistors. Die Basisströme des besten und des schlechtesten Exemplars unterscheiden sich im Schnittbereich um den Streuwert ΔI_B. Das Bild 4.23b macht deutlich:

Für einen bestimmten Arbeitspunkt im Bild 4.23 gilt: Je größer der Basiswiderstand R_B ist,

- desto kleiner ist der Streuwert des Basisstromes,
- desto größer ist die Gleichspannung U_S.

Mit diesen Kenntnissen können wir die Dimensionierung des Stellgliedes in der folgenden Aufgabe abschließen.

Aufgabe 4.17

Im Bild 4.22 hat der Transistor im Arbeitspunkt A_1 (eingeschalteter Zustand) folgende Werte: $I_{B1m} = 165\,\mu A$, $I_{C1} = 20mA$, Übersteuerungsfaktor m = 1,5 (siehe Aufgabe 4.16).

a) Im Anhang finden Sie die Datenblätter des Transisistor BC413. Entnehmen Sie dem Datenblatt $I_C = f(U_{BE})$ für den Arbeitspunkt A_1 bei der Umgebungstemperatur $\vartheta_U = 25°C$

 - die Spannung U_{BE1m} des Mittelwertes,
 - die Exemplarstreuung ΔU_{BE}.

<u>Hinweis:</u> Das Diagramm $I_C = f(U_{BE})$ gilt für $U_{CE} = 5V$, also für den Fall, daß der Transistor nicht übersteuert ist. Deshalb müssen die Spannung U_{BE1m} und die Exemplarstreuung ΔU_{BE} für den Kollektorstrom $m \bullet I_{C1}$ ermittelt werden.

b) Die Exemplarstreuungen verursachen eine Basisstrom-Änderung ΔI_B. Diese Änderung soll den Wert $0,1 \bullet I_{B1m}$ nicht überschreiten. Berechnen Sie R_B und U_S.

Schaltungswerte. Abschließend sind alle Werte zusamengestellt, die wir für das Stellglied im Bild 4.23 erarbeiteten:

Transistor BC 413, $U_{SP2} = 6V$, $U_S = 3,2V$, $R_B = 15k\Omega$.

Für unseren Wärmeschrank benötigen wir jetzt nur noch den Zweipunktregler, dem wir uns im nächsten Kapitel zuwenden werden.

4.7 Übungsaufgaben zum Kapitel 4

Aufgabe 4.18

a) Die folgenden Fragen beziehen sich auf einen npn-Transistor:
 - Welche Vorzeichen haben U_{BE}, U_{CE} und U_{CB} im *Normalbetrieb*?
 - Welches Vorzeichen hat U_{CB} im Übersteuerungsbereich?
 - Wie groß ist U_{BE} näherungsweise, wenn der Transistor leitet?
 - In welchem Wertebereich liegt die Gleichstromverstärkung B?
 - Welche Ladungsträger sind überwiegend am Kollektorstrom beteiligt?
 - Welcher der Kollektor-Restströme I_{CB0}, I_{CE0}, I_{CES}, I_{CER} ist am kleinsten bzw. am größten?
 - Welche der Kollektor-Emitter-Durchbruchspannungen $U_{(BR)CB0}$, $U_{(BR)CE0}$, $U_{(BR)CES}$, $U_{(BR)CER}$ ist am kleinsten/größten?
 - Von welchen Größen hängt die maximal zulässige Kollektor-Verlustleistung P_{Cmax} ab?

- Welche Größen legen den Arbeitsbereich des Transistors fest?

b) Welche Vorzeichen haben U_{BE}, U_{CE} und U_{CB} im *Normalbetrieb* des npn-Transistors?

Aufgabe 4.19

Die folgenden Fragen und Aufgaben beziehen sich auf einen npn-Transistor, der als Schalter arbeitet.

- In welchem Bereich des Ausgangskennlinienfeldes liegt im leitenden Zustand der Arbeitspunkt A_1 des Transistors?
- In welchem Bereich des Ausgangskennlinienfeldes liegt im gesperrten Zustand der Arbeitspunkt A_2 des Transistors? Charakterisieren Sie den Bereich durch den Basisstrom I_{B2}.
- Welche Vor- und Nachteile hat die Übersteuerung?
- Welche Vorteile hat die Spannungssteuerung gegenüber der Stromsteuerung?
- Wie erreicht man bei einem Transistor eine kurze Einschaltzeit und eine kurze Ausschaltzeit?

Aufgabe 4.20

Im Bild 4.17 ist $\hat{u}_q = 6V$, $U_{SP} = 6V$ und $R_L = 100\Omega$. Der Transistor hat eine maximal zulässige Sperrschichttemperatur $\vartheta_{jmax} = 175°C$ und folgend Wärmewiderstände:

R_{thG} = 200K/W (zwischen Sperrschicht und Gehäuse)
R_{thU} = 500K/W (zwischen Sperrschicht und Umgebung)

Im Arbeitspunkt A_1 (leitender Zustand , übersteuert) ist $U_{BE1m} = 720mV$, $U_{CE1} = 0,2V$, $B_1 = 200$.

Weitere Daten: Übersteuerungsfaktor m = 1,52, Kollektor-Reststrom I_{CER} = 200nA, höchste Umgebungstemperatur $\vartheta_{Umax} = 55°C$.

a) Wie groß ist R_B?
   Wie groß ist U_{CE2} im Arbeitspunkt A_2? (Rechnen Sie mit der genauen Gleichung).

b) Welches Vorzeichen hat die Spannung U_{BE2} im Arbeitspunkt A_2?
   Unter welchem Wert liegt $|U_{BE2}|$ mit Sicherheit?

c) Prüfen Sie, ob der Transistor auf einem Kühlkörper montiert werden muß.

d) Wie wird im Bild 4.17 die optimale Kapazität C_B ermittelt?

Aufgabe 4.21

Das Bild 4.24 zeigt einen Transistor-Schalter mit kapazitiv-ohmscher Last und einige Diagramme der Schaltung. Es ist $U_{SP} = 5V$ und die maximal zulässige Verlustleistung P_{Cmax} beträgt 500mW.

a) Zeichnen Sie die dynamische Lastkennlinie.
b) Wie groß ist der Lastwiderstand R_L?
c) Ist der Transistor im statischen Betrieb thermisch gefährdet?
d) Ist der Transistor im dynamischen Betrieb thermisch gefährdet?

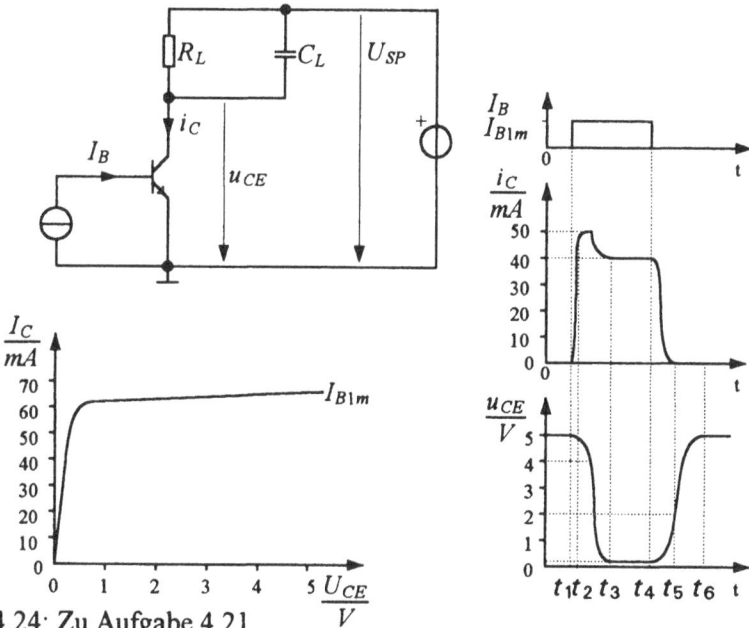

Bild 4.24: Zu Aufgabe 4.21

Aufgabe 4.22

Der Transistor im Bild 4.21a wird mit einem Basisstrom wie im Bild 4.21b gesteuert. Im Bild 4.21a ist $U_{SP} = 10V$, $R_L = 150\Omega$, $L_L = 5,3$mH.

Vereinfachte Annahmen:

- Die Diode hat eine Knickkennlinie mit $U_{AKs} = 0,7V$, $r_{AK} = 0$. Sie schaltet unendlich schnell vom gesperrten in den leitenden Zustand.
- Der Widerstand der Kollektor-Emitterstrecke beträgt im gesperrten Zustand $1M\Omega = R_{CEmax}$.
  Der Widerstand der Kollektor-Emitterstrecke beträgt im leitenden Zustand $2\Omega = R_{CEmin}$.
- Beim Einschalten zur Zeit t_1 bleibt der Widerstand R_{CE} der Kollektor-

Emitterstrecke 25ns konstant. Danach schaltet er unendlich schnell von R_{CEmax} nach R_{CEmin}.

- Beim Ausschalten zur Zeit t_4 bleibt der Widerstand R_{CE} der Kollektor-Emitterstrecke 25ns konstant. Danach schaltet er unendlich schnell von R_{CEmin} nach R_{CEmax}.

a) Der Transistor ist gesperrt und wird zur Zeit t_1 eingeschaltet. Wie groß sind u_{L1}, u_{CE} und u_{L2} unmittelbar nach $t_1 + 25$ns (Transistor leitet)? Wie lange dauert es, bis i_L seinen Maximalwert erreicht?

b) Der Transistor leitet und wird ausgeschaltet. Wie groß sind u_{L2}, u_{CE} und i_C unmittelbar nach $t_4 + 25$ns (Diode leitet, Transistor sperrt)? Wie lange dauert es, bis i_L seinen Minimalwert erreicht?

c) Die Diode ist ausgebaut. Der Transistor leitet und wird ausgeschaltet. Wie groß sind i_C und u_{CE} unmittelbar nach $t_4 + 25$ns (Transistor sperrt)?

4.8 Lösungen zu den Aufgaben im Kapitel 4

Aufgabe 4.1

a) Wenn $U_S = 0$ ist, dann ist die Kollektor-Emitter-Strecke des Transistors nichtleitend und folglich ist dann das Relais nicht erregt.

b) Wenn U_S einen großen positiven Wert hat, dann ist die Kollektor-Emitter-Strecke des Transistors leitend und folglich ist dann das Relais erregt.

c) Die Wicklung des Relais hat eine Induktivität. Beim Ausschalten des Transistors erzeugt die Induktivität eine hohe selbstinduktive Spannung, die den Transistor zerstören kann. Die Diode soll die selbstinduktive Spannung auf einen ungefährlichen Betrag begrenzen (Freilaufdiode).

d) Die Heizung ist eingeschaltet $\Rightarrow \vartheta_{ist} \uparrow \Rightarrow R_{Heißleiter} \downarrow \Rightarrow U_B \uparrow \Rightarrow$ bei $U_B = 10$mV schaltet der Zweipunkt-Regler $\Rightarrow U_S < 0 \Rightarrow$ die Kollektor-Emitter- Strecke des Transistors sperrt $\Rightarrow$ das Relais fällt ab $\Rightarrow$ die Heizung wird ausgeschaltet.

Aufgabe 4.2

a) Da $U_{BE} = 0,8$V ist, ist die Basis (p-Gebiet) positiv gegenüber dem Emitter (n-Gebiet). Folglich wird die BE-Strecke in Durchlaßrichtung betrieben.

b) Aus dem Bild 4.3 folgt:

$$U_{CB} + U_{BE} - U_{CE} = 0 \quad \Rightarrow$$
$$U_{CB} = U_{CE} - U_{BE} = 6V - 0,8V = \underline{5,2V}$$

c) Da $U_{CB} = 5,2V$ ist, ist der Kollektor (n-Gebiet) positiv gegenüber der Basis (p-Gebiet). Folglich wird die CB-Strecke in Sperrichtung betrieben.

d) $I_E = -I_C - I_B = -200mA - 2mA = \underline{-202mA}$

Aufgabe 4.3

a) Aus dem Bild 4.4c lesen wir ab:

$$\text{Bei } I_C = 40\text{mA ist } I_B = 0,5\text{mA} \Rightarrow B = \frac{I_C}{I_B} = \frac{40mA}{0,5mA} = \underline{80}$$

$$\text{Bei } I_C = 370\text{mA ist } I_B = 2\text{mA} \Rightarrow B = \frac{I_C}{I_B} = \frac{370mA}{2mA} = \underline{185}$$

b) Aus dem Bild 4.4d lesen wir ab:

$$\text{Bei } I_B = 2\text{mA und } U_{CE} = 1\text{V ist } I_C = 350\text{mA} \Rightarrow B = \frac{I_C}{I_B} = \frac{350mA}{2mA} = \underline{175}$$

$$\text{Bei } I_B = 2\text{mA und } U_{CE} = 10\text{V ist } I_C = 390\text{mA} \Rightarrow B = \frac{I_C}{I_B} = \frac{390mA}{2mA} = \underline{195}$$

c) Wenn U_{CE} größer wird, dann verschiebt sich die Übertragungskennlinie $I_C = f(I_B)$ ein wenig nach oben.

Aufgabe 4.4

a) Aus dem Bild 4.7 lesen wir für $I_C = 50$mA folgende Werte ab:

$U_{BE1} = 810$mV, $\vartheta_{j1} = 25°C$ und $U_{BE2} = 680$mV, $\vartheta_{j2} = 100°C$.

Hiermit berechnen wir

$$D_T = \frac{\Delta U_{BE}}{\Delta \vartheta_j} = \frac{680mV - 810mV}{100°C - 25°C} = \underline{-1,73\frac{mV}{K}}$$

b) Wir wählen $U_{BE1} = 810$mV als Bezugsgröße und berechnen

$$\Delta U_{BE} = U_{BE3} - U_{BE1} = D_T \bullet \Delta \vartheta_j = D_T \bullet (\vartheta_{j3} - \vartheta_{j1}) \Rightarrow$$

$$\Delta U_{BE} = -1,73\frac{mV}{K} \bullet (75°C - 25°C) = -86,5mV \Rightarrow$$

$$U_{BE3} = \Delta U_{BE} + U_{BE1} = -86,5mV + 810mV = \underline{723,5mV}$$

Aufgabe 4.5

a) Aus den Eintragungen im Fenster LIMITS entnehmen wir:

$\vartheta_j = 27°C$ und $U_{CE} = 6V$.

Aus den Kennlinien $I_B = f(U_{BE})$, $I_C = f(U_{BE})$ und $-I_E = f(U_{BE})$ erhalten wir für $U_{BE} = 0,8V$:

$I_B = 2,2$mA, $I_C = 150$mA, $I_E = -I_B - I_C = -152,2$mA $\Rightarrow$

$$B = \frac{I_C}{I_B} = \frac{150mA}{2,2mA} = \underline{68,2}$$

b) Aus den Eintragungen im Fenster LIMITS entnehmen wir:

$\vartheta_{j1} = 27°C$, $\vartheta_{j2} = 127°C$ und $U_{CE} = 6V$.

Aus den Kennlinien $I_C = f(U_{BE})$ bei $U_{CE} = 6V$ lesen wir für $I_C = 100mA$ folgende Werte ab:

Bei $\vartheta_{j1} = 27°C$ ist $U_{BE1} = 775mV$
Bei $\vartheta_{j2} = 127°C$ ist $U_{BE2} = 625mV$

Hiermit berechnen wir

$$D_T = \frac{\Delta U_{BE}}{\Delta \vartheta_j}(I_C = 100mA) = \frac{625mV - 775mV}{127°C - 27°C} = \underline{-1,5\frac{mV}{K}}$$

c) Aus den Eintragungen im Fenster LIMITS entnehmen wir: $U_{CE1} = 10V$ und $U_{CE2} = 2V$.

Die beiden $I_C U_{BE}$-Kennlinien zeigen: Je größer U_{CE} ist, desto steiler verläuft die $I_C U_{BE}$-Kennlinie.

d) Aus den Eintragungen im Fenster LIMITS entnehmen wir: $U_{CE1} = 10V$ und $U_{CE2} = 2V$.

Die beiden $I_B U_{BE}$-Kennlinien fallen nahezu zusammen. U_{CE} hat also nur einen schwachen Einfluß auf die Eingangskennlinie $I_B = f(U_{BE})$.

Aufgabe 4.6

a) Den Eintragungen im Fenster LIMITS entnehmen wir:

$\vartheta_j = 27°C$ und $I_B = 0mA, 0,5mA, 1,0mA, 1,5mA, 2,0mA, 2,5mA$.

Aus dem Ausgangskennlinienfeld erhalten wir für $U_{CE} = 10V$ und $I_B = 1,5mA$:

$$I_C = 121,8mA \Rightarrow B = \frac{I_C}{I_B}(U_{CE} = 10V) = \frac{121,8mA}{1,5mA} = \underline{81,2}$$

b) Den Eintragungen im Fenster LIMITS entnehmen wir:

$\vartheta_{j1} = 27°C$, $\vartheta_{j2} = 37°C$.

Das Ausgangs-Kennlinienfeld zeigt: Wenn ϑ_j zunimmt, dann werden die $I_C U_{CE}$-Kennlinien nach oben verschoben.

Aus dem Ausgangskennlinienfeld erhalten wir:

Bei $U_{CE} = 10V$, $I_B = 1,5mA$ und $\vartheta_{j1} = 27°C$ ist $I_{C1} = 121,8mA$
Bei $U_{CE} = 10V$, $I_B = 1,5mA$ und $\vartheta_{j2} = 37°C$ ist $I_{C2} = 126,5mA$
Hiermit ergibt sich

$$\frac{\Delta I_C}{I_{C1}} = \frac{I_{C2} - I_{C1}}{I_{C1}} = \frac{126,5mA - 121,8mA}{121,8mA} = \underline{3,9\%}$$

Aufgabe 4.7

a) Gesamter thermische Widerstand und maximale Kollektor-Verlustleistung:

$$R_{thges} = R_{thG} + R_{thK} = 200\frac{K}{W} + 100\frac{K}{W} = 300\frac{K}{W}$$

$$P_{Cmax} = \frac{\vartheta_{jmax} - \vartheta_{Umax}}{R_{thges}} = \frac{175°C - 55°C}{300\frac{K}{W}} = \underline{400mW}$$

b) Für den thermisch zulässigen Kollektorstrom erhalten wir:

$$I_{Cth} = \frac{P_{Cmax}}{U_{CE}} = \frac{400mW}{U_{CE}}$$

Hiermit können wir die Verlustleistungs-Hyperbel zeichnen.

c) Trägt man im Bild 4.25 die Verlustleistungs-Hyperbel, die Grenzwerte U_{CEmax} = 20V und I_{Cmax} = 100mA ein, dann erhält man den schraffierten Arbeitsbereich.

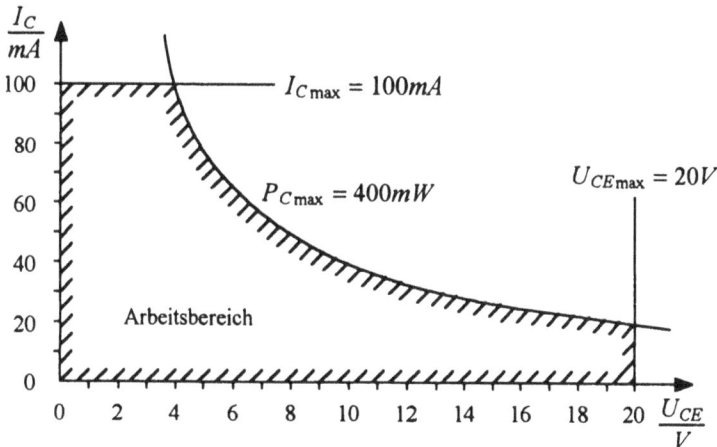

Bild 4.25 Arbeitsbereich des Transistors in Aufgabe 4.7

Aufgabe 4.8

a) Bei $t < t_1$ ist $u_q = 0$ $\Rightarrow$ $u_{BE} \approx 0$ $\Rightarrow$ der Transistor ist ausgeschaltet $\Rightarrow$ der Arbeitspunkt A_2 liegt auf der Lastgeraden im Sperrbereich des Bildes 4.12b (nicht gezeichnet) $\Rightarrow$ $i_B \approx 0$ $\Rightarrow$ $I_C \approx 0$ $\Rightarrow$ $u_{CE} = U_{SP} - i_C \bullet R_L$ $\approx U_{SP}$.

b) Bei $t > t_1$ ist $u_q = \hat{u}_q$ $\Rightarrow$ $u_{BE} \approx 0,7V$ $\Rightarrow$ der Transistor ist eingeschaltet $\Rightarrow$ der Arbeitspunkt A_1 liegt auf der Lastgeraden im Übersteuerungsbe-

reich des Bildes 4.12b (nicht gezeichnet) $\Rightarrow i_B = \hat{i}_B \Rightarrow i_C = \hat{i}_C \Rightarrow$
$u_{CE} = U_{SP} - i_C \bullet R_L \approx 0$

Aufgabe 4.9

a) $U_{CE1} = U_{SP} - I_{C1} \bullet R_L = 5V - 32mA \bullet 150\Omega = \underline{0,2V}$

$$I_{B1m} \approx \frac{m \bullet I_{C1}}{B_1} = \frac{1,5 \bullet 32mA}{135} = \underline{356\mu A}$$

$$U_{BE1} = \hat{u}_q - I_{B1m} \bullet R_B = 5V - 356\mu A \bullet 12k\Omega = \underline{728mV}$$

b) $U_{CE2} = U_{SP} - I_{C2} \bullet R_L = 5V - 100nA \bullet 150\Omega \approx \underline{5V}$

$$I_{B2} = \frac{I_{C2}}{B_2} = \frac{100nA}{100} = \underline{1nA}$$

$$U_{BE2} = \hat{u}_q - I_{B2} \bullet R_B = 0 - 1nA \bullet 12k\Omega = \underline{-12\mu V}$$

c) Im Bild 4.12c haben die Maximalwerte und die Minimalwerte der Mischgrößen $i_B(t)$, $u_{BE}(t)$, $i_C(t)$ und $u_{CE}(t)$ folgende Werte:

$\hat{i}_B = I_{B1m} = \underline{356\mu A}$ und $\check{i}_B = I_{B2} = \underline{1nA}$

$\hat{u}_{BE} = U_{BE1} = \underline{728mV}$ und $\check{u}_{BE} = U_{BE2} = \underline{-12\mu V}$

$\hat{i}_C = I_{C1} = \underline{32mA}$ und $\check{i}_C = I_{C2} = \underline{100nA}$

$\hat{u}_{CE} = U_{CE1} = \underline{0,2V}$ und $\hat{u}_{CE} = U_{CE2} \approx \underline{5V}$

Aufgabe 4.10

b) Da $\hat{u}_q \gg \hat{u}_{BE}$ ist, hängt der Maximalwert des Basisstroms praktisch nur
von $\hat{u}_q$ und R_q ab:

$$\hat{i}_B \approx \frac{\hat{u}_q}{R_q} = \frac{400V}{10M\Omega} = 40\mu A$$

Dieser Wert stimmt mit dem Maximalwert des Diagramms $i_B = f(t)$ überein.

Aus dem Diagramm $i_B = f(t)$ entnehmen wir:

- Der 0-1-Übergang beginnt und endet bei t = 0 (P1 und P2).
- Der 1-0-Übergang beginnt und endet bei $t = 15\mu s$ (P3 und P4).
- Alle $25\mu s$ (P5) wird ein Impuls gestartet.

Beachten Sie: Ohne Übersteuerung

- steigt i_C gegen i_B verzögert an (Verzögerungszeit t_d zwischen i_C und i_B).
- steigt i_C langsamer an als i_B (Anstiegszeit t_r in Bild 4.15b).
- fällt i_C zur selben Zeit ab wie i_B.
- fällt i_c langsamer ab als i_B (Fallzeit t_f in Bild 4.15b).

c) $\hat{i}_B \approx \dfrac{\hat{u}_q}{R_q} = \dfrac{2000V}{10M\Omega} = \underline{200\mu A}$

Dieser Wert stimmt mit dem Maximalwert des Diagramms $i_B = f(t)$ überein.

Beachten Sie: Bei Übersteuerung

- ist der Anstieg von i_C geringer verzögert als ohne Übersteuerung.
- steigt i_C schneller an als ohne Übersteuerung
- erfolgt der Abfall von i_C später als der Abfall von i_B (Speicherzeit t_s wie im Bild 4.15c).

Aufgabe 4.11

a) Die Diagramme der Simulation stimmen mit den Diagrammen im Bild 4.16b überein.

Das Bild 4.16b zeigt:

- Im Einschaltmoment ist der Transistor übersteuert, denn dann ist i_B größer als der Wert, der zur Übersteuerungsgrenze gehört.
- Im Ausschaltmoment ist der Transistor nicht übersteuert, denn dann hat i_B genau den Wert, der zur Übersteuerungsgrenze gehört.

b) Die Diagramme der Simulation stimmen mit den Diagrammen im Bild 4.16c überein.

Aufgabe 4.12

Die Aufgabe zeigt den Einfluß von CBAS = C_B auf die Einschaltzeit.

Aufgabe 4.13

Trennt man die CE-Strecke aus der Schaltung heraus, dann ist U_{CE} die Leerlaufspannung der Quelle, die von U_{SP}, R_C und R_L gebildet wird. Die Leerlaufspannung U_{CE} ist zugleich die Urspannung $U_{SP\ ers}$ der Ersatzspannungsquelle. Somit gilt:

$$U_{SP\ ers} = U_{CE} = U_{SP} \bullet \frac{R_L}{R_L + R_C} = 27,6V \bullet \frac{715\Omega}{715\Omega + 270\Omega} = 20V$$

$$R_{L\ ges} = \frac{R_L \bullet R_C}{R_L + R_C} = \frac{715\Omega \bullet 270\Omega}{715\Omega + 270\Omega} = 196\Omega$$

Für die $R_{L\ ges}$-Gerade ergibt sich

$$I_C = \frac{U_{SP\ ers} - U_{CE}}{R_{L\ ges}} = \frac{20V - U_{CE}}{196\Omega}$$

Aus dieser Gleichung erhalten wir

- $U_{CE1} = 0$ und $I_{C1} = 102mA$
- $U_{CE2} = 20V$ und $I_{C2} = 0$.

Die $R_{L\,ges}$-Gerade liegt also genauso wie die R_L-Gerade im Bild 4.18.

Aufgabe 4.14

a) Die Diagramme der Simulation stimmen mit den Diagrammen im Bild 4.20b überein:

$I(Q,B) = f(t)$ entspricht $I_B = f(t)$
$I(C1,C) = f(t)$ entspricht $I_C = f(t)$
$V(C,0) = f(t)$ entspricht $U_{CE} = f(t)$

b) Das Diagramm der Simulation stimmt mit dem Diagramm im Bild 4.20c überein:

$I(C1,C) = f(V(C,0))$ entspricht $I_C = f(U_{CE})$

Aufgabe 4.15

a) Die Diagramme der Simulation stimmen mit den Diagrammen im Bild 4.21b überein:

$I(Q,B) = f(t)$ entspricht $I_B = f(t)$
$I(C1,C) = f(t)$ entspricht $I_C = f(t)$
$V(C,0) = f(t)$ entspricht $U_{CE} = f(t)$
$I(M,C1) = f(t)$ entspricht $I_L = f(t)$
$I(C1,N) = f(t)$ entspricht $I_A = f(t)$

b) Das Diagramm der Simulation stimmt mit dem Diagramm im Bild 4.21c überein:

$I(C1,C) = f(V(C,0))$ entspricht $I_C = f(U_{CE})$

Aufgabe 4.16

a) Den Datenblättern im Anhang entnehmen wir:

$U_{CEmax} = 30V$, $I_{Cmax} = 100mA$, $\vartheta_{j\,max} = 150^oC$, $I_{CB0} = 15nA$,
$R_{thU} = 250K/W$.

Der Arbeitspunkt A_1 liegt im Übersteuerungsbereich auf dem steilen Ast der $I_C U_{CE}$-Kennlinien.

Aus dem Kennlinienfeld $I_C = f(U_{CE})$ erhalten wir für $I_{C1} = 20mA$ folgende Werte:

$U_{CE1} \approx \underline{0,3V}$

$I_{B1} \approx \underline{110\mu A}$ (ohne Übersteuerung)

b) Die Speisespannung des Transistor-Schalters ist

$$U_{SP2} = U_{CE1} + I_{C1} \bullet R_L = 0,3V + 0,02A \bullet 270\Omega = 5,7V$$

Wir wählen $U_{SP2} = \underline{6V}$, denn diesen Spannungswert können wir mit dem integrierten Spannungsregler 7806 stabilisieren. Diese Wahl haben wir schon bei der Dimensionierung des Netzteils im Kapitel 3.11 berücksichtigt.

Bei ausgeschaltetem Transistor ist $U_{CE2} \approx U_{SP2} = 6V$. Dieser Wert ist viel kleiner als $U_{CE0} = 30V$.

c) Wird der Transistor mit m = 1,5 übersteuert, dann fließt der Basisstrom

$$I_{B1m} = m \bullet I_{B1} = 1,5 \bullet 110\mu A = \underline{165\mu A}$$

d) Die maximal zulässige Kollektor-Verlustleistung ist

$$P_{C\max} = \frac{\vartheta_{j\max} - \vartheta_{U\max}}{R_{thU}} = \frac{(150-50)K}{250K/W} = 400mW$$

Hiermit erhalten wir den thermisch zulässige Kollektorstrom

$$I_{Cth} = \frac{P_{C\max}}{U_{CE}} = \frac{400mW}{U_{CE}}$$

Die Auswertung dieser Gleichung ergibt die Verlustleistungshyperbel für $P_{Cmax} = 400mW$ im Bild 4.26.

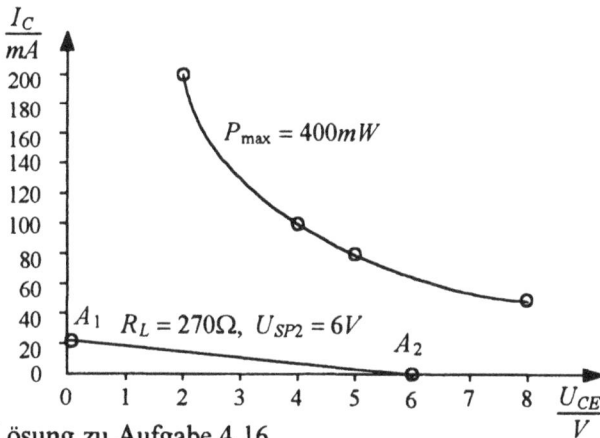

Bild 4.26: Lösung zu Aufgabe 4.16

Für den ohmschen Lastwiderstand gilt

$$I_C = \frac{U_{SP2} - U_{CE}}{R_L} = \frac{6V - U_{CE}}{270\Omega}$$

Mit dieser Gleichung kann die R_L-Gerade gezeichnet werden. Das Ergebnis zeigt ebenfalls das Bild 4.26. Im statischen Betrieb arbeitet der Transistor entweder im Arbeitspunkt A_1 (eingeschalteter Zustand) oder im Arbeitspunkt A_2 (ausgeschalteter Zustand). Da beide Arbeitspunkte unterhalb der Verlustleistungshyperbel für $P_{Cmax} = 400mW$ liegen, ist der Transistor im statischen Betrieb thermisch nicht gefährdet.

Aufgabe 4.17

a) Wäre der Transistor nicht übersteuert, dann wäre der Kollektorstrom

$$I_C = m \bullet I_{C1} = 1,5 \bullet 20mA = 30mA$$

Für diesen Kollektorstrom erhalten wir aus den Kennlinien $I_C = f(U_{BE})$ des Transistors BC413

$$U_{BE1\ mittel} = \underline{740mV}$$

$$\Delta U_{BE} = U_{BE1m\ max} - U_{BE1m\ min} = 840mV - 620mV = 220mV$$

Die Basisstromänderung infolge der Exemplarstreuungen soll den folgenden Wert nicht überschreiten:

$$\Delta I_B = 0,1 \bullet I_{B1m} = 0,1 \bullet 165\mu A = 16,5\mu A$$

Somit ist der kleinste Wert des Basiswiderstandes

$$R_B = \frac{\Delta U_{BE}}{\Delta I_B} = \frac{220mV}{16,5\mu A} = 13,3k\Omega$$

gewählt: $R_B = \underline{15k\Omega}$

b) Die Spannung U_S ergibt sich wie folgt:

$$U_S = I_{B1m} \bullet R_B + U_{Be1m\ mittel} = 165\mu A \bullet 15k\Omega + 0,74V = \underline{3,22V}$$

Aufgabe 4.18

a) Beim npn-Transistor

- ist im Normalbetrieb $U_{BE} > 0$, $U_{CE} > 0$ und $U_{CB} \geq 0$.
- ist im Übersteuerungsbereich $U_{CB} < 0$.
- ist $U_{BE} \approx 0,7V$, wenn der Transistor leitet.
- ist die Gleichstromverstärkung $B = 50...500$.
- sind am Kollektorstrom überwiegend Leitungselektronen beteiligt.
- ist I_{CB0} am kleinsten und I_{CE0} am größten.
- ist $U_{(BR)CE0}$ am kleinsten und $U_{(BR)CB0}$ am größten.
- hängt die maximal zulässige Verlustleistung P_{Cmax} von der maximal zulässigen Sperrschichttemperatur ϑ_{jmax}, der höchsten Umgebungstemperatur ϑ_{Umax} und dem gesamten thermischen Widerstand R_{thges} ab.
- legen die maximal zulässige Verlustleistung P_{Cmax}, der Grenzwert des Kollektorstroms I_C, der Grenzwert der Kollektor-Emitterspannung U_{CE}, die I_C-Achse und die U_{CE}-Achse den Arbeitsbereich des Transistors fest.

b) Im Normalbetrieb des pnp-Transistor ist $U_{BE} < 0$, $U_{CE} < 0$ und $U_{CB} \leq 0$.

Aufgabe 4.19

Für einen npn-Transistor, der als Schalter arbeitet, gilt:

- Im leitenden Zustand des Transistors liegt der Arbeitspunkt A_1 im Übersteuerungsbereich.
- Im gesperrten Zustand des Transistors liegt der Arbeitspunkt A_2 Im Sperrbereich. In diesem Bereich ist der Basisstrom $I_{B2} < 0$.
- Die Übersteuerung verkleinert die Anstiegszeit und verursacht eine Speicherzeit.
- Bei der Spannungssteuerung sind die Anstiegszeit und die Abfallzeit kürzer als bei vergleichbarer Stromsteuerung.
- Eine kurze Einschaltzeit und eine kurze Ausschaltzeit erreicht man durch einen Kondensator C_B, der parallel zum Basiswiderstand R_B gelegt wird. R_B muß so dimensioniert sein, daß der Transistor an der Übersteuerungsgrenze arbeitet, nachdem der Einschaltvorgang beendet ist.

Aufgabe 4.20

a) $I_{C1} = \dfrac{U_{SP} - U_{CE1}}{R_L} = \dfrac{6V - 0,2V}{100\Omega} = 58mA$

$I_{B1} = \dfrac{I_{C1}}{B_1} = \dfrac{58mA}{200} = 290\mu A$

$I_{B1m} \approx m \bullet I_{B1} = 1,52 \bullet 290\mu A = 441\mu A$

$R_B = \dfrac{\hat{u}_q - U_{BE1m}}{I_{B1m}} = \dfrac{6V - 0,72V}{441\mu A} \approx \underline{12k\Omega}$

$I_{C2} = I_{CER} = 200nA$

$U_{CE2} = U_{SP} - I_{C2} \bullet R_L = 6V - 200nA \bullet 100\Omega \approx \underline{6V}$

b) Bei $u_q = 0$ ist $I_{C2} = I_{CER} > 0$. Ein Teil von I_{CER} fließt über die Basis und R_B $\Rightarrow I_{B2} < 0 \Rightarrow \underline{U_{BE2} < 0}$.

Da $|I_{B2}| < |I_{C2}|$ ist, ist

$|U_{BE2}| = |I_{B2}| \bullet R_B < |I_{C2}| \bullet R_B = 200nA \bullet 12k\Omega \Rightarrow$

$\underline{|U_{BE2}| < 2,4mV}$

c) Im Arbeitspunkt A_1 ist die Kollektor-Verlustleistung

$P_{C1} = U_{CE1} \bullet I_{C1} = 0,2V \bullet 58mA = 11,6mW$

Im Arbeitspunkt A_2 ist die Kollektor-Verlustleistung

$P_{C2} = U_{CE2} \bullet I_{C2} = 6V \bullet 200nA = 1,2\mu W$

Da $P_{C1} \gg P_{C2}$ ist, ist P_{C1} maßgeblich für die Berechnung des Wärmewiderstandes:

$$R_{thges} \leq \frac{\vartheta_{j\,max} - \vartheta_{U\,max}}{P_{C1}} = \frac{175°C - 55°C}{11,6mW} = 10345 K/W$$

Da $R_{thges} > R_{thU}$ ist, ist kein Kühlkörper erforderlich.

d) Der optimale Wert der Kapazität C_B wird experimentell bestimmt.

Aufgabe 4.21

a) Aus den Diagrammen $u_{CE} = f(t)$ und $i_C = f(t)$ kann man Spannungs- und Stromwerte für die Zeitpunkte $t_1 \dots t_6$ entnehmen. Überträgt man die zusammengehörigen Spannungs- und Stromwerte in das Ausgangs-Kennlinienfeld, dann erhält man die dynamische Ausgangskennlinie Bild 4.27.

b) Zur Zeit t_1 arbeitet der Transistor im Arbeitspunkt $A_2(5V; 0mA)$; zur Zeit t_3 arbeitet der Transistor im Arbeitspunkt $A_1(0,2V; 40mA)$. Daraus folgt:

$$R_L = \frac{U_{CE2} - U_{CE1}}{I_{C2} - I_{C1}} = \frac{5V - 0,2V}{40mA - 0mA} = \underline{120\Omega}$$

c) Im Ausgangs-Kennlinienfeld Bild 4.27 wird die Verlustleistungshyperbel für $P_{Cmax} = 500mW$ eingezeichnet. Da die Arbeitspunkte A_1 und A_2 unterhalb der Verlustleistungshyperbel liegen, ist der Transistor im statischen Betrieb thermisch nicht gefährdet.

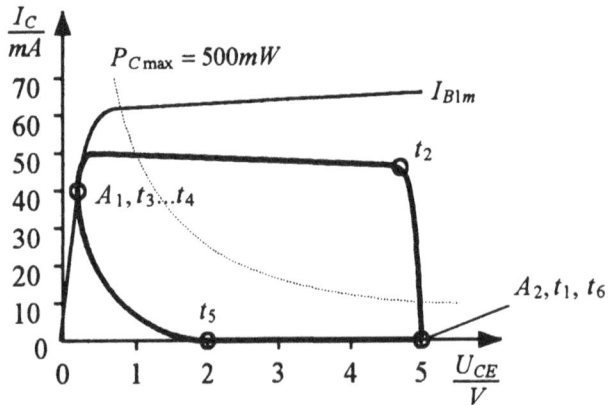

Bild 4.27: Lösung zur Aufgabe 4.21

d) Da im Bild 4.27 die Verlustleistungshyperbel die dynamische Lastkennlinie schneidet , ist der Transistor im dynamischen Betrieb thermisch gefährdet.

Aufgabe 4.22

a) Unmittelbar vor t_1 ist der Transistor noch ausgeschaltet. Dann ist

$$i_L = i_C = \frac{U_{SP}}{R_L + R_{CE\max}} = \frac{10V}{150\Omega + 1M\Omega} \approx 10\mu A$$

Diese Stromwerte gelten bis $t_1 + 25ns$ und auch unmittelbar danach, wenn der Transistor eingeschaltet ist. Dann gilt:

$$u_{L1} = i_L \bullet R_L \approx 10\mu A \bullet 150\Omega = \underline{1,5mV}$$

$$u_{CE} = i_C \bullet R_{CE\min} \approx 10\mu A \bullet 2\Omega = \underline{20\mu V}$$

$$u_{L2} = U_{SP} - u_{L1} - u_{CE} \approx 10V - 1,5mV - 20\mu V \approx \underline{10V}$$

$$u_L = u_{L1} + u_{L2} = 1,5mV + 10V \approx 10V \Rightarrow \text{ die Diode sperrt}$$

i_L und i_C erreichen ihren Maximalwert nach

$$t = 5 \bullet \frac{L_L}{R_L + R_{CE\min}} = 5 \bullet \frac{5,3mH}{150\Omega + 2\Omega} = \underline{174\mu s}$$

b) Unmittelbar vor t_4 ist der Transistor noch eingeschaltet. Dann ist

$$i_L = i_C = \frac{U_{SP}}{R_L + R_{CE\min}} = \frac{10V}{150\Omega + 2\Omega} = 65,8mA$$

Dieser Stromwert gilt bis $t_4 + 25ns$ und auch unmittelbar danach, wenn der Transistor ausgeschaltet ist. Dann leitet die Diode, sperrt der Transistor und es ist

$$u_{L2} = -U_{AKs} - i_L \bullet R_L = -0,7V - 65,8mA \bullet 150\Omega = \underline{-10,6V}$$

$$u_{CE} = U_{SP} + U_{AKs} = 10V + 0,7V = \underline{10,7V}$$

$$i_C = \frac{u_{CE}}{R_{CE\max}} = \frac{10V}{1M\Omega} = \underline{10\mu A}$$

Der Minimalwert von i_L wird erreicht nach

$$t = 5 \bullet \frac{L_L}{R_L} = 5 \bullet \frac{5,3mH}{150\Omega} = \underline{177\mu s}$$

c) Ohne Diode ist unmittelbar nach t_4

$$i_L = i_C = \underline{65,8mA} \quad \text{(siehe b)}$$

$$u_{CE} = i_C \bullet R_{C\max} = 65,8mA \bullet 1M\Omega = \underline{65,8kV}$$

5   Schmitt-Trigger

Die Regelschaltung unseres Wärmeschranks ist jetzt fast vollständig dimensioniert. Es fehlt nur noch der Zweipunktregler.

5.1 Zweipunktregler

Das Bild 5.1 zeigt die Temperaturregelung des Wärmeschranks einschließlich des Zweipunktreglers.

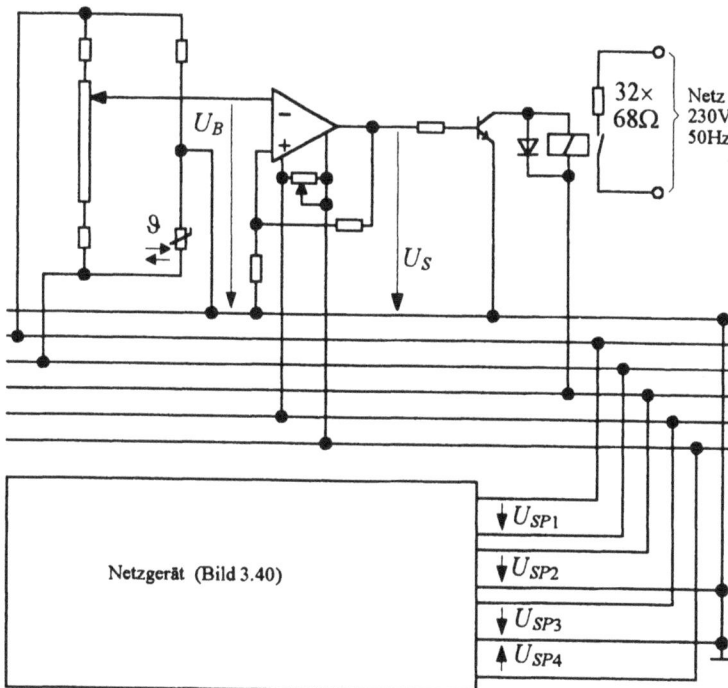

Bild 5.1: Temperaturregelung des Wärmeschranks

Aufgabe 5.1

a) Vergleichen Sie die Bilder 4.1 und 5.1 und zeichnen Sie die Schaltung des Zweipunktreglers.

b) Aus welchen Bauelementen besteht der Zweipunktregler?

c) Versuchen Sie die Aufgabe der Widerstände zu erklären.

Im Bild 5.1 ist der Zweipunktregler mit einem *Operationsverstärker* realisiert. Im Bild 5.2a ist die Schaltung noch einmal dargestellt.

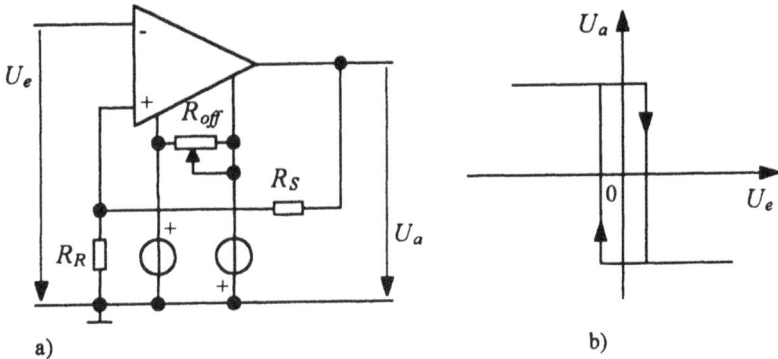

Bild 5.2: Zweipunktregler (Schmitt-Trigger)
        a) Schaltung, b) Übertragungskennlinie

In der Elektronik wird die Schaltung 5.2a als *Schmitt-Trigger* bezeichnet. Die Übertragungskennlinie $U_a = f(U_e)$ des Schmitt-Triggers ist im Bild 5.2b dargestellt. Sie zeigt die typische Eigenschaft des Zweipunktreglers: Die Ausgangsgröße U_a kann nur zwei Werte annehmen. Dieses Verhalten wird durch den Spannungsteiler R_S, R_R erreicht, der einen Teil der Ausgangsspannung U_a auf den Eingang *zurückkoppelt*.

Bevor wir uns in die Schaltung des Schmitt-Triggers vertiefen, wollen wir die Schaltung in der folgenden Aufgabe simulieren.

Aufgabe 5.2

Rufen Sie das Simulationsprogramm MICRO-CAP auf und laden Sie die Datei SCHMITT1.CIR. Rufen Sie TRANSIENT ANALYSIS auf.

a) Beschreiben Sie den Spannungsverlauf von $u_e = f(t)$ im ersten Diagramm.

b) Beschreiben Sie den Verlauf von $u_a = f(t)$ im zweiten Diagramm.

c) Was zeigt das dritte Diagramm? Lesen Sie aus dem Diagramm den Maximalwert $\hat{u}_a$ und den Minimalwert $\breve{u}_a$ ab. Wie groß ist u_a bei $u_e = 0$? Bei welchen Werten von u_e springt u_a?

Für den Schmitt-Trigger gibt es noch andere Schaltungen, auf die wir aber nicht eingehen wollen. Zum Verständnis der Schaltung 5.2a müssen wir wissen, wie ein rückgekoppelter Operationsverstärker arbeitet. Die erforderlichen Kenntnisse erarbeiten wir in den beiden folgenden Abschnitten.

5.2 Operationsverstärker

Verstärker sollen eine Größe verstärken, die für eine unmittelbare Anwendung zu klein ist. Gibt man z.B. die Spannung eines Mikrofons unmittelbar auf einen Lautsprecher, dann ist der Erfolg sehr unbefriedigend, weil die Mikrofonspannung für den Betrieb des Lautsprechers zu klein ist. Ein befriedigendes Ergebnis erhält man, wenn zwischen das Mikrofon und den Lautsprecher ein Verstärker geschaltet wird. Entsprechend der vielen Verstärkeranwendungen gibt es eine Vielzahl von Verstärkerschaltungen.

Der Operationsverstärker ist ein Verstärker, mit dem sehr unterschiedliche Aufgaben gelöst werden können. Er wird als *Integrierte Schaltung* zu einem niedrigen Preis geliefert. Das Schaltzeichen und die äußere Beschaltung des Operationsverstärkers zeigt das Bild 5.3a.

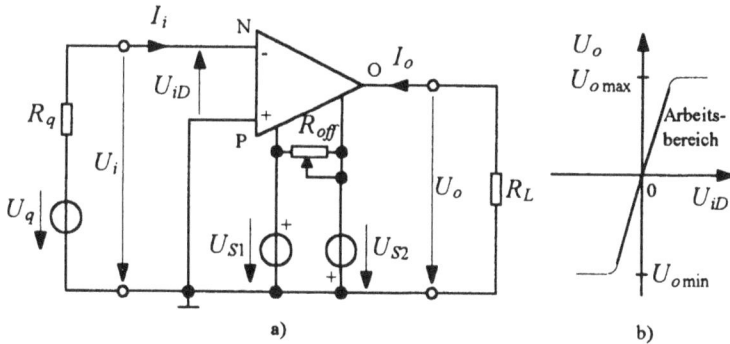

Bild 5.3: Operationsverstärker a) Schaltzeichen und äußere Beschaltung,
            b) Übertragungskennlinie

Die Bezeichnungen der Spannungen und Ströme ist entsprechend dem Bild 5.3a festgelegt. Der Eingang des Operationsverstärkers liegt zwischen den Punkten P und N, sein Ausgang zwischen O und Masse. Zwischen O und Masse liegt meistens eine Last - hier der Lastwiderstand R_L. Der Index i bedeutet *input* (Eingang) und der Index o *output*. Weiterhin steht P für positiv, N für negativ und D für Differenz.

Im allgemeinen wird der Operationsverstärker mit zwei Betriebsspannungen (supply voltages) $U_{S1} = -U_{S2}$ betrieben. U_{S1} kann zwischen 3V und 15V gewählt werden. Der Stellwiderstand R_{off} dient zum Abgleich der Ausgangsspannung U_o (Offset-Abgleich).

Übertragungskennlinie. Im Bild 5.3a kann man die Eingangsspannung U_{iD} mit Hilfe von U_q einstellen. Mit U_{iD} ändert sich die Ausgangsspannung U_o. Die *Übertragungskennlinie* $U_o = f(U_{iD})$ zeigt das Bild 5.3b. Der dick gezeichnete Bereich der Übertragungskennlinie ist der *Arbeitsbereich des Verstärkers*. Im Arbeitsbereich verläuft die Übertragungskennlinie praktisch linear. Außerhalb des Arbeitsbereiches ist entweder $U_o \approx U_{o\,max}$ oder $U_o \approx U_{o\,min}$. Dieser Bereich wird *Sättigungsbereich* genannt. Die 'Sättigung' bzw. Begrenzung von U_o ist durch die Speisespannungen U_{S1} und U_{S2} bedingt, denn U_o kann sich im günstigsten Fall nur zwischen U_{S1} und U_{S2} ändern. Praktisch ist

$$\boxed{U_{o\,max} \approx U_{S1} - 2V \quad und \quad U_{o\,min} \approx U_{S2} + 2V} \tag{5.1}$$

Offset-Abgleich. Die Übertragungskennlinie kann gegenüber dem Verlauf im Bild 3.5a entweder nach links oder rechts verschoben sein. Man spricht in diesem Fall von einem Versatz bzw. *Offset* der Ausgangsspannung. Der Offset wird mit dem Stellwiderstand R_{off} im Bild 5.3a beseitigt. Dazu stellt man $U_{iD} = 0$ ein und gleicht U_o mit R_{off} auf null ab.

Ersatzschaltung. Der Operationsverstärker ist eine aufwendige Schaltung mit mindestens 20 Transistoren. Trotzdem können seine wichtigsten Eigenschaften durch die einfache Ersatzschaltung Bild 5.4a recht gut beschrieben werden.

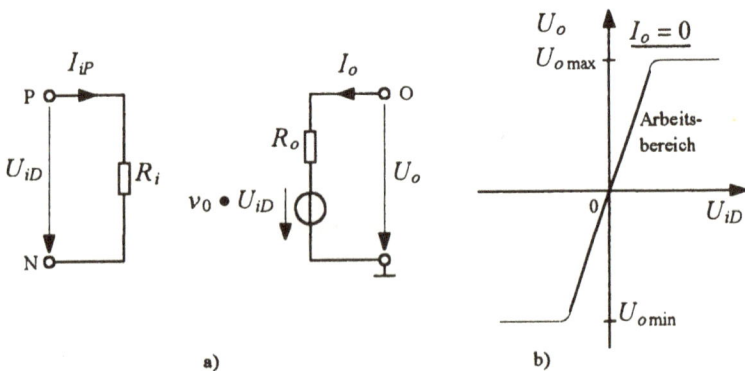

Bild 5.4: Operationsverstärker a) Ersatzschaltung für den Arbeitsbereich,
          b) Leerlauf-Übertragungskennlinie

Die Idee, die der Ersatzschaltung zugrunde liegt, ist einfach:

- Zwischen den Eingangsklemmen P und N liegt der *Eingangswiderstand* R_i.

- Am Ausgang tritt eine Spannung U_o auf, die im Arbeitsbereich proportional zur Eingangsspannung U_{iD} ist. Man stellt sich vor, daß die Ausgangsspannung U_o von einer Spannungsquelle im Inneren des Operationsverstärkers geliefert wird:

- Die Urspannung der Quelle ist $v_0 \bullet U_{iD}$; der Faktor v_0 ist ein Proportionalitätsfaktor.
- Der Innenwiderstand der Quelle ist zugleich der *Ausgangswiderstand* R_o des Operationsverstärkers.

Die Schaltung im Bild 5.4a arbeitet im Leerlauf. Es ist also $I_o = 0$ und $U_o = v_0 \bullet U_{iD}$ bzw.

$$\boxed{v_0 = \frac{U_o}{U_{iD}} \ (I_o = 0)} \tag{5.2}$$

v_0 wird *Leerlauf-Verstärkungsfaktor* genannt. Der Leerlauf-Verstärkungsfaktor ist maßgebend für die *Steigung* der Leerlauf-Übertragungskennlinie *im Arbeitsbereich* (Bild 5.4b).

Die Hersteller von Operationsverstärkern geben u.a. v_0, R_i und R_o an. Übliche Werte sind:

Eingangswiderstand $R_i \geq 100k\Omega$
Ausgangswiderstand $R_o \approx 100\Omega$
Leerlaufverstärkung $v_0 \approx 10^6$

Das Simulationsprogramm MICRO-CAP benutzt für den Operationsverstärker drei Ersatzschaltungen, die unterschiedlich komplex sind. Die einfachste Ersatzschaltung wird als 'Ersatzschaltung mit dem Level 1' bezeichnet. Diese Ersatzschaltung unterscheidet sich vom Bild 5.3a nur durch den Eingangswiderstand R_i. In der Ersatzschaltung mit dem Level 1 ist $R_i = \infty$.

Aufgabe 5.3

Starten Sie MICRO-CAP und laden Sie aus dem Verzeichnis DATAKA die Datei OP_L1.

a) Berechnen Sie aus den Angaben im Schaltbild $U_{o\,max}$ und $U_{o\,min}$ mit der Näherungsgleichung (5.1).

b) Sehen Sie sich mit DC-ANALYSIS die Leerlauf-Übertragungs-Kennlinie an.
Ist die Ausgangsspannung begrenzt?

c) Berechnen Sie die Leerlaufverstärkung v_0.

Aus dem Bild 5.3a wird mit der Ersatzschaltung Bild 5.4a das Bild 5.5.

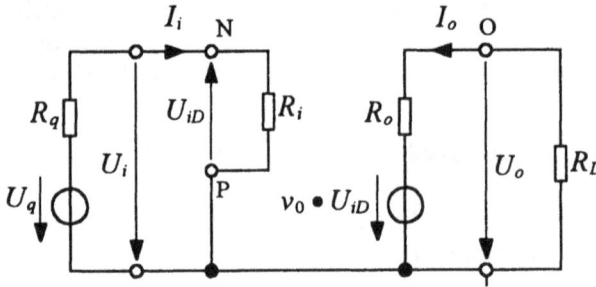

Bild 5.5: Ersatzschaltung des Operationsverstärkers mit äußerer
         Beschaltung

Aufgabe 5.4

Der Operationsverstärker im Bild 5.5 hat folgende Kennwerte: $R_i = 100k\Omega$,
$R_o = 150\Omega$ und $v_0 = 10^5$. Weiterhin ist $U_{S1} = -U_{S2} = 15V$, $R_q = 10k\Omega$ und
$R_L = 850\Omega$.

a) Berechnen Sie mit der Näherungsgleichung (5.1) $U_{o\,max}$ und $U_{o\,min}$.

b) Im Bild 5.5 ist $U_q = 33\mu V$, $R_L = \infty$. Liegt U_o im Arbeitsbereich?

c) Im Bild 5.5 ist $U_q = 330\mu V$, $R_L = \infty$. Liegt U_o im Arbeitsbereich?

d) Im Bild 5.5 ist $U_q = 33\mu V$. Wie groß ist U_o bei Belastung mit R_L?

Die Aufgabe bestätigt, daß die Ersatzschaltung Bild 5.4a des Operationsverstärkers nur für den Arbeitsbereich im Bild 5.4b gilt.

Übertragungsfaktor. In den meisten Anwendungen wird der Operationsverstärker rückgekoppelt. Es gibt vier Grundschaltungen der Rückkopplung, die
im nächsten Abschnitt behandelt werden. Eine davon ist die Schaltung Bild
5.2. Im Interesse einer einheitlichen Darstellung definiert man für jede
Grundschaltung einen eigenen Übertragungsfaktor. Für die Schaltung im
Bild 5.2 ist der Übertragungsfaktor wie folgt festgelegt:

$$\ddot{U}bertragungsfaktor = \frac{Ausgangsspannung}{Eingangsspannung} \quad (5.3)$$

Diese Definition gilt auch für den Operationsverstärker ohne Rückkopplung.
Dem Bild 5.5 entnehmen wir den *Leerlauf-Übertragungsfaktor*

$$A_0 = \frac{U_o}{U_i}(I_o = 0) = \frac{U_o}{-U_{iD}}(I_o = 0) = -v_0 \quad (5.4)$$

Weiterhin erhalten wir aus dem Bild 5.5 den *Übertragungsfaktor ohne
Rückkopplung*

$$A = \frac{U_o}{U_i} = \frac{v_0 \bullet U_{iD} \bullet \frac{R_L}{Ro+R_L}}{-U_{iD}} = -v_0 \bullet \frac{R_L}{R_o + R_L}$$

Hieraus folgt mit Gleichung (5.4):

$$\boxed{A = \frac{U_o}{U_i} = A_0 \bullet \frac{R_L}{R_o + R_L}} \tag{5.5}$$

Mit der Gleichung (5.5) kann die Schaltung im Bild 5.5 einfach berechnet werden. Die Gleichung gilt auch für die Momentanwerte von Wechselspannungen unter der Voraussetzung, daß alle Größen reell sind.

Aufgabe 5.5

Der Operationsverstärker im Bild 5.5 hat folgende Kennwerte: $R_i = 100k\Omega$, $R_o = 150\Omega$ und $v_0 = 10^5$. Weiterhin ist $U_{o\,\text{max}} = -U_{o\,\text{min}} \approx 13V$, $U_q = 33\mu V$, $R_q = 10k\Omega$ und $R_L = 850\Omega$.

Berechnen Sie U_o mit der Gleichung (5.5). Liegt U_o im Arbeitsbereich?

Bevor wir uns im nächsten Abschnitt der Rückkopplung zuwenden, wollen wir uns noch einmal daran erinnern, daß die Ersatzschaltung Bild 5.4a nur die wesentlichen Eigenschaften des Operationsverstärkers richtig beschreibt. Deshalb werden wir das Ersatzschaltbild später verbessern.

5.3 Rückkopplung

In den meisten Anwendungen werden Operationsverstärker *rückgekoppelt*. Auch der Schmitt-Trigger ist ein rückgekoppelter Verstärker. Allgemein gilt:

Eine *Rückkopplung* führt einen Teil einer Verstärker-Ausgangsgröße auf den Verstärker-Eingang zurück. Die Rückkopplung kann als *Gegenkopplung* oder als *Mitkopplung* wirken.

Die Gegenkopplung wird eingesetzt, um die Qualität eines Verstärkers zu verbessern.

Die Mitkopplung wird in *Kippschaltungen* und *Oszillatoren* angewendet.

Zu den Kippschaltungen gehören der Schmitt-Trigger, die Bistabile Kippschaltung (Flipflop), die Monostabile Kippschaltung (Monoflop) und die Astabile Kippschaltung (Multivibrator). Oszillatoren erzeugen Sinusspannungen. Im folgenden werden wir uns grundlegende Kenntnisse der Rückkopplung erarbeiten.

Grundschaltungen der Rückkopplung. Es gibt vier Grundschaltungen der Rückkopplung, die das Bild 5.6 zeigt.

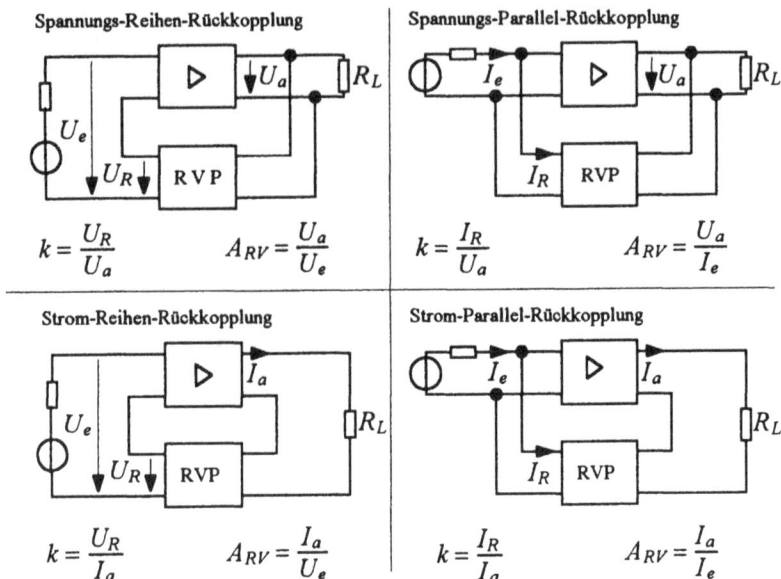

Spannungs-Reihen-Rückkopplung

$$k = \frac{U_R}{U_a} \qquad A_{RV} = \frac{U_a}{U_e}$$

Spannungs-Parallel-Rückkopplung

$$k = \frac{I_R}{U_a} \qquad A_{RV} = \frac{U_a}{I_e}$$

Strom-Reihen-Rückkopplung

$$k = \frac{U_R}{I_a} \qquad A_{RV} = \frac{I_a}{U_e}$$

Strom-Parallel-Rückkopplung

$$k = \frac{I_R}{I_a} \qquad A_{RV} = \frac{I_a}{I_e}$$

Bild 5.6: Grundschaltungen der Rückkopplung

In den vier Schaltungen ist der Operationsverstärker als *Verstärkervierpol* (Verstärkersymbol ist das Dreieck) dargestellt und die Rückkopplungsschaltung als *Rückkopplungsvierpol* RVP.

Bei der *Spannungs-Reihen-Rückkopplung* speist die Ausgangsspannung U_a des Verstärkers den Eingang des Rückkopplungsvierpols - deshalb die Bezeichnung '*Spannungs*-Rückkopplung'. Der Eingang des Verstärkers und der Ausgang des Rückkopplungsvierpols liegen in Reihe - deshalb die Bezeichnung '*Reihen*-Rückkopplung'. Diese Rückkopplung wird im Schmitt-Trigger Bild 5.3 benutzt.

Bei der *Spannungs-Parallel-Rückkopplung* speist die Ausgangsspannung U_a des Verstärkers den Eingang des Rückkopplungsvierpols - deshalb die Bezeichnung '*Spannungs*-Rückkopplung'. Der Eingang des Verstärkers und der Ausgang des Rückkopplungsvierpols liegen parallel - deshalb die Bezeichnung '*Parallel*-Rückkopplung'.

Bei der *Strom-Reihen-Rückkopplung* speist der Ausgangsstrom I_a des Verstärkers den Eingang des Rückkopplungsvierpols - deshalb die Bezeichnung '*Strom*-Rückkopplung'. Der Eingang des Verstärkers und der Ausgang des Rückkopplungsvierpols liegen in Reihe - deshalb die Bezeichnung '*Reihen*-Rückkopplung'.

Bei der *Strom-Parallel-Rückkopplung* speist der Ausgangsstrom I_a des Verstärkers den Eingang des Rückkopplungsvierpols - deshalb die Bezeichnung *'Strom*-Rückkopplung'. Der Eingang des Verstärkers und der Ausgang des Rückkopplungsvierpols liegen parallel - deshalb die Bezeichnung *'Parallel*-Rückkopplung'.

Im Bild 5.6 sind der Rückkopplungsfaktor k und der Übertragungsfaktor A_{RV} des rückgekoppelten Verstärkers definiert. Auf diese Größen gehen wir erst im nächsten Abschnitt näher ein.

In der Praxis spielen zwar die Gegenkopplung und die Mitkopplung eine Rolle, da es uns aber in diesem Kapitel um die Wirkungsweise des Schmitt-Triggers geht, betrachten wir im folgenden nur die Mitkopplung.

5.3.1 Mitkopplung.

Der Schmitt-Trigger im Bild 5.2 ist ein mitgekoppelter Verstärker. Wesentlich für die Wirkungsweise ist die Mitkopplung, die wir deshalb in diesem Abschnitt untersuchen wollen. Das Bild 5.7 zeigt noch einmal die Schaltung des Schmitt-Triggers, jedoch ist diesmal der Operationsverstärker durch seine Ersatzschaltung dargestellt.

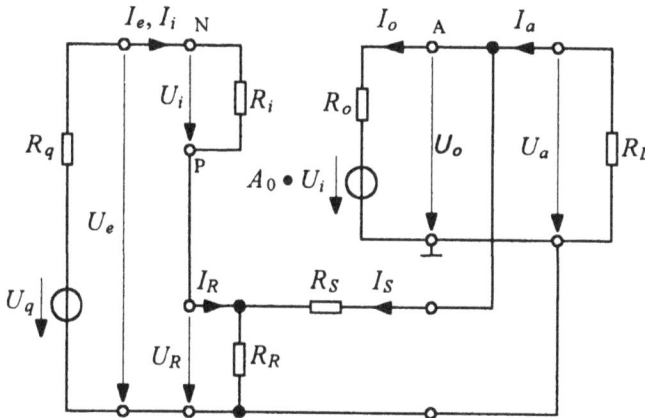

Bild 5.7: Mitgekoppelter Operationsverstärker

Beachten Sie im Bild 5.7 die Bezeichnungen der Spannungen und Ströme:

- Die Spannungen und Ströme des *Operationserstärkers* sind u_i, i_i u_o und i_o (i input, o output).
- Die Spannungen und Ströme des *rückgekoppelten Verstärkers* sind u_e, i_e, u_a und i_a (e Eingang, a Ausgang).

Dimensionierungsbedingungen. Die Schaltung Bild 5.7 führt bei genauer

Rechnung zu umfangreichen Gleichungen. Einfache Gleichungen erhalten wir nur dann, wenn sich der Rückkopplungsvierpol (R_S, R_R) und der Operationsverstärker unwesentlich beeinflussen. Das ist der Fall, wenn folgende *Dimensionierungsbedingungen* erfüllt sind:

$$\boxed{R_R + R_S \gg R_L} \qquad (5.6)$$

$$\boxed{R_R + R_S \ll |A| \bullet R_i} \qquad (5.7)$$

A ist der Übertragungsfaktor des Operationsverstärkers
mit Lastwiderstand

Während die Bedingung (5.6) unmittelbar einzusehen ist, erfordert die Bedingung (5.7) eine kleine Ableitung, die wir am Ende dieses Abschnittes nachholen werden. Im folgenden wird vorausgesetzt, daß die beiden Dimensionierungsbedingungen erfüllt sind.

Rückkopplungsfaktor. Zuerst beschreiben wir die Rückkopplung durch einen *Rückkopplungsfaktor*:

$$\boxed{k = \frac{U_R}{U_a} \approx \frac{R_R}{R_R + R_S} > 0} \qquad (5.8)$$

Übertragungsfaktor. Entsprechend dem Übertragungsfaktor des Operationsverstärkers ($A = U_o/U_i$) definiert man einen *Übertragungsfaktor des rückgekoppelten Verstärkers*:

$$A_{RV} = \frac{U_a}{U_e}$$

Mit den Gleichungen (5.8) und (5.5) finden wir:

$$A_{RV} = \frac{U_a}{U_e} = \frac{U_o}{U_i + U_R} \approx \frac{U_o}{U_i + k \bullet U_o} = \frac{\frac{U_o}{U_i}}{1 + k \bullet \frac{U_o}{U_i}} \quad \Rightarrow$$

$$\boxed{A_{RV} = \frac{U_a}{U_e} \approx \frac{A}{1 + k \bullet A}} \qquad (5.9)$$

Im Bild 5.6 sind der Rückkopplungsfaktor k und der Übertragungsfaktor A_{RV} für jede Rückkopplungsschaltung anders definiert. Dennoch gilt bei richtiger Dimensionierung für jede Rückkopplungsschaltung

$$A_{RV} \approx \frac{A}{1 + k \bullet A}$$

Eingangswiderstand. Im Bild 5.7 ist der Eingangswiderstand des rückgekoppelten Verstärkers:

$$R_e = \frac{U_e}{I_e}$$

Mit den Gleichungen (5.8) und (5.5) erhalten wir folgende Beziehung:

$$R_e = \frac{U_e}{I_e} = \frac{U_i + U_R}{I_i} \approx \frac{U_i + k \bullet U_a}{I_i} = \frac{U_i + k \bullet A \bullet U_i}{I_i} = R_i + k \bullet A \bullet R_i$$

Hieraus folgt:

$$R_e = \frac{U_e}{I_e} \approx R_i \bullet (1 + k \bullet A) \qquad\qquad (5.10)$$

Schleifenverstärkung. In den Näherungsgleichungen (5.9/5.10) tritt das Produkt $k \bullet A$ auf, das man *Schleifenverstärkung* nennt. Diese Bezeichnung wurde gewählt, weil der Operationsverstärker und der Rückkopplungsvierpol eine *Schleife* bilden. Trennt man die Verbindung zwischen dem Eingang des Operationsverstärkers und dem Ausgang des Rückkopplungsvierpols auf, dann ist

- U_i die Schleifen-Eingangsspannung
- U_R die Schleifen-Ausgangsspannung
- U_R/U_i = Schleifenverstärkung

Die folgende Ableitung zeigt, daß $k \bullet A = U_R/U_i$ ist:

$$k \bullet A = \frac{U_R}{U_a} \bullet \frac{U_o}{U_i} = \frac{U_R}{U_a} \bullet \frac{U_a}{U_i} \quad\Rightarrow$$

$$k \bullet A = \frac{U_R}{U_i} \qquad\qquad (5.11)$$

Aufgabe 5.6

Der Operationsverstärker im Bild 5.7 hat folgende Kennwerte: $R_i = 100k\Omega$, $R_o = 150\Omega$ und $v_0 = 10^5$. Weiterhin ist $U_{S1} = -U_{S2} = 15V$, $U_q = 7,5\mu V$, $R_q = 10k\Omega$, $R_L = 850\Omega$, $R_R = 10\Omega$, $R_S = 1M\Omega$.

a) Prüfen Sie, ob die Dimensionierungsbedingungen erfüllt sind.

b) Nehmen Sie an, der Operationsverstärker arbeitet im Sättigungsbereich.
Wie groß sind dann die Sättigungswerte $U_{a\,max}$ und $U_{a\,min}$ näherungsweise?

c) Berechnen Sie R_e, U_i, U_a und U_R. Liegt U_a im Arbeitsbereich?

d) Vergleichen Sie die Werte von U_i und U_o mit den Werten der Aufgabe 5.5 (Schaltung ohne Mitkopplung).

Kennzeichen der Mitkopplung. In der vorstehenden Aufgabe ist $|A_{RV}| > |A|$. Dieses Ergebnis gilt für jede Mitkopplungsschaltung. Damit haben wir eine allgemeingültige Eigenschaft der Mitkopplung zur Verfügung:

Bei einer Mitkopplung ist stets $|A_{RV}| > |A|$ (A_{RV} ist der Übertragungsfaktor des rückgekoppelten Verstärkers; A ist der Übertragungsfaktor ohne Rückkopplung).

Einfluß der Schleifenverstärkung auf A_{RV}. Wir wollen unsere Erkenntnisse noch ein wenig vertiefen, indem wir untersuchen, wie A_{RV} von der Schleifenverstärkung $k \bullet A$ abhängt. Wenn wir die Näherungsgleichung (5.9) umstellen, dann erhalten wir:

$$\frac{A_{RV}}{A} \approx \frac{1}{1 + k \bullet A}$$

Aus Gründen, die wir an dieser Stelle nicht behandeln wollen, kann bei einer Mitkopplung die Schleifenverstärkung $k \bullet A$ nur zwischen 0 und -1 liegen. Im Bild 5.8 ist A_{RV}/A in Abhängigkeit von $k \bullet A$ dargestellt.

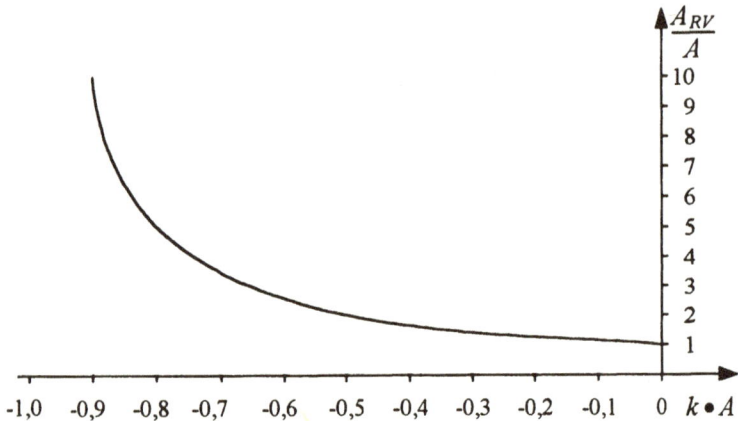

Bild 5.8: A_{RV}/A in Abhängigkeit von $k \bullet A$ bei Mitkopplung

Sie sehen, daß das Verhältnis A_{RV}/A mit dem Betrag der Schleifenverstärkung progressiv zunimmt. Da A < 0 ist, ist auch A_{RV} < 0. Ist nun im Bild 5.7 $k \bullet A > -1$ (z.B. $k \bullet A = -0,9$) und $U_e = 0$, dann ist auch $U_a = U_e \bullet A_{RV} = 0$. Allgemein gilt:

Bei einem mitgekoppelten Verstärker mit k•A < -1 ist die Ausgangsspannung gleich null, wenn die Eingangsspannung gleich null ist.

Dimensionierungsbedingung (5.7). Im Bild 5.6 soll der Eingangsstrom I_i des Operationsverstärkers die zurückgeführte Spannung U_R möglichst wenig verändern. Diese Forderung bedingt:

$$|I_e| \ll |I_S| \quad \Rightarrow$$

$$\frac{|U_i|}{R_i} \ll \frac{|U_a|}{R_R + R_S} \quad \Rightarrow$$

$$\frac{|U_i|}{R_i} \ll \frac{|A| \bullet |U_i|}{R_R + R_S} \quad \Rightarrow$$

$$R_R + R_S \ll |A| \bullet R_i$$

Damit ist die Dimensionierungsbedingung (5.7) bestätigt.

Der Schmitt-Trigger arbeitet mit einem Spezialfall der Mitkopplung, der zur *Selbsterregung* bzw. zum *Kippverhalten* führt. Wir untersuchen diesen Spezialfall im folgenden Abschnitt.

5.3.2 Selbsterregung

Im vorangegangenen Abschnitt stellten wir fest: Bei einem mitgekoppelten Verstärker mit $k \bullet A < -1$ ist die Ausgangsspannung gleich null, wenn die Eingangsspannung gleich null ist. Nach dieser Erinnerung sehen wir uns das Bild 5.9 an, in dem noch einmal der Schmitt-Trigger zusammen mit seiner Übertragungskennlinie dargestellt ist.

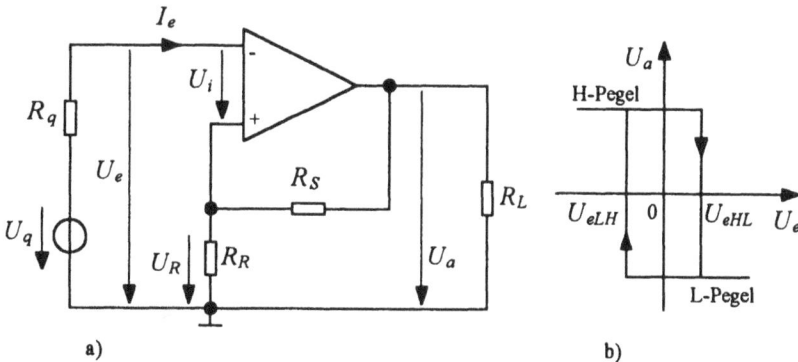

Bild 5.9: Schmitt-Trigger a) Schaltung, b)Übertragungskennlinie

Bedingung der Selbsterregung. Dem Bild 5.9b entnehmen wir: Bei $U_e = 0$ hat U_a entweder einen positiven Wert oder einen negativen Wert. Da $U_e = 0$ ist, ist also der Übertragungsfaktor $A_{RV} = U_a/U_e = \infty$. Das Ergebnis mag Sie überraschen, doch die Näherungsgleichung (5.9) bestätigt die Überlegung:

$$A_{RV} = \frac{U_a}{U_e} \approx \frac{A}{1 + k \bullet A}$$

Bei einer Mitkopplung ist $A < 0$ und $k = U_R/U_a = 0...1$. Somit ist $k \bullet A < 0$. Macht man $k \bullet A = -1$, dann ist $A_{RV} = \infty$. Das bedeutet: Bei allen endlichen

Werten von U_a ist $U_e = 0$. Dieser Fall wird als *Selbsterregung* bezeichnet. Wir halten fest:

Bei einem mitgekoppelten Verstärker tritt Selbsterregung ein, wenn die Schleifenverstärkung

$$\boxed{k \bullet A = -1}$$ (5.12)

ist.

Aussteuerung der Übertragungskennlinie. Die folgende Überlegung zeigt, daß in der Schaltung Bild 5.9 die Ausgangsspannung U_a bei Selbsterregung den größtmöglichen Betrag annimmt:

Wir gehen davon aus, daß $U_e = 0$ ist und U_a zwischen 0 und $U_{a\ max}$ liegt. Dann ist $U_i < 0$. Nimmt durch irgendeine Störung $|U_i|$ zu, dann läuft folgender Prozeß ab:

$U_i < 0 \downarrow \Rightarrow U_a > 0 \uparrow \Rightarrow U_R > 0 \uparrow \Rightarrow U_i = -U_R < 0 \downarrow$ ($U_e = 0$!) usw.
Dieser Prozeß setzt sich so lange fort, bis $U_a = U_{a\ max}$ ist.

Liegt U_a zwischen 0 und $U_{a\ min}$, dann ist $U_i > 0$. Nimmt wiederum durch irgendeine Störung $|U_i|$ zu, dann läuft der Prozeß wie folgt ab:

$U_i > 0 \uparrow \Rightarrow U_a < 0 \downarrow \Rightarrow U_R < 0 \downarrow \Rightarrow U_i = -U_R > 0 \uparrow$ ($U_e = 0$!) usw.
Dieser Prozeß setzt sich so lange fort, bis $U_a = U_{a\ min}$ ist.

Halten wir fest:

Bei Selbsterregung nimmt die Ausgangsspannung U_a den größtmöglichen Betrag an.

Die folgende Aufgabe wird diese Erkenntnis untermauern.

Aufgabe 5.7

Der Operationsverstärker im Bild 5.9 hat folgende Kennwerte: $R_o = 150\Omega$ und $v_0 = 10^5$. Weiterhin ist $U_{a\ max} = -U_{a\ min} = 13V$, $U_q = 0$, $R_q = 0$, $R_L = 850\Omega$ und A = -85000 (vergleiche Aufgabe 5.6). Die Dimensionierungsbedingungen sind erfüllt.

a) Wie groß muß der Rückkopplungsfaktor k sein, damit $k \bullet A = -1$ ist?

b) Es ist $k \bullet A = -1$ und $U_e = 0$.
   Wie groß sind U_a und die Spannung U_i?

c) Überprüfen Sie den Übertragungsfaktor A mit U_a und U_i.
   Wo liegt der Arbeitspunkt? (Antwort: Arbeitsbereich, Grenze des Arbeitsbereichs, Sättigungsbereich)

In der vorstehenden Aufgabe hat der Rückkopplungsfaktor k gerade den *Mindestwert* k_{min} = -1/A, der zur Selbsterregung führt. Was passiert nun, wenn wir k vergrößern? Dazu sehen wir uns das Bild 5.10 an.

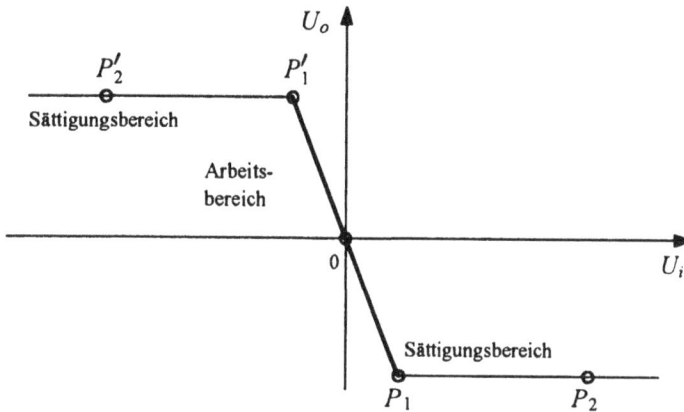

Bild 5.10: Übertragungskennlinie des Operationsverstärkers im Bild 5.9

Bei $k = k_{min}$ liegt der Arbeitspunkt an der Grenze des Arbeitsbereichs, also entweder im Punkt P_1 oder im Punkt P_1' (Bild 5.10). Macht man $k > k_{min}$, dann ist die Mitkopplung stärker als unbedingt notwendig. Infolgedessen verschiebt sich der Arbeitspunkt in den Sättigungsbereich, z.B. in den Punkt P_2 oder in den Punkt P_2'. Im Sättigungsbereich

- ändert sich der Übertragungsfaktor A mit dem Arbeitspunkt,
- ist $|A| = |U_o|/|U_i|$ kleiner als im Arbeitsbereich.

Auch wenn der Arbeitspunkt im Sättigungsbereich liegt, ist bei $U_e = 0$ entweder $U_a = U_{a\,max}$ oder $U_a = U_{a\,min}$, also $A_{RV} = \infty$. Der Arbeitspunkt wandert dann so weit in den Sättigungsbereich, bis die Bedingung der Selbsterregung erfüllt ist - also bis $k \cdot A = -1$ ist.

Zusammengefaßt ergibt sich:

Bei Selbsterregung ist der *Mindestwert* des Rückkopplungsfaktors k_{min} = -1/A (A ist der Übertragungsfaktor im Arbeitsbereich).

Der Rückkopplungsfaktor k bestimmt die Lage des Arbeitpunktes:

- Ist $k = k_{min}$, dann liegt der Arbeitspunkt an der Grenze des Arbeitsbereiches.
- Ist $k > k_{min}$, dann liegt der Arbeitspunkt im Sättigungsbereich.

Bei Selbsterregung ist immer $k \cdot A = -1$.

Diese Aussagen werden in der folgenden Aufgabe bestätigt.

Aufgabe 5.8

Der Operationsverstärker im Bild 5.9 hat folgende Kennwerte: $R_o = 150\Omega$
und $v_0 = 10^5$. Weitere Werte sind: $U_{a\,max} = -U_{a\,min} = 13V$, $U_q = 0$, $R_q = 0$,
$k = 1,546 \bullet 10^{-2}$, $U_e = 0$ und $R_L = 850\Omega$. Im Arbeitsbereich ist A = -85000
(vergleiche Aufgabe 5.7). Die Dimensionierungsbedingungen sind erfüllt.

a) Wie groß sind U_a und der Übertragungsfaktor A im Arbeitspunkt?

b) Überprüfen Sie den Übertragungsfaktor A mit U_a und U_i.
   Wo liegt der Arbeitspunkt? (Antwort: Arbeitsbereich, Grenze des Arbeitsbereiches, Sättigungsbereich)

In der nächsten Aufgabe überprüfen wir die Ergebnisse der Aufgaben 5.7
und 5.8 mit dem Simulationsprogramm MICRO-CAP.

Aufgabe 5.9

Rufen Sie das Simulationsprogramm MICRO-CAP auf und laden Sie die
Datei SCHMITT1.CIR.

Der Operationsverstärker und der Lastwiderstand haben dieselben Werte
wie in den Aufgaben 5.6, 5.7 und 5.8, nämlich: A_0 = -100000, A = -85000,
$R_o = 150\Omega$, $R_L = 850\Omega$ $U_{a\,max} = -U_{a\,min} = 13V$.

a) Die Schaltung ist so dimensioniert, daß der Rückkopplungsfaktor k =
   0,01546 ist (Wert aus Aufgabe 5.8).
   Rufen Sie TRANSIENT ANALYSIS auf.
   Sehen Sie sich die Diagramme $u_e = f(t)$ und $u_a = f(t)$ an.
   Zu welchen Zeiten schaltet der Schmitt-Trigger?

b) Schalten Sie im Fenster TRANSIENT ANALYSIS LIMITS die Diagramme $u_e = f(t)$ und $u_a = f(t)$ aus und das Diagramm $u_a = f(u_e)$ ein.
   Bestimmen Sie die Schaltschwellen U_{eLH} und U_{eHL}.

c) Schalten Sie im Fenster TRANSIENT ANALYSIS LIMITS die Diagramme $u_e = f(t)$, $u_a = f(t)$ und $u_a = f(u_e)$ ein.
   Ändern Sie in der Schaltung *.define k 0.01546* in *.define k 1.1764E-5*
   (k-Wert aus Aufgabe 5.7).
   Ändern Sie im Modell der Spannungsquelle u_q die Werte von VZERO
   und VONE wie folgt: VZERO = 40μV, VONE = -40μV.
   Schalten Sie im Fenster TRANSIENT ANALYSIS LIMITS alle Dia-
   gramme ein. Beachten Sie, daß u_e im Bereich von 50μV... -50μV liegt.
   Sehen Sie sich die Diagramme $u_e = f(t)$, $u_a = f(t)$ und $u_a = f(u_e)$ an.
   Zu welchen Zeiten beginnt der Schmitt-Trigger zu schalten?
   Bestimmen Sie die Schaltschwellen U_{eLH} und U_{eHL}.

Verlassen Sie das Programm ohne zu speichern.

Schwellenspannungen. Die vorstehende Aufgabe zeigt, daß der Rückkopplungsfaktor $k = U_R/U_a$ die *Schwellenspannungen* U_{eLH} und U_{eHL} des Schmitt-Triggers beeinflußt. Bei der Eingangsspannung U_{eLH} kippt die Ausgangsspannung U_a vom Low-Pegel zum High-Pegel; bei der Eingangsspannung U_{eHL} kippt U_a vom H-Pegel zum L-Pegel. Die beiden Schwellenspannungen sind einfach zu ermitteln. Wir berechnen zuerst die Schwellenspannung U_{eLH}. Dazu nehmen wir an, daß $U_a = U_{a\,min}$ ist. Dann ist im Bild 5.9a

$$U_i = U_e - U_R = U_e - k \cdot U_{a\,min} \qquad (5.13)$$

Damit U_a von $U_{a\,min}$ nach $U_{a\,max}$ kippt, muß $U_i < 0$ werden. Nach Gleichung (5.13) ist $U_i = 0$, wenn $U_e = k \cdot U_{a\,min}$ ist. Praktisch beginnt dann der LH-Sprung von U_a. Somit ist

$$\boxed{U_{eLH} = k \cdot U_{a\,min}} \qquad (5.14)$$

Zur Ermittlung der Schwellenspannung U_{eHL} nehmen wir an, daß $U_a = U_{a\,max}$ ist. Dann ist im Bild 5.9a

$$U_i = U_e - U_R = U_e - k \cdot U_{a\,max} \qquad (5.15)$$

Damit U_a von $U_{a\,max}$ nach $U_{a\,min}$ kippt, muß $U_i > 0$ werden. Nach Gleichung (5.15) ist $U_i = 0$, wenn $U_e = k \cdot U_{a\,max}$ ist . Praktisch beginnt dann der HL-Sprung von U_a. Somit ist

$$\boxed{U_{eHL} = k \cdot U_{a\,max}} \qquad (5.16)$$

Die Differenz $U_{eHL} - U_{eLH}$ heißt *Hysteresespannung*. Mit den Näherungsgleichungen (5.13) und (5.14) erhalten wir für die Hysteresespannung

$$\boxed{\Delta U_e = U_{eHL} - U_{eLH} = k \cdot (U_{a\,max} - U_{a\,min})} \qquad (5.17)$$

Die Gleichung (5.17) zeigt:

> Die Hysteresespannung des Schmitt-Triggers nimmt proportional mit dem Rückkopplungsfaktor zu.

Mit den vorstehenden Gleichungen können Sie jetzt die Ergebnisse der letzten Aufgabe nachprüfen.

Aufgabe 5.10

Der Schmitt-Trigger im Bild 5.9 arbeitet mit einem Rückkopplungsfaktor k = 0,01546. Weiterhin ist $U_{a\,max} = -U_{a\,min} = 13V$ (Werte wie in der Aufgabe 5.9a,b).

Berechnen Sie die Schwellenspannungen U_{eLH} und U_{eHL}.

Vergleichen Sie Ihre Ergebnisse mit den Werten U_{eLH} = -200ms und U_{eHL} = 198ms, die die Simulation in der Aufgabe 5.9b ergab.

Sie haben jetzt am Beispiel des Schmitt-Triggers die Mitkopplung und die Selbsterregung kennengelernt. Damit verfügen Sie über wichtige Kenntnisse, die in vielen Kippschaltungen und Oszillatoren angewendet werden können. Im nächsten Abschnitt wenden wir das Gelernte an und dimensionieren den Zweipunktregler des Wärmeschranks.

5.4 Dimensionierung des Zweipunktreglers

Wir beenden das Projekt "Wärmeschrank" mit der Dimensionierung des Zweipunktreglers. Das Bild 5.11 zeigt noch einmal die vollständige Temperaturregelung des Wärmeschranks. Die Brückenspannung U_e ist die Eingangsspannung des Zweipunktreglers; die Ausgangsspannung U_a des Zweipunktreglers ist zugleich die Eingangsspannung des Stellgliedes. Da der Zweipunktregler durch einen Schmitt-Trigger realisiert werden soll, können Sie unmittelbar aktiv werden.

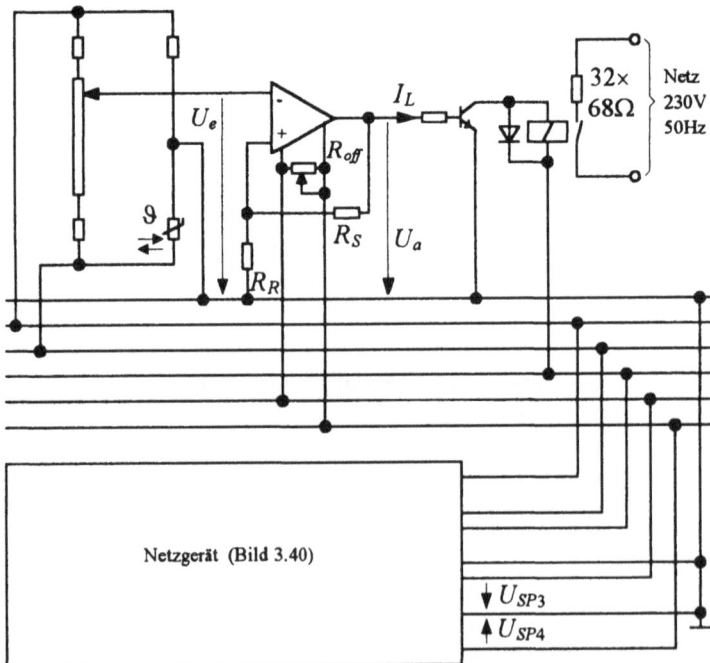

Bild 5.11: Zweipunktregler (Schmitt-Trigger) im Zusammenhang mit dem Temperaturgeber und dem Stellglied der Temperaturregelung

Aufgabe 5.11

Der Zweipunktregler im Bild 5.11 verwendet den Operationsverstärker UA741C (Texas Instruments), der folgende Kennwerte hat: $v_0 = 200000$, $R_i = 2M\Omega$, $R_o = 75\Omega$. Der Operationsverstärker wird mit $U_{SP3} = -U_{SP4} = 5V$ gespeist (siehe Kapitel 3). Diese Spannungen sind so gewählt, daß die Ausgangsspannung U_a des Zweipunktreglers maximal 3,2V beträgt und minimal -3,2V (siehe Kapitel 4). Im eingeschalteten Zustand belastet das Stellglied den Zweipunktregler mit $I_L = I_{Blm} = 165\mu A$ (siehe Kapitel 4). Bei der Schaltschwelle $U_{eLH} = -10mV$ soll die Ausgangsspannung U_a von $U_{a\,min}$ nach $U_{a\,max}$ schalten, und bei $U_{eHL} = 10mV$ soll U_a von $U_{a\,max}$ nach $U_{a\,min}$ schalten. Wir wählen $R_S = 1M\Omega$ (E24-Reihe).

a) Berechnen Sie R_R und wählen Sie anschließend R_R nach der E24-Reihe.

b) Wie groß ist der Lastwiderstand des Schmitt-Triggers bei eingeschaltetem Stellglied?

c) Prüfen Sie, ob die Dimensionierungsbedingungen erfüllt sind.

Schaltungswerte. Nachfolgend sind alle Werte zusammengestellt, die wir für den Zweipunktregler im Bild 5.11 erarbeiteten:

Operationsverstärker UA741C, $U_{SP3} = -U_{SP4} = 5V$,
$R_R = 3,16k\Omega$ (E24), $R_S = 1M\Omega$ (E24), $R_{off} = 10k\Omega$ (Stellwiderstand)

Schaltungstest. Nach der Dimensionierung des Zweipunktreglers bleibt jetzt noch der Schaltungstest. Dabei ist die größte Arbeit mit der Herstellung des Wärmeschrankes verbunden. An der Staatlichen Technikerschule Weilburg haben Studierende im Rahmen einer Projektwoche den Wärmeschrank und die komplette Temperaturregelung einschließlich des Netzgerätes arbeitsteilig gebaut. Im vorgegebenen Temperaturbereich arbeitete die Schaltung mit der gewünschten Toleranz.

5.5 Übungsaufgaben zum Kapitel 5

Aufgabe 5.12

Das Simulationsprogramm MICRO-CAP enthält drei Ersatzschaltungen für den Operationsverstärker, die mit *Level 1*, *Level 2* und *Level 3* bezeichnet werden. Das einfachste Ersatzschaltbild gehört zum Level 1 und das vollkommenste zum Level 3. In dieser Aufgabe arbeiten wir mit dem Level 3.

Rufen Sie das Simulationsprogramm MICRO-CAP auf und laden Sie aus dem Verzeichnis DATAKA die Datei OP_L3.CIR.

Das Modell OP_L3 des Operationsverstärkers enthält einige Parameter, die leicht zu erklären sind:

A = 200000 bedeutet: Leerlaufverstärkung $v_0 = 200000$
VCC = 15V bedeutet: Speisespannung $U_{SP1} = 15V$
VEE = -15V bedeutet: Speisespannung $U_{SP2} = -15V$
VPS = 13V bedeutet: $U_{o\,max} \approx 13V$
VPS = 13V bedeutet: $U_{o\,min} \approx -13V$
PD = 25M bedeutet: die Verlustleistung beträgt 25mW

Die Eingangsspannung wird langsam von negativen nach positiven Werten geändert.

a) Rufen Sie TRANSIENT ANALYSIS auf; bilden Sie die Diagramme ab. Welche Diagramme sind dargestellt? (Benutzen Sie in Ihrer Antwort die Bezeichnungen des Bildes 5.12a). Erfolgte der Offset-Abgleich?

b) Bilden Sie nur das dritte Diagramm ab. Sie erhalten die Leerlauf-Übertragungskennlinie $U_o = f(U_{iD})$. Beachten Sie, daß die Übertragungskennlinie leicht gekrümmt ist.
Bestimmen Sie die maximale Ausgangsspannung $U_{o\,max}$ und die minimale Ausgangsspannung $U_{o\,min}$.

c) Da die Übertragungskennlinie etwas gekrümmt ist, wird die Leerlauf-Verstärkung v_0 aus der Steigung der Übertragungskennlinie bei $U_{iD} = 0$ bestimmt:

$$v_0 = \frac{\Delta U_o}{\Delta U_{iD}} \quad (U_{iD} = 0)$$

Ermitteln Sie v_0. Zweckmäßig benutzen Sie dazu das Menü SCOPE und die Einstellung CURSOR MODE. Klicken Sie mit der linken Maustaste auf $U_o < 0$ und mit der rechten Maustaste auf $U_o > 0$. Sie können dann unter dem Diagramm Werte für U_o (left - linker Cursor, right - rechter Cursor), U_{iD} (left - linker Cursor, right - rechter Cursor), ΔU_o (delta) und ΔU_{iD} (delta) ablesen.

d) Bilden Sie nur das vierte Diagramm ab. Sie erhalten die Eingangskennlinien $I_P = f(U_{iD})$ und $I_N = f(U_{iD})$ (Bild 5.12c). Bei $U_{iD} = 0$ fließt der *Eingangsruhestrom* (engl. *Bias Current*) I_{BIAS}. Dieser Strom ist als Parameter IBIAS im Modell des Operationsverstärkers enthalten.
Bestimmen Sie aus dem Diagramm I_{BIAS} und den differentiellen Widerstand $r_i = \Delta U_{iD}/\Delta I_P$. Zweckmäßig benutzen Sie dazu wieder das Menü SCOPE und die Einstellung CURSOR MODE.

e) Stellen Sie eine Gleichung für die Eingangskennlinien $I_P = f(U_{iD})$ und $I_N = f(U_{iD})$ auf. Die beiden Gleichungen sollen I_{BIAS} und r_i enthalten. Können die beiden Gleichungen aus dem linken Teil des Bildes 5.12e abgelesen werden?

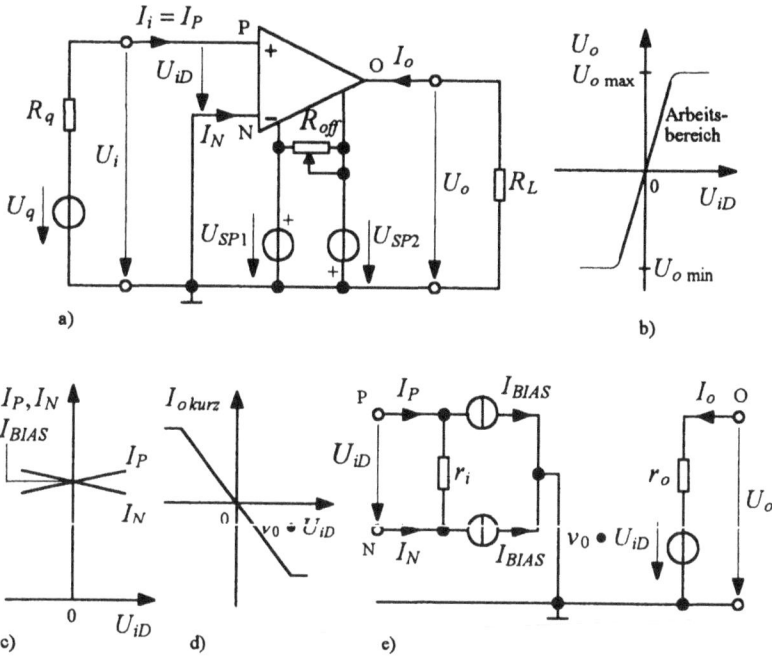

Bild 5.12: Operationsverstärker
a) Schaltung, b) Übertragungskennlinie, c) Eingangskennlinien,
d) Kurzschluß-Ausgangskennlinie, e) verbesserte Ersatzschaltung

Aufgabe 5.13

Im allgemeinen fließt im Bild 5.12a bei kurzgeschlossenem Ausgang und bei $U_{iD} = 0$ ein Ausgangsstrom $I_o \neq 0$. Deshalb wird der Ausgangswiderstand des Operationsverstärkers meistens als *differentieller Widerstand* r_o definiert. Grundsätzlich kann der Ausgangswiderstand einer Quelle aus ihrer Leerlaufspannung und ihrem Kurzschlußstrom berechnet werden. Von dieser Möglichkeit machen wir in dieser Aufgabe Gebrauch.

Rufen Sie das Simulationsprogramm MICRO-CAP auf und laden Sie aus dem Verzeichnis DATAKA die Datei OP_L3_RO.CIR.

Die Leerlauf-Spannungsverstärkung des Operationsverstärkers ist $v_0 = 200000$. Der Lastwiderstand $R_L = 100m\Omega$ ist sehr klein gegenüber r_o. Er wirkt daher praktisch wie ein Kurzschluß. R_L wird zur Ermittlung des Kurzschluß-Ausgangsstroms I_{okurz} benötigt. Die Eingangsspannung wird langsam von negativen nach positiven Werten geändert.

a) Rufen Sie TRANSIENT ANALYSIS auf und bilden Sie die Diagramme ab.

Welche Diagramme sind dargestellt? (Benutzen Sie in Ihrer Antwort die Bezeichnungen des Bildes 5.12a). Erfolgte der Offset-Abgleich?

b) Bilden Sie nur das vierte Diagramm ab. Sie erhalten die Kurzschluß-Ausgangskennlinie $I_{okurz} = f(v_0 \bullet U_{iD})$ (vergleiche Bild 5.12d). Aus der Kurzschluß-Ausgangskennlinie kann der *differentielle Ausgangswiderstand* r_o ermittelt werden:

$$r_o = -\frac{\Delta v_0 \bullet U_{iD}}{\Delta I_{okurz}} \quad (v_0 \bullet U_{iD} = 0)$$

Bestimmen Sie den Ausgangswiderstand r_o. Zweckmäßig benutzen Sie dazu das Menü SCOPE und die Einstellung CURSOR MODE.

c) Wie groß ist der größte Wert von $I_{o\,kurz}$?

d) Stellen Sie für die Kurzschluß-Ausgangskenlinie die Gleichung $I_{okurz} = f(v_0 \bullet U_{iD})$ auf. Kann die Gleichung aus dem rechten Teil des Bildes 5.12e abgelesen werden?

Aufgabe 5.14

Der Operationsverstärker im Bild 5.13 arbeitet mit einer Spannungs-Reihen-Gegenkopplung. Er hat folgende Kennwerte: $v_0 = 200000$, $r_i = 1M\Omega$ und $r_o = 75\Omega$. Die Gegenkopplung erfolgt über den Rückkopplungsvierpol mit $R_S = 20k\Omega$ und $R_R = 100\Omega$. Weiterhin ist $R_q = 100\Omega$ und $R_L = 1k\Omega$.

Die Dimensionierungsbedingungen (5.6) und (5.7) der Rückkopplung sind erfüllt. Deshalb dürfen die Gleichungen (5.8)... (5.11) des rückgekoppelten Verstärkers angewendet werden.

a) Wie groß sind der Leerlauf-Übertragungsfaktor $A_0 = U_o/U_{iD}$ ($I_o = 0$) und der Übertragungsfaktor $A = U_o/U_{iD}$ des Operationsverstärkers? Wie groß ist der Rückkopplungsfaktor $k = U_R/U_a$?

b) Wie groß sind der Übertragungsfaktor $A_{RV} = v_u = U_a/U_e$ und der Eingangswiderstand $R_e = U_e/I_e$ des rückgekoppelten Verstärkers?

c) Abschließend soll die Spannungsverstärkung v_u durch eine Simulation geprüft werden. Rufen Sie das Simulationsprogramm MICRO-CAP auf und laden Sie aus dem Verzeichnis DATAKA die Datei GKUR_OP.CIR.

Die Simulation arbeitet mit dem relativ einfachen Modell LEVEL 2 des Operationsverstärkers. Die Eingangsspannung wird langsam von -10mV nach +10mV geändert.

Rufen Sie TRANSIENT ANALYSIS auf. Bilden Sie die Diagramme ab.

Welche Diagramme sind dargestellt? (Benutzen Sie in Ihrer Antwort die Bezeichnungen des Bildes 5.13).
Ermitteln Sie v_u aus dem vierten Diagramm.

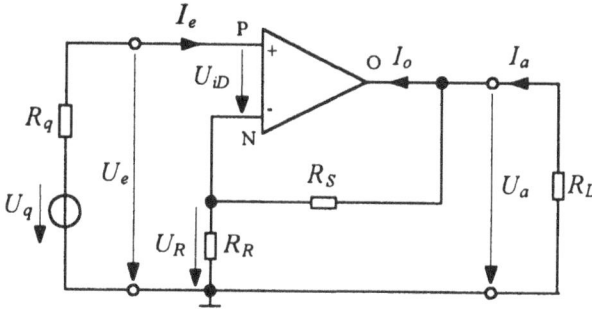

Bild 5.13: Operationsverstärker mit Spannungs-Reihen-Gegenkopplung

Aufgabe 5.15

Der Schmitt-Trigger eignet sich dazu, die Polarität von Gleichspannungen zu bestimmen. Von dieser Möglichkeit sollen Sie im folgenden Gebrauch machen.

a) Zeichnen Sie eine Schaltung zur Polaritätsbestimmung von Gleichspannungen, die folgende Eigenschaften hat:

   - Anzeige der Polarität durch zwei Leuchtdioden (LEDs)
   - Schutz des Schaltungseingangs gegen Überspannungen

   (Die Schaltung des Polaritätsanzeigers zeigt das Bild 5.14 in der Lösung zur Aufgabe 5.15)

   Beschreiben Sie die Wirkungsweise der Schaltung.

b) Der Polaritätsanzeiger soll für Gleichspannungen U_e = 100mV...300V geeignet sein.

   Der Operationsverstärker arbeitet mit den Speisespannungen U_{S1} = $-U_{S2}$ = 6V. Er hat folgende Kennwerte: v_0 = 100000, r_i = $1M\Omega$, r_o = 150Ω.

   Die Schwellenspannung der Dioden D1 und D2 beträgt 0,6V. Ihr Durchlaßstrom soll 1mA nicht überschreiten.

   Die Schwellenspannung der Leuchtdioden D3 und D4 beträgt 1,6V. Sie leuchten, wenn ein Durchlaßstrom von 10mA fließt.

   Der Schmitt-Trigger soll bei U_{eHL} = $-U_{eLH}$ = 100mV schalten und der Widerstand R_S des Rückkopplungsvierpols soll $100k\Omega$ betragen.

   Dimensionieren Sie alle Widerstände der Schaltung.

c) Prüfen Sie, ob die Bedingung der Selbsterregung und die Dimensionierungsbedingungen der Rückkopplung erfüllt sind.

5.6 Lösungen zu den Aufgaben im Kapitel 5

Aufgabe 5.1

a) Die Schaltung des Zweipunktreglers zeigt das Bild 5.2a.

b) Der Zweipunktregler besteht aus einem *Operationsverstärker* und drei Widerständen.

c) Im Bild 5.2a führen die Widerstände R_R und R_S einen Teil der Ausgangsspannung U_a auf den Eingang des Operationsverstärkers zurück. Es handelt sich dabei um eine *Rückkopplung*, genauer um eine *Mitkopplung*.

Mit dem Stellwiderstand R_{off} wird die Ausgangsspannung U_a abgeglichen *(Offset- Abgleich)*.

Beunruhigen Sie sich nicht, wenn Sie nicht die richtigen Antworten geben konnten, denn alle vorstehenden Begriffe werden im Laufe des Kapitels 5 ausführlich erklärt.

Aufgabe 5.2

a) Der Eingangsspannung u_e entspricht V(EIN,0). u_e ist eine Dreieckspannung mit einer Periode T = 2s. Bei t = 0,5s ist $u_e = \hat{u}_e = 4V$ und bei t = 1,5s ist $u_e = \check{u}_e = -4V$

b) Der Ausgangsspannung u_a entspricht V(AUS,0). u_a ist eine Rechteckspannung, die bei $t \approx 1s$ von $\check{u}_a \rightarrow \hat{u}_a$ springt und bei $t \approx 2s$ von $\hat{u}_a \rightarrow \check{u}_a$.

c) Das Diagramm 3 zeigt die Übertragungskennlinie des Schmitt-Triggers (vergleiche Bild 5.2b). Es ist

$$\hat{u}_a = \underline{13V} \quad und \quad \check{u}_a = \underline{-13V}$$

Bei $u_e = 0$ ist entweder $u_a = \hat{u}_a$ oder $u_a = \check{u}_a$.
u_a springt bei u_e = 200mV und bei u_e = -200mV.

Aufgabe 5.3

a) Aus dem Schaltbild ergibt sich U_{S1} = 15V und U_{S2} = -15V. Mit der Näherungsgleichung (5.1) ergibt sich:

$$U_{o\,max} \approx U_{S1} - 2V = 15V - 2V = \underline{13V}$$

$$U_{o\,min} \approx U_{S2} + 2V = -15V + 2V = \underline{-13V}$$

b) Mit DC-ANALYSIS erhalten wir die Leerlauf-Übertragungskennlinie $U_o = f(U_{iD})$. Sie zeigt keine Begrenzung, obwohl im Schaltbild Werte für

U_{S1} und U_{S2} eingetragen sind. Das liegt am Modell LEVEL 1 des Operationsverstärkers, das den Operationsverstärker nur grob beschreibt.

c) Der Leerlauf-Übertragungskennlinie entnehmen wir: Bei $U_{iD} = 50\mu V$ ist $U_o = 10V$. Somit ist die Leerlaufverstärkung

$$v_0 = \frac{U_o}{U_{iD}}(I_o = 0) = \frac{10V}{50\mu V} = \underline{2 \bullet 10^5}$$

Aufgabe 5.4

a) Nach Näherungsgleichung (5.1) ist

$$U_{o\,max} \approx U_{S1} - 2V = 15V - 2V = \underline{13V}$$

$$U_{o\,min} \approx U_{S2} + 2V = -15V + 2V = \underline{-13V}$$

b) Im Bild 5.5 ist

$$U_{iD} = -\frac{U_q}{R_a + R_i} \bullet R_i = -\frac{33\mu V}{10k\Omega + 100k\Omega} \bullet 100k\Omega = -30\mu V$$

$$v_0 \bullet U_{iD} = -10^5 \bullet (-30\mu V) = -3V$$

Der berechnete Wert -3V ist der Wert der Leerlaufspannung U_o. Da dieser Wert im Arbeitsbereich liegt, ist er gültig.

c) Im Bild 5.3a ist

$$U_{iD} = -\frac{U_q}{R_q + R_i} \bullet R_i = -\frac{330\mu V}{10k\Omega + 100k\Omega} \bullet 100k\Omega = -300\mu V$$

$$v_0 \bullet U_{iD} = -10^5 \bullet (-300\mu V) = -30V$$

Der berechnete Wert -30V wäre der Wert der Leerlaufspannung U_o, wenn die Ausgangsspannung im Arbeitsbereich läge. Tatsächlich liegt aber der Wert -30V außerhalb desArbeitsbereiches -13V...+13V. Somit ist der berechnete Wert -30V ungültig. Der richtige Wert der Leerlaufspannung ist

$$U_a \approx U_{o\,max} = \underline{-13V}$$

d) Bei Belastung ist wie unter b) $U_{iD} = -30\mu V$ und $v_0 \bullet U_{iD} = -3V$. Dann ist

$$I_o = -\frac{v_0 \bullet U_{iD}}{R_o + R_L} = -\frac{10^5 \bullet (-30\mu V)}{150\Omega + 850\Omega} = 3mA$$

$$U_o = -I_o \bullet R_L = -3mA \bullet 850\Omega = \underline{-2,55V}$$

Aufgabe 5.5

$$U_i = \frac{U_q}{R_q + R_i} \bullet R_i = \frac{33\mu V}{10k\Omega + 100k\Omega} \bullet 100k\Omega = 30\mu V$$

$$A_0 = -v_0 = -10^5$$

$$A = A_0 \bullet \frac{R_L}{R_o + R_L} = -10^5 \bullet \frac{850\Omega}{150\Omega + 850\Omega} = -8,5 \bullet 10^4$$

$$U_o = A \bullet U_i = -8,5 \bullet 10^4 \bullet 30\mu V = \underline{-2,55V}$$

Der Wert von U_o liegt im Arbeitsbereich und ist somit gültig.

Aufgabe 5.6

a) Für die Dimensionierungsbedingungen benötigen wir den Übertragungsfaktor A des Operationsverstärkers. Es ist

$$A_0 = -v_0 = -100000$$

$$A = A_0 \bullet \frac{R_L}{R_L + R_o} = -100000 \bullet \frac{850\Omega}{850\Omega + 150\Omega} = -85000$$

Die Dimensionierungsbedingungen (5.6) und 5.7) ergeben:

$$R_R + R_S = 10\Omega + 1M\Omega \approx 1M\Omega \quad >> \quad R_L = 850\Omega$$

$$R_R + R_S = 10\Omega + 1M\Omega \approx 1M\Omega \quad << \quad |A| \bullet R_i = 8,5 \bullet 10^4 \bullet 10^5\Omega = 8,5G\Omega$$

Somit sind die Dimensionierungsbedingungen (5.6) und (5.7) erfüllt.

b) Im Sättigungsbereich ist

$$U_{a\,max} = U_{o\,max} \approx U_{SP1} - 2V = 15V - 2V = \underline{13V}$$

$$U_{a\,min} = U_{o\,min} \approx U_{SP2} + 2V = -15V + 2V = \underline{-13V}$$

c) Der Rückkopplungsfaktor ist nach Näherungsgleichung (5.8)

$$k \approx \frac{R_R}{R_R + R_S} = \frac{10\Omega}{10\Omega + 1M\Omega} \approx 10^{-5}$$

Den Eingangswiderstand des rückgekoppelten Verstärkers berechnen wir
mit der Näherungsgleichung (5.10):

$$R_e \approx R_i \bullet (1 + k \bullet A) = 100k\Omega \bullet [1 + 10^{-5} \bullet (-8,5 \bullet 10^4)] = \underline{15k\Omega}$$

Wir können jetzt den Eingangsstrom I_e und die Eingangsspannung U_e berechnen. Im Bild 5.7 ist

$$I_e = \frac{U_q}{R_q + R_e} = \frac{7,5\mu V}{10k\Omega + 15k\Omega} = 300pA$$

$$U_e = I_e \bullet R_e = 300pA \bullet 15k\Omega = 4,5\mu V$$

Der Übertragungsfaktor ergibt sich mit der Näherungsgleichung (5.9):

$$A_{RV} \approx \frac{A}{1 + k \bullet A} = \frac{-8,5 \bullet 10^4}{1 + 10^{-5} \bullet (-8,5 \bullet 10^4)} = -567000$$

$$U_a = A_{RV} \bullet U_e \approx -567000 \bullet 4,5\mu V = \underline{-2,55V}$$

$$U_i = I_e \bullet R_i = 300pA \bullet 100k\Omega = \underline{30\mu V}$$

$U_R = k \bullet U_a \approx 10^{-5} \bullet (-2,55V) = \underline{-25,5\mu V}$

$A_0 \bullet U_i = -10^5 \bullet 30\mu V = \underline{-3V}$

Folglich liegt die Leerlauf-Ausgangsspannung im Arbeitsbereich.

d) Im Bild 5.7 ist $U_i = \underline{30\mu V}$ und

$U_o = U_a = \underline{-2,55V}$

U_i und U_o haben in der mitgekoppelten Schaltung nahezu dieselben Werte wie in der Schaltung ohne Mitkopplung (Aufgabe 5.5).

Aufgabe 5.7

a) Aus $k \bullet A = -1$ folgt

$k = \dfrac{-1}{A} = \dfrac{-1}{-85000} = \underline{1,176 \bullet 10^{-5}}$

b) Bei $k \bullet A = -1$ ist $A_{RV} = \infty$. Daraus folgt: $U_a = U_{a\,max}$ oder $U_a = U_{a\,min}$. Wir rechnen mit $U_a = U_{a\,min} = -13V$. Dann ist

$U_R = k \bullet U_a = 1,176 \bullet 10^{-5} \bullet (-13V) = \underline{-152,9\mu V}$

$U_i = U_e - U_R = 0 - (-152,9\mu V) = \underline{152,9\mu V}$

c) Mit U_i und U_a können wir A nachprüfen:

$A = \dfrac{U_a}{U_i} = \dfrac{-13V}{152,9\mu V} = \underline{-85000}$

Einerseits ist A = -85000 (Wert des Arbeitsbereichs), andererseits ist U_a = -13V (Wert des Sättigungsbereichs). Folglich liegt der Arbeitspunkt an der Grenze zwischen Arbeitsbereich und Sättigungsbereich (Punkt P_1 im Bild 5.10).

Aufgabe 5.8

a) Es ist

$k_{min} = \dfrac{-1}{A_{Arbeitsbereich}} = \dfrac{-1}{-85000} = 1,176 \bullet 10^{-5} \ < \ k = 1,546 \bullet 10^{-2}$

Da k > k_{min} ist, tritt Selbsterregung ein. Folglich ist $k \bullet A = -1$ und

$U_a = U_{a\,max} = \underline{13V}$ oder $U_a = U_{a\,min} = \underline{-13V}$

$A = \dfrac{-1}{k} = \dfrac{-1}{1,546 \bullet 10^{-2}} = \underline{-64,68}$

b) Es ist

$U_R = k \bullet U_a = 1,546 \bullet 10^{-2} \bullet (-13V) = \underline{-201mV}$

$U_i = U_e - U_R = 0 - (-201mV) = \underline{201mV}$

$$A = \frac{U_o}{U_i} = \frac{U_a}{U_i} = \frac{-13V}{201mV} = \underline{-64,68}$$

Da $|A| < 85000$ ist, liegt der Arbeitspunkt im Sättigungsbereich (P_2 oder P_2' im Bild 5.10).

Aufgabe 5.9

a) Der Schmitt-Trigger schaltet bei $t_1 = 1,025s$ von $\breve{u}_a \rightarrow \hat{u}_a$ und bei $t_2 = 2,026s$ von $\hat{u}_a \rightarrow \breve{u}_a$.

b) $U_{eLH} = -200ms$ und $U_{eHL} = 198ms$

c) Der Schmitt-Trigger beginnt bei $t_1 = 0,81s$ von $\breve{u}_a \rightarrow \hat{u}_a$ zu schalten und bei $t_2 = 2,21s$ von $\hat{u}_a \rightarrow \breve{u}_a$. Beachten Sie, daß das Schalten Zeit erfordert.

Es ist $U_{eLH} = 15,5\mu V$ (Beginn des Schaltens) und $U_{eHL} = 16,1\mu V$ (Beginn des Schaltens).

Aufgabe 5.10

Mit den Gleichungen (5.14) und (5.16) berechnen wir:

$$U_{eLH} = k \bullet U_{a\,min} = 0,01546 \bullet (-13V) = \underline{-201mV}$$

$$U_{eHL} = k \bullet U_{a\,max} = 0,01546 \bullet 13V = \underline{201mV}$$

Die berechneten Werte stimmen recht gut mit den Werten der Simulation in der Aufgabe 5.9b überein.

Aufgabe 5.11

a) Nach Gleichung (5.14) ist

$$k = \frac{U_{eLH}}{U_{a\,min}} = \frac{-10mV}{-3,2V} = 3,125 \bullet 10^{-3}$$

Hiermit erhalten wir aus Gleichung (5.8)

$$R_R \approx \frac{k \bullet R_s}{1-k} = \frac{3,125 \bullet 10^{-3} \bullet 1M\Omega}{1 - 3,125 \bullet 10^{-3}} = 3,13k\Omega$$

gewählt: $R_R = \underline{3,16k\Omega}$ (E24-Reihe)

b) Der Schmitt-Trigger wird durch das Stellglied belastet. Bei der Ausgangsspannung $U_S = 3,2V$ muß der Einschaltstrom des Transistors $I_L = I_{B1m} = 165\mu A$ fließen. Dem entspricht ein Lastwiderstand

$$R_L = \frac{U_{a\,max}}{I_{B1m}} = \frac{3,2V}{165\mu A} = \underline{19,4k\Omega}$$

c) Prüfung, ob R_R und R_s die Dimensionierungsbedingungen (5.6) und (5.7) erfüllen:

$A_0 = v_0 = 200000$

$A = A_0 \cdot \dfrac{R_L}{R_0 + R_L} = 200000 \cdot \dfrac{19,4k\Omega}{75\Omega + 19,4k\Omega} \approx 200000$

$R_R + R_S = 3,16k\Omega + 1M\Omega \approx 1M\Omega \;\; >> \;\; R_L = 19,4k\Omega$

$R_R + R_S \approx 1M\Omega \;\; << \;\; |A| \cdot R_i = 200000 \cdot 2M\Omega = 400G\Omega$

Die Dimensionierungsbedingung (5.6) ist hinreichend erfüllt, die Dimensionierungsbedingung (5.7) ist sehr gut erfüllt.

Aufgabe 5.12

a) Das erste Diagramm zeigt V(P,0) = f(t) bzw. U_{iD} = f(t),
das zweite Diagramm zeigt V(0,0) = f(t) bzw. U_o = f(t),
das dritte Diagramm zeigt die Übertragungskennlinie U_o = f(U_{iD}) (Bild 5.12b),
das vierte Diagramm zeigt die Eingangskennlinie I_P = f(U_{iD}) und die Eingangskennlinie I_N = f(U_{iD}) (Bild 5.12c).

Da bei U_{iD} = 0 die Ausgangsspannung U_o = 0 ist, wurde der Offset-Abgleich durchgeführt.

b) Aus der Übertragungskennlinie U_o = f(U_{iD}) erhalten wir:

$U_{o\,max} = \underline{13,39V}$

$U_{o\,min} = \underline{-13,34V}$

c) Mit SCOPE und CURSOR MODE erhält man z.B.

$v_0 = \dfrac{\Delta U_o}{\Delta U_{iD}} = \dfrac{4,413V}{22,161\mu V} = \underline{199134}$

Im Modell des Operationsverstärkers wird v_0 mit A bezeichnet. Es ist dort A = 200000 angegeben. Wenn Sie im Modell A ändern, dann ändert sich v_o entsprechend.

d) Bei U_{iD} = 0 ermitteln wir aus der Eingangskennlinie I_P = f(U_{iD}) den Eingangsruhestrom I_{BIAS} und den differentiellen Eingangswiderstand r_i:

$I_{BIAS} = \underline{79,82nA}$

$r_i = \dfrac{\Delta U_{iD}}{\Delta I_P} = \dfrac{199,446\mu V}{0,2nA} = \underline{997,23k\Omega}$

Der Eingangsruhestrom I_{BIAS} wird von der Eingangsschaltung des Operationsverstärkers verursacht.

Die Eingangskennlinie I_N = f(U_{iD}) hat denselben Steigungsbetrag wie die Eingangskennlinie I_P = f(U_{iD}), doch ist ihre Steigung negativ. Deshalb gilt für diese Kennlinie:

$$r_i = -\frac{\Delta U_{iD}}{\Delta I_N}$$

Dem Eingangswiderstand r_i entspricht kein Parameter im Modell des Operationsverstärkers.

e) Wir wählen im Bild 5.12c irgendeinen Punkt der Eingangskennlinie $I_P = f(U_{iD})$. Zu diesem Punkt gehört ein Wert von U_{iD} und ein Wert von I_P. Damit ergibt sich:

$$r_i = \frac{\Delta U_{iD}}{\Delta I_P} = \frac{U_{iD}-0}{I_P - I_{BIAS}} \quad \Rightarrow$$

$$I_P = I_{BIAS} + \frac{U_{iD}}{r_i} \quad \text{Gleichung der Eingangskennlinie } I_P = f(U_{iD})$$

Entsprechend erhalten wir für die Eingangskennlinie $I_N = f(U_{iD})$:

$$r_i = -\frac{\Delta U_{iD}}{\Delta I_N} = -\frac{U_{iD}-0}{I_N - I_{BIAS}} \quad \Rightarrow$$

$$I_N = I_{BIAS} - \frac{U_{iD}}{r_i} \quad \text{Gleichung der Eingangskennlinie } I_N = f(U_{iD})$$

Die Gleichungen für I_P und I_N können wir auch unmittelbar aus dem Bild 5.12e ablesen. Außerdem erhalten wir aus dem Bild 5.12e für $U_{iD} = 0$:

$$I_P = I_N = I_{BIAS}$$

Die Ersatzschaltung Bild 5.12e beschreibt recht gut das Verhalten des Operationsverstärkers, wenn

- der Offsetabgleich durchgeführt ist,
- und der Operationsverstärker mit einer Gleichspannung oder mit einer Wechselspannung gesteuert wird, deren Frequenz gegen null geht.

Weitere Untersuchungen zeigen, daß die Leerlaufverstärkung v_0 sehr stark von der Frequenz abhängt. Wenn Sie sich davon überzeugen wollen, gehen Sie wie folgt vor:

- Setzen Sie im Modell der Spannungsquelle VZERO = 0 und VONE = 0.
- Rufen Sie AC ANALYSIS auf und starten Sie die Analyse mit RUN.

Sie erhalten im ersten Diagramm den *Betrag* der Leerlaufverstärkung und im zweiten ihren *Phasenwinkel*. Bei höheren Frequenzen ist die Leerlaufverstärkung eine *komplexe Größe*, die mit $\underline{v}_0$ bezeichnet wird. Bei $f \to 0$ stimmen der Betrag und der Phasenwinkel von $\underline{v}_0$ mit den unter c) ermittelten Werten überein.

Verlassen Sie das Programm ohne zu speichern.

Aufgabe 5.13

a) Das erste Diagramm zeigt V(P,0) = f(t) bzw. U_{iD} = f(t) (Bild 5.3a),
   das zweite Diagramm zeigt die Leerlaufspannung $V(P, 0) \cdot v_0 = f(t)$ bzw.
   $v_0 \cdot U_{iD} = f(t)$,
   das dritte Diagramm zeigt den Kurzschlußstrom I(0,O) = f(t) bzw.
   $I_{o\,kurz}$ = f(t),
   das vierte Diagramm zeigt die Kurzschluß-Ausgangskennlinie $I_{o\,kurz} = f(v_0 \cdot U_{iD})$.

   Der Offset-Abgleich wurde durchgeführt, denn bei U_{iD} = 0 ist U_o = 0.

b) Mit SCOPE und CURSOR MODE erhält man z.B.

$$r_o = -\frac{\Delta(v_0 \cdot U_{iD})}{\Delta I_{o\,kurz}} = -\frac{111mV}{-1,434mA} = \underline{77,41\Omega}$$

   Im Modell LEVEL 3 des Operationsverstärkers bezeichnet ROUTDC den Ausgangswiderstand r_o bei Steuerung mit einer Gleichspannung. Es ist dort $ROUTDC = 75\Omega$ angegeben. Wenn Sie im Modell ROUTDC ändern, dann ändert sich r_o entsprechend. ROUTAC bezeichnet den Ausgangswiderstand r_o bei Steuerung mit einer Wechselspannung.

c) Die Kurzschluß-Ausgangskennlinie zeigt: Der größte Wert des Kurzschluß-Ausgangsstroms ist 20,3mA. Dieser Wert wird mit dem Parameter IOSC im Modell des Operationsverstärkers eingestellt. Im Modell ist IOSC = 20mA angegeben.

d) Wir wählen im Bild 5.12d irgendeinen Punkt der Kurzschluß-Ausgangskennlinie. Zu diesem Punkt gehört ein Wert von $v_0 \cdot U_{iD}$ und ein Wert von $I_{o\,kurz}$. Damit ergibt sich:

$$r_o = -\frac{\Delta(v_0 \cdot U_{iD})}{\Delta I_{o\,kurz}} = -\frac{v_0 \cdot U_{iD} - 0}{I_{o\,kurz} - 0} \Rightarrow$$

$$\underline{I_{o\,kurz} = -\frac{v_0 \cdot U_{iD}}{r_o}} \quad \text{Gleichung der Kurzschluß-Ausgangskennlinie}$$

Die Gleichung der Kurzschluß-Ausgangskennlinie kann man auch unmittelbar aus dem Bild 5.12e ablesen, wenn der Ausgang kurzgeschlossen wird.

Aufgabe 5.14

a) Im Bild 5.13 ist der Leerlauf-Übertragungsfaktor

$$A_0 = \frac{U_a}{U_i} (I_o = 0) = \frac{U_a}{U_{iD}} (I_o = 0) = v_0 = \underline{200000}$$

Der Übertragungsfaktor des Operationsverstärkers wird mit der Gleichung (5.5) ermittelt:

$$A = A_0 \bullet \frac{R_L}{R_o + R_L} = 200000 \bullet \frac{1k\Omega}{75\Omega + 1k\Omega} = \underline{186000}$$

Den Rückkopplungsfaktor berechnen wir mit der Näherungsgleichung (5.8):

$$k \approx \frac{R_R}{R_R + R_S} = \frac{100\Omega}{100\Omega + 20k\Omega} = \underline{5 \bullet 10^{-3}}$$

b) Der Übertragungsfaktor des rückgekoppelten Verstärkers ergibt sich mit der Gleichung (5.9):

$$A_{RV} \approx \frac{A}{1 + k \bullet A} = \frac{186000}{1 + 5 \bullet 10^{-3} \bullet 1,86 \bullet 10^5} = \underline{200}$$

$$v_u = A_{RV} = \underline{200}$$

Beachten Sie, daß $|A_{RV}| < |A|$ ist (Kennzeichen der Gegenkopplung).

Den Eingangswiderstand des rückgekoppelten Verstärkers berechnen wir mit der Gleichung (5.10):

$$R_e = R_i \bullet (1 + k \bullet A) = 1M\Omega \bullet (1 + 5 \bullet 10^{-3} \bullet 1,86 \bullet 10^5) = \underline{931M\Omega}$$

c) Das erste Diagramm zeigt V(Q,0) = f(t) bzw. U_q = f(t),
Das zweite Diagramm zeigt V(EIN,0) = f(t) bzw. U_e = f(t),
Das dritte Diagramm zeigt V(AUS,0) = f(t) bzw. U_a = f(t),
Das vierte Diagramm zeigt V(AUS,0) = f(V(EIN,0)) bzw. U_a = f(U_e).

Aus dem vierten Diagramm erhalten wir

$$v_u = \frac{\Delta U_a}{\Delta U_e} = \frac{0,801V}{3,998mV} = \underline{200}$$

Aufgabe 5.15

a) Das Bild 5.14 zeigt, wie ein Schmitt-Trigger zur Polaritätsbestimmung von Gleichspannungen eingesetzt werden kann.

Der nichtlineare Spannungsteiler aus R1 und den Silizium-Dioden D1, D2 schützt den Eingang des Operationsverstärkers gegen Überspannungen. Er sorgt dafür, daß U_{iD} zwischen -0,7V und +0,7V liegt.

Die LEDs D3 und D4 zeigen die Polarität der Eingangsspannung U_e an:

1. Annahme: $U_e > 0 \Rightarrow U_{iD} < 0 \Rightarrow U_a < 0 \Rightarrow$ D3 leuchtet.
2. Annahme: $U_e < 0 \Rightarrow U_{iD} > 0 \Rightarrow U_a > 0 \Rightarrow$ D4 leuchtet.

b) Der größte Anodenstrom der Diode D1 fließt bei U_e = 300V. Dann gilt:

$$R_1 = \frac{U_e - U_{AKs1}}{I_{A1}} = \frac{300V - 0,6V}{1mA} = 299,4k\Omega$$

gewählt: $R_1 = 330k\Omega,\ 500mW$

Bei U_e = -100mV...-300V ist

$$U_a \approx U_{S1} - 2V = 6V - 2V = 4V$$

In diesem Fall soll durch die Diode D4 der Anodenstrom $I_{A4} = 10mA$ fließen. Also gilt:

$$R_3 = \frac{U_a - U_{AKs4}}{I_{A4}} \approx \frac{4V - 1,6V}{10mA} = 240\Omega$$

gewählt: $R_3 = R_2 = 240\Omega$, $100mW$

Bei dieser Dimensionierung ist

$$I_{A4} = \frac{U_a - U_{AKs4}}{R_3} = \frac{4V - 1,6V}{240\Omega} = 10mA$$

und der Lastwiderstand des Schmitt-Triggers

$$R_L = \frac{U_a}{I_{A4}} \approx \frac{4V}{10mA} = 400\Omega$$

Der Schmitt-Trigger soll bei $U_{eHL} = -U_{eLH} = 100mV$ schalten. Daraus folgt der Rückkopplungsfaktor

$$k = \frac{U_{eHL}}{-U_{a\,min}} \approx \frac{100mV}{-(-4V)} = 0,025$$

$$k = \frac{R_R}{R_R + R_S} \quad \Rightarrow$$

$$R_R = R_S \bullet \frac{k}{1-k} = 100k\Omega \bullet \frac{0,025}{1-0,025} = 2,56k\Omega$$

gewählt: $R_R = 2,2k\Omega$, $100mW$

Somit ist

$$k = \frac{R_R}{R_R + R_S} = \frac{2,2k\Omega}{2,2k\Omega + 100k\Omega} = 0,0215$$

$$U_{eHL} = -U_{eLH} = -k \bullet U_{a\,min} = -0,0215 \bullet (-4V) = 86mV$$

c) Prüfung der Selbsterregungsbedingung:

Der Leerlauf-Übertragungsfaktor des Operationsverstärkers ist

$$A_0 = -v_0 = -100000$$

Der Übertragungsfaktor des Operationsverstärkers ist

$$A = A_0 \bullet \frac{R_L}{R_L + r_o} = -100000 \bullet \frac{400\Omega}{400\Omega + 150\Omega} = -72727$$

Selbsterregung tritt ein bei

$$k_{min} \geq -\frac{1}{A_{Arbeitsbereich}} = -\frac{1}{-72727} = 1,38 \bullet 10^{-5} \quad \ll \quad k = 0,0215$$

Somit ist die Bedingung der Selbsterregung erfüllt.

Prüfung der Dimensionierungsbedingungen für die Rückkopplung mit den Gleichungen (5.6) und (5.7):

$$R_R + R_s = 2,2k\Omega + 100k\Omega = 102,2k\Omega \quad >> \quad R_L = 400\Omega$$

$$R_R + R_S = 102,2k\Omega \quad << \quad |A| \bullet r_i = 72700 \bullet 1M\Omega = 72,7G\Omega$$

Die Dimensionierungsbedingungen sind sehr gut erfüllt.

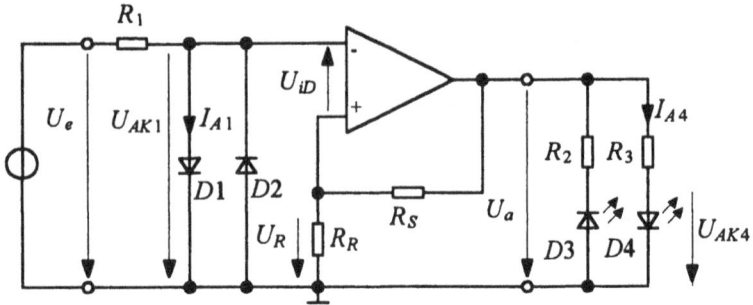

Bild 5.14: Polaritätsanzeiger

Anhang

A.1 Gleichrichterdiode BA170 (ITT Intermetall)

Silizium-Epitaxie-Planar-Diode
für allgemeine Anwendungen in der Unterhaltungselektronik
sowie als Schaltdiode.

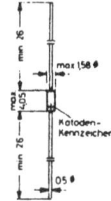

Diese Diode wird gegurtet geliefert.
Näheres siehe unter „Gurtung".

Glasgehäuse JEDEC DO-35
54 A 2 nach DIN 41880

Gewicht ca. 0,13 g
Maße in mm

Grenzwerte

	Symbol	Wert	Einheit
Sperrspannung	U_R	20	V
Richtstrom in Einwegschaltung mit R-Last bei $T_U = 25\,°C$	I_0	150[1]	mA
Verlustleistung bei $T_U = 25\,°C$	P_{tot}	300[1]	mW
Sperrschichttemperatur	T_j	150	°C
Lagerungstemperaturbereich	T_S	− 55 … +150	°C

[1] Dieser Wert gilt, wenn die Anschlußdrähte in 4 mm Abstand vom Gehäuse auf Umgebungstemperatur gehalten werden.

Kennwerte bei $T_U = 25\,°C$

	Symbol	min.	typ.	max.	Einheit
Durchlaßspannung bei $I_F = 80\,mA$	U_F	–	–	1	V
Sperrstrom bei $U_R = 10\,V$	I_R	–	–	50	nA
Durchbruchspannung gemessen mit 5-μA-Impulsen	$U_{(BR)R}$	20	–	–	V
Differentieller Durchlaßwiderstand bei $I_F = 100\,mA$	r_f	–	0,5	–	Ω
Sperrverzögerungszeit von $I_F = 10\,mA$ auf $I_R = 10\,mA$ bis $I_R = 1\,mA$	t_{rr}	–	100	–	ns
Wärmewiderstand Sperrschicht – umgebende Luft	R_{thU}	–	–	0,41[1]	K/mW

[1] Dieser Wert gilt, wenn die Anschlußdrähte in 4 mm Abstand vom Gehäuse auf Umgebungstemperatur gehalten werden.

BA170

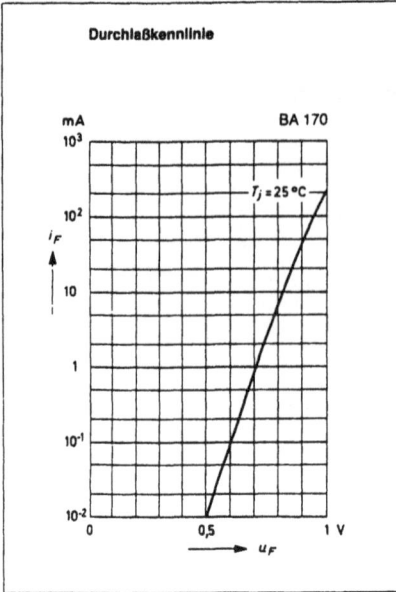

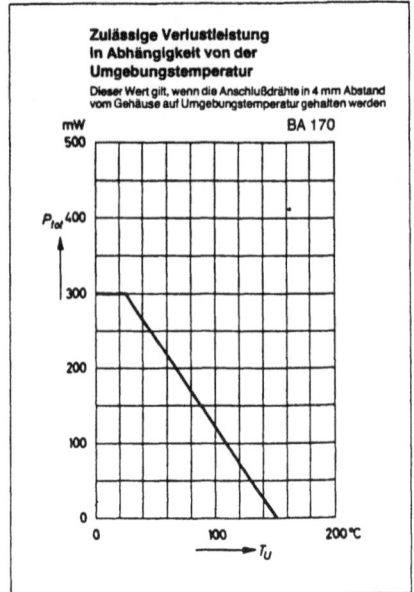

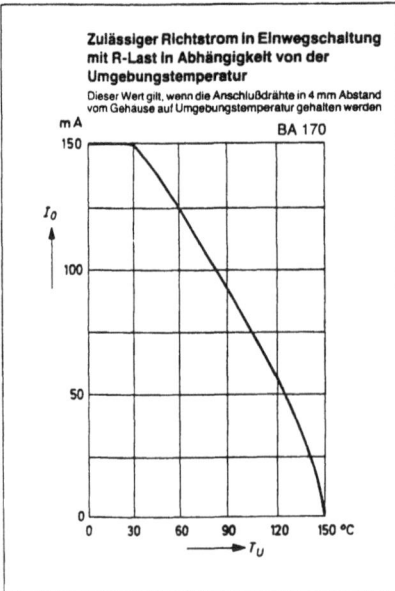

A.2 Z-Dioden BZX 55... (ITT Intermetall)

Silizium-Planar-Z-Dioden
Arbeitsspannungen gestuft nach der internationalen Reihe E24.
Andere Spannungtoleranzen und Dioden mit höherer Arbeits-
spannung auf Anfrage.

Diese Dioden sind auch nach der Spezifikation **CECC 50 005 005**
lieferbar.

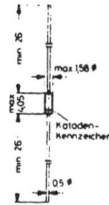

Diese Dioden werden gegurtet geliefert.
Näheres siehe auch unter ,,Gurtung''.

Glasgehäuse JEDEC DO-35
54 A 2 nach DIN 41 880

Gewicht ca. 0,13 g
Maße in mm

Grenzwerte

	Symbol	Wert	Einheit
Arbeitsstrom siehe Tabelle ,,Kennwerte''			
Verlustleistung bei $T_U = 25$ °C	P_{tot}	500[1]	mW
Sperrschichttemperatur	T_j	175	°C
Lagerungstemperaturbereich	T_S	$-55...+175$	°C

[1] Dieser Wert gilt, wenn die Anschlußdrähte in 8 mm Abstand vom Gehäuse auf Umgebungstemperatur gehalten werden

Kennwerte bei $T_U = 25$ °C

	Symbol	min.	typ.	max.	Einheit
Wärmewiderstand Sperrschicht – umgebende Luft	R_{thU}	–	–	0,3[1]	K/mW
Durchlaßspannung bei $I_F = 100$ mA	U_F	–	–	1	V

[1] Dieser Wert gilt, wenn die Anschlußdrähte in 8 mm Abstand vom Gehäuse auf Umgebungstemperatur gehalten werden

BZX 55...

Typ	Arbeitsspannung[1] bei $I_Z = 5$ mA U_Z V	Inhär. differentieller Widerstand bei $I_Z = 5$ mA $f = 1$ kHz r_R Ω	bei $I_Z = 1$ mA $f = 1$ kHz r_R Ω	Temp.-Koeff. der Arbeitsspannung bei $I_Z = 5$ mA, α_{UZ} 10^{-4}/K min	max	Sperrstrom I_R nA	bei $T_U = 150$ °C I_R µA	bei U_R V	Zulässiger Arbeitsstrom[2] I_{ZM} mA
BZX 55–C0V8[3]	0,73 ... 0,83	<8	<600	−25	–	–	–	–	–
BZX 55–C2V7	2,5 ... 2,9	<85	<600	−8	−6	<10000	<50	1	135
BZX 55–C3V0	2,8 ... 3,2	<85	<600	−8	−6	<4000	<40	1	125
BZX 55–C3V3	3,1 ... 3,5	<85	<600	−8	−5	<2000	<40	1	115
BZX 55–C3V6	3,4 ... 3,8	<85	<600	−8	−4	<2000	<40	1	105
BZX 55–C3V9	3,7 ... 4,1	<85	<600	−7	−3	<2000	<40	1	95
BZX 55–C4V3	4,0 ... 4,6	<75	<600	−4	−1	<1000	<20	1	90
BZX 55–C4V7	4,4 ... 5,0	<60	<600	−3	+1	<500	<10	1	85
BZX 55–C5V1	4,8 ... 5,4	<35	<550	−2	+5	<100	<2	1	80
BZX 55–C5V6	5,2 ... 6,0	<25	<450	−1	+6	<100	<2	1	70
BZX 55–C6V2	5,8 ... 6,6	<10	<200	0	+7	<100	<2	2	64
BZX 55–C6V8	6,4 ... 7,2	<8	<150	+1	+8	<100	<2	3	58
BZX 55–C7V5	7,0 ... 7,9	<7	<50	+1	+9	<100	<2	5	53
BZX 55–C8V2	7,7 ... 8,7	<7	<50	+1	+9	<100	<2	6	47
BZX 55–C9V1	8,5 ... 9,6	<10	<50	+2	+10	<100	<2	7	43
BZX 55–C10	9,4 ... 10,6	<15	<70	+3	+11	<100	<2	7,5	40
BZX 55–C11	10,4 ... 11,6	<20	<70	+3	+11	<100	<2	8,5	36
BZX 55–C12	11,4 ... 12,7	<20	<90	+3	+11	<100	<2	9	32
BZX 55–C13	12,4 ... 14,1	<26	<110	+3	+11	<100	<2	10	29
BZX 55–C15	13,8 ... 15,6	<30	<110	+3	+11	<100	<2	11	27
BZX 55–C16	15,3 ... 17,1	<40	<170	+3	+11	<100	<2	12	24
BZX 55–C18	16,8 ... 19,1	<50	<170	+3	+11	<100	<2	14	21
BZX 55–C20	18,8 ... 21,2	<55	<220	+3	+11	<100	<2	15	20
BZX 55–C22	20,8 ... 23,3	<55	<220	+3	+11	<100	<2	17	18
BZX 55–C24	22,8 ... 25,6	<80	<220	+4	+12	<100	<2	18	16
BZX 55–C27	25,1 ... 28,9	<80	<220	+4	+12	<100	<2	20	14
BZX 55–C30	28 ... 32	<80	<220	+4	+12	<100	<2	22	13
BZX 55–C33	31 ... 35	<80	<220	+4	+12	<100	<2	24	12

[1] Gemessen mit Impulsen tp = 20 ms.
[2] Dieser Wert gilt, wenn die Anschlußdrähte in 8 mm Abstand vom Gehäuse auf Umgebungstemperatur gehalten werden.
[3] Die BZX 55–C0V8 ist eine in Durchlaßrichtung betriebene Silizium-Diode. Daher ist bei allen Kenn- und Grenzwerten der Index „F" anstatt „Z" zu setzen. Der durch den Ring gekennzeichnete Anschluß ist mit dem Minuspol zu verbinden.

BZX 55...

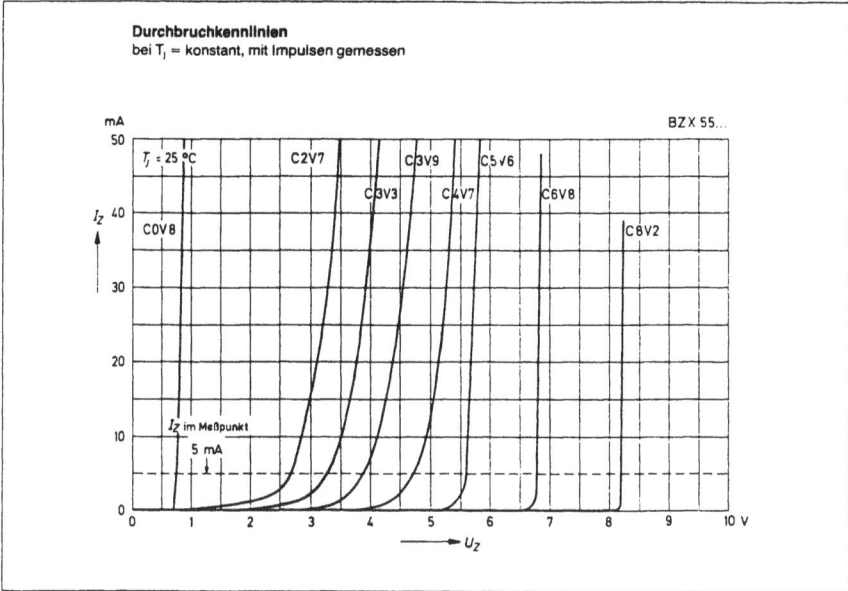

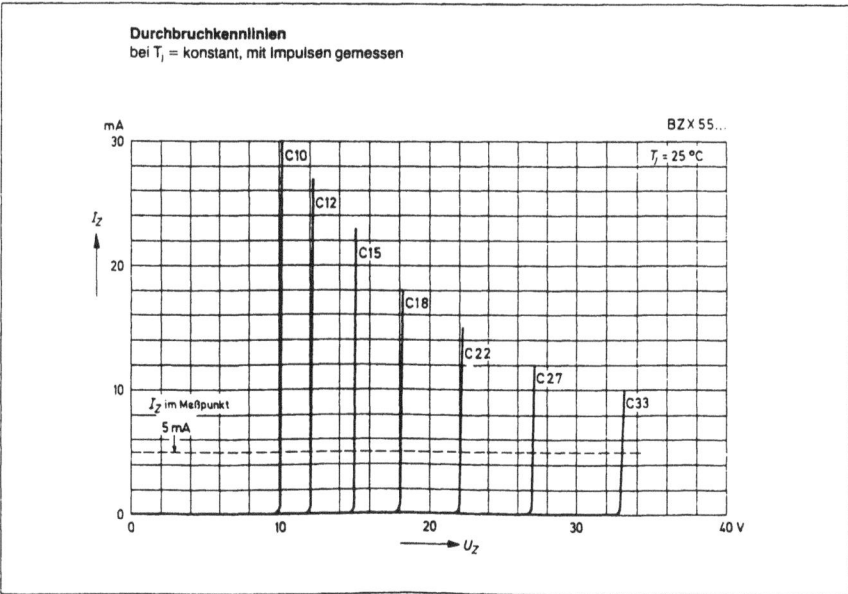

BZX 55...

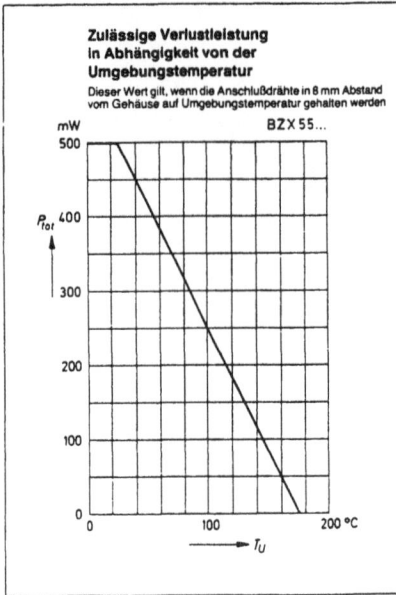

Zulässige Verlustleistung in Abhängigkeit von der Umgebungstemperatur

Dieser Wert gilt, wenn die Anschlußdrähte in 8 mm Abstand vom Gehäuse auf Umgebungstemperatur gehalten werden

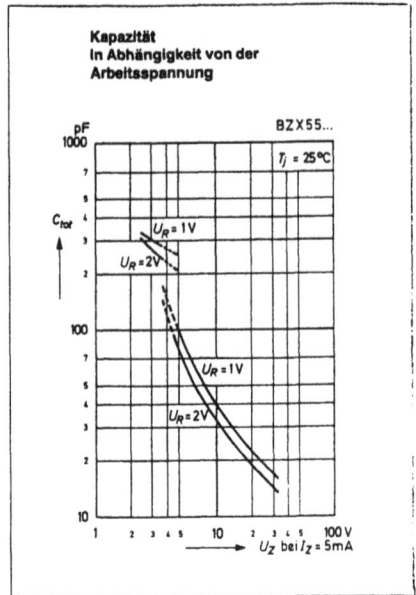

Kapazität in Abhängigkeit von der Arbeitsspannung

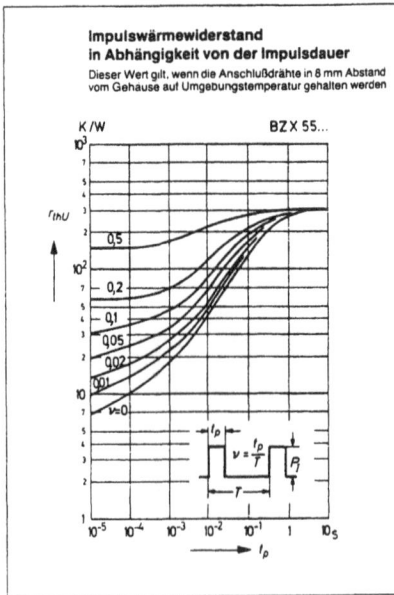

Impulswärmewiderstand in Abhängigkeit von der Impulsdauer

Dieser Wert gilt, wenn die Anschlußdrähte in 8 mm Abstand vom Gehäuse auf Umgebungstemperatur gehalten werden

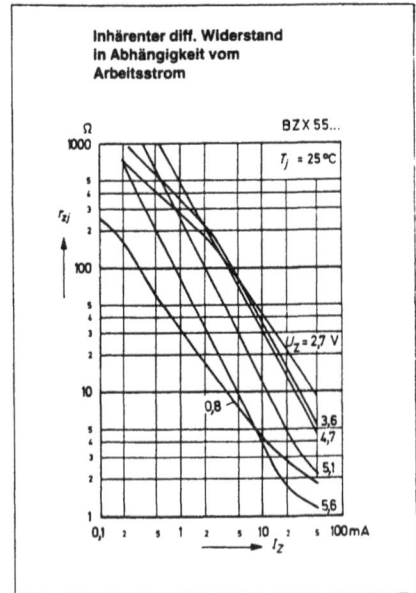

Inhärenter diff. Widerstand in Abhängigkeit vom Arbeitsstrom

A.3 Transistoren BC 413, BC 414 (ITT Intermetall)

NPN-Silizium-Epitaxie-Planar-Transistoren
für hochwertige, rauscharme NF-Vorstufen und für Gleich-
spannungsverstärker.

Diese Transistoren werden nach dem Kollektor-Basis-Strom-
verhältnis (Gleichstromverstärkung) B in zwei Gruppen B und C
eingeteilt. Als Komplementärtypen werden die PNP-Transistoren
BC415 und BC416 empfohlen.

Auf besonderen Wunsch werden diese Transistoren auch mit
der Anschlußkonfiguration TO-18 gefertigt.

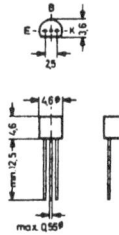

Kunststoffgehäuse 10 D 3
nach DIN 41868 (≈ TO-92)
Gehäuse ist lichtundurchlässig

Gewicht ca. 0,18 g
Maße in mm

Grenzwerte

		Symbol	Wert	Einheit
Kollektor-Basis-Spannung	BC414	U_{CBO}	50	V
	BC413	U_{CBO}	45	V
Kollektor-Emitter-Spannung	BC414	U_{CEO}	45	V
	BC413	U_{CEO}	30	V
Emitter-Basis-Spannung		U_{EBO}	5	V
Kollektorstrom		I_C	100	mA
Basisstrom		I_B	20	mA
Verlustleistung bei T_U = 25 °C		P_{tot}	500[1]	mW
Sperrschichttemperatur		T_j	150	°C
Lagerungstemperaturbereich		T_S	−65 ... +150	°C

[1] Dieser Wert gilt, wenn die Anschlußdrähte in 2 mm Abstand vom Gehäuse auf Umgebungstemperatur gehalten werden.

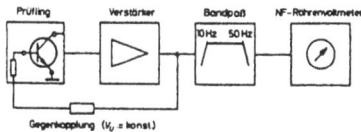

Anordnung zum Messen der äquivalenten Rauschspannung

BC 413, BC 414

Kennwerte bei $T_U = 25\,°C$

	Symbol	min.	typ.	max.	Einheit
h-Parameter bei $U_{CE} = 5\,V$, $I_C = 2\,mA$, $f = 1\,kHz$					
Stromverstärkung **Gruppe B**	h_{21e}	–	330	–	–
C	h_{21e}	–	600	–	–
Eingangswiderstand **Gruppe B**	h_{11e}	3,2	4,5	8,5	$k\Omega$
C	h_{11e}	6	8,7	15	$k\Omega$
Ausgangsleitwert **Gruppe B**	h_{22e}	–	30	60	μS
C	h_{22e}	–	60	110	μS
Spannungsrückwirkung **Gruppe B**	h_{12e}	–	$2 \cdot 10^{-4}$	–	–
C	h_{12e}	–	$3 \cdot 10^{-4}$	–	–
Kollektor-Basis-Stromverhältnis					
bei $U_{CE} = 5\,V$, $I_C = 0,01\,mA$, **Gruppe B**	B	100	150	–	–
C	B	100	270	–	–
bei $U_{CE} = 5\,V$, $I_C = 2\,mA$ **Gruppe B**	B	180	290	460	–
C	B	380	500	800	–
Wärmewiderstand Sperrschicht – umgebende Luft	R_{thU}	–	–	$250^{1)}$	K/W
Kollektor-Sättigungsspannung					
bei $I_C = 10\,mA$, $I_B = 0,5\,mA$	U_{CEsat}	–	0,075	0,25	V
bei $I_C = 100\,mA$. $I_B = 5\,mA$	U_{CEsat}	–	0,25	0,6	V
Basis-Sättigungsspannung					
bei $I_C = 100\,mA$, $I_B = 5\,mA$	U_{BEsat}	–	0,9	–	V
Basis-Emitter-Spannung					
bei $U_{CE} = 5\,V$, $I_C = 0,01\,mA$	U_{BE}	–	0,52	–	V
bei $U_{CE} = 5\,V$, $I_C = 0,1\,mA$	U_{BE}	–	0,55	–	V
bei $U_{CE} = 5\,V$, $I_C = 2\,mA$	U_{BE}	0,55	0,62	0,75	V
Kollektorreststrom					
bei $U_{CB} = 30\,V$	I_{CBO}	–	–	15	nA
bei $U_{CB} = 30\,V$, $T_U = 150\,°C$	I_{CBO}	–	–	5	μA
Emitter-Reststrom bei $U_{EB} = 4\,V$	I_{EBO}	–	–	15	nA
Kollektor-Emitter-Durchbruchspannung					
bei $I_C = 10\,mA$ **BC414**	$U_{(BR)CEO}$	45	–	–	V
BC413	$U_{(BR)CEO}$	30	–	–	V
Kollektor-Basis-Durchbruchspannung					
bei $I_C = 10\,\mu A$ **BC414**	$U_{(BR)CBO}$	50	–	–	V
BC413	$U_{(BR)CBO}$	45	–	–	V
Emitter-Basis-Durchbruchspannung bei $I_E = 10\,\mu A$	$U_{(BR)EBO}$	5	–	–	V
Transitfrequenz					
bei $U_{CE} = 5\,V$, $I_C = 10\,mA$, $f = 100\,MHz$	f_T	–	250	–	MHz
Kollektor-Basis-Kapazität					
bei $U_{CBO} = 10\,V$, $f = 1\,MHz$	C_{CBO}	–	2,5	–	pF
Rauschmaß bei $U_{CE} = 5\,V$,					
$I_C = 0,2\,mA$, $R_G = 2\,k\Omega$, $f = 30\,Hz \ldots 15\,kHz$	F	–	–	3	dB
Äquivalente Rauschspannung (auf die Basis bezogen)					
bei $U_{CE} = 5\,V$, $I_C = 0,2\,mA$, $R_G = 2\,k\Omega$, $f = 10 \ldots 50\,Hz$	u_r	–	–	0,135	μV

$^{1)}$ Dieser Wert gilt, wenn die Anschlußdrähte in 2 mm Abstand vom Gehäuse auf Umgebungstemperatur gehalten werden.

BC 413, BC 414

Zulässige Gesamtverlustleistung in Abhängigkeit von der Temperatur

Dieser Wert gilt, wenn die Anschlußdrähte in 2 mm Abstand vom Gehäuse auf Umgebungstemperatur gehalten werden.

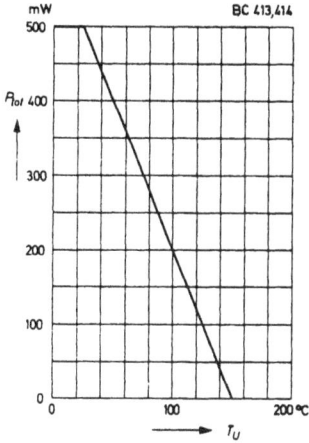

Kollektorstrom in Abhängigkeit von der Basis-Emitter-Spannung

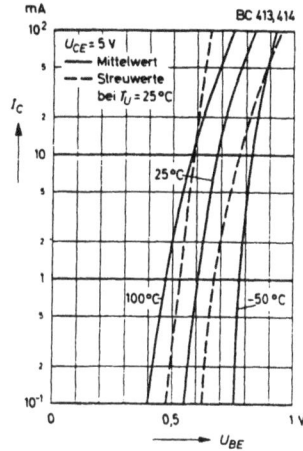

Impuls-Wärmewiderstand in Abhängigkeit von der Impulsdauer

Dieser Wert gilt, wenn die Anschlußdrähte in 2 mm Abstand vom Gehäuse auf Umgebungstemperatur gehalten werden.

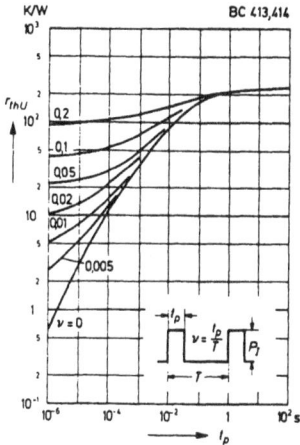

Kollektor-Basis-Stromverhältnis in Abhängigkeit vom Kollektorstrom

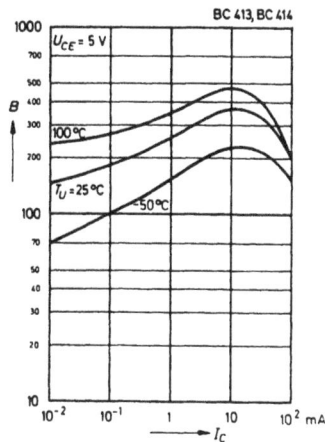

BC 413, BC 414

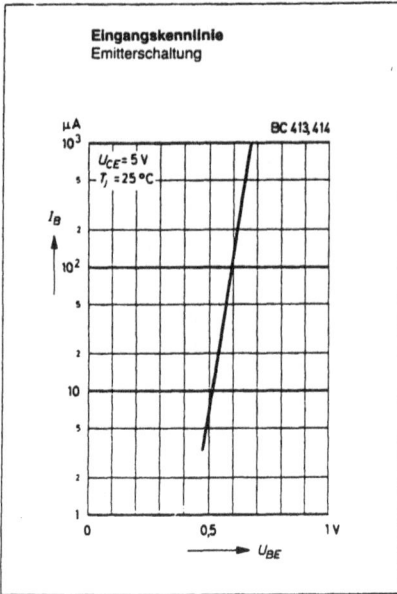

Eingangskennlinie Emitterschaltung

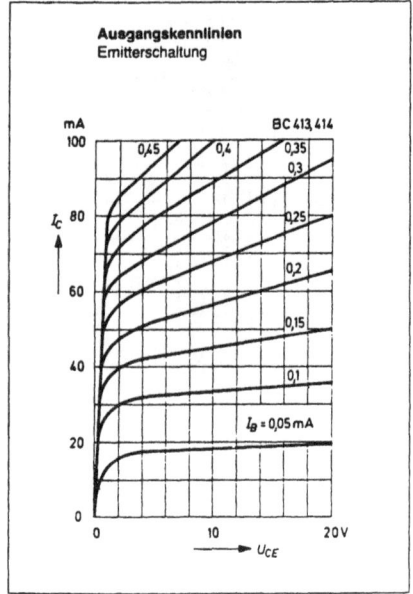

Ausgangskennlinien Emitterschaltung

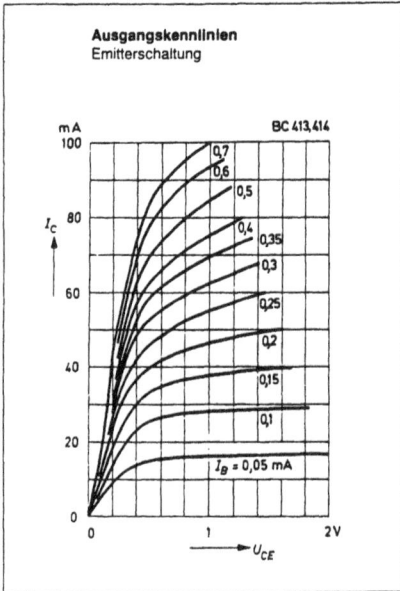

Ausgangskennlinien Emitterschaltung

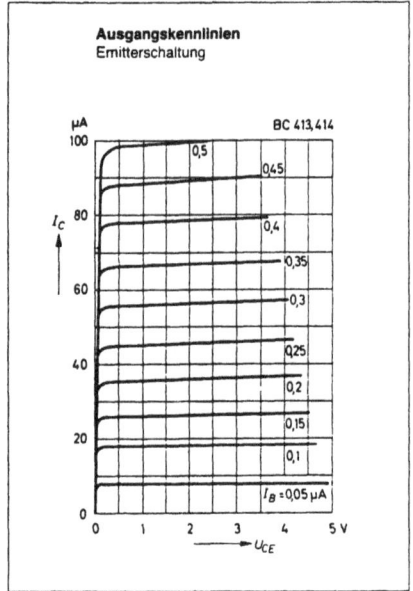

Ausgangskennlinien Emitterschaltung

BC 413, BC 414

Kollektor-Basis- und Emitter-
Basis-Kapazität in Abhängigkeit
von der Sperrspannung

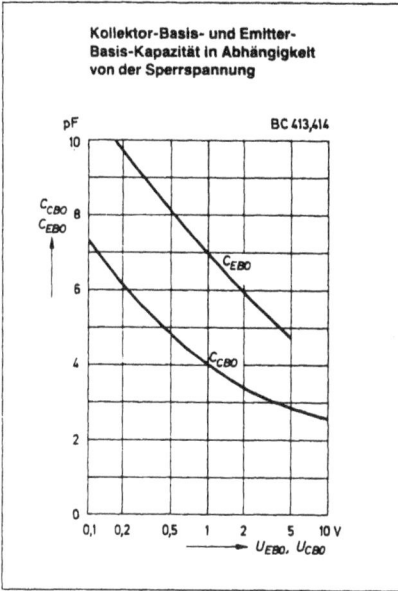

pF   BC 413,414

C_{CBO}
C_{EBO}

C_{EBO}

C_{CBO}

U_{EBO}, U_{CBO}

Kollektor-Sättigungsspannung
in Abhängigkeit
vom Kollektorstrom

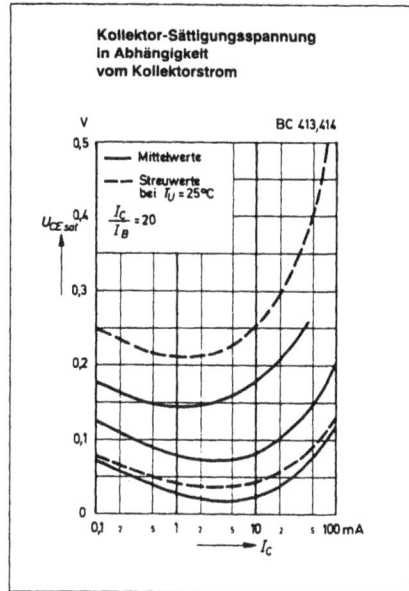

V   BC 413,414

— Mittelwerte
-- Streuwerte
bei $T_U = 25\,°C$

U_{CEsat} $\dfrac{I_C}{I_B} = 20$

I_C

Kollektorreststrom
in Abhängigkeit von der
Umgebungstemperatur

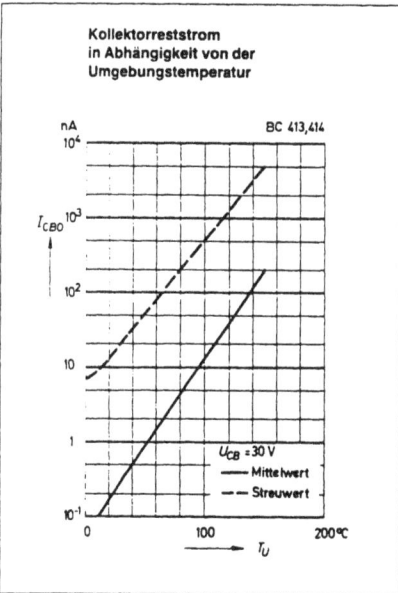

nA   BC 413,414

I_{CBO}

$U_{CB} = 30\,V$
— Mittelwert
-- Streuwert

T_U

Basis-Sättigungsspannung
in Abhängigkeit
vom Kollektorstrom

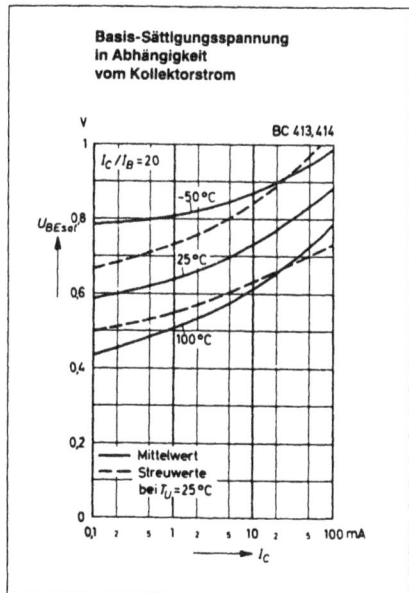

V   BC 413,414

$I_C / I_B = 20$

U_{BEsat}

-50 °C

25 °C

100 °C

— Mittelwert
-- Streuwerte
bei $T_U = 25\,°C$

I_C

BC 413, BC 414

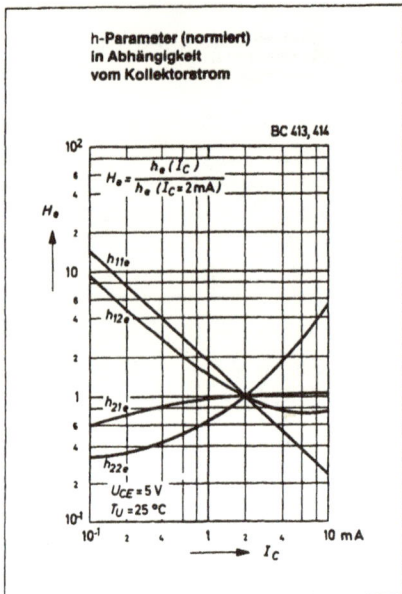

h-Parameter (normiert)
in Abhängigkeit
vom Kollektorstrom

BC 413, 414

$H_e = \dfrac{h_e(I_C)}{h_e(I_C = 2\,mA)}$

h_{11e}

h_{12e}

h_{21e}

h_{22e}

$U_{CE} = 5\,V$
$T_U = 25\,°C$

I_C

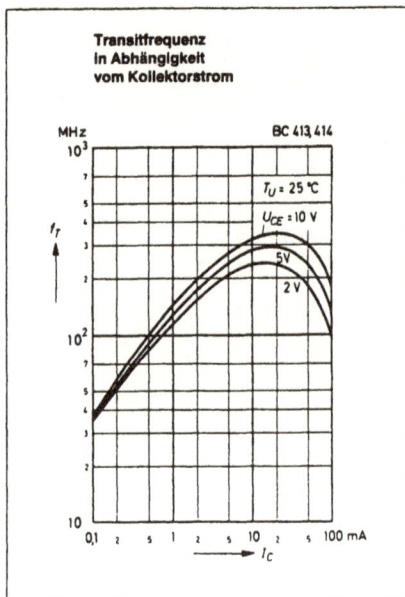

Transitfrequenz
in Abhängigkeit
vom Kollektorstrom

MHz

BC 413, 414

$T_U = 25\,°C$

$U_{CE} = 10\,V$

5V

2V

f_T

I_C

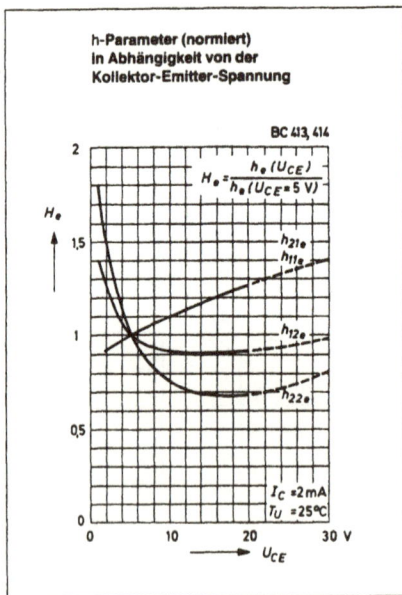

h-Parameter (normiert)
in Abhängigkeit von der
Kollektor-Emitter-Spannung

BC 413, 414

$H_e = \dfrac{h_e(U_{CE})}{h_e(U_{CE} = 5\,V)}$

h_{21e}
h_{11e}

h_{12e}

h_{22e}

$I_C = 2\,mA$
$T_U = 25\,°C$

U_{CE}

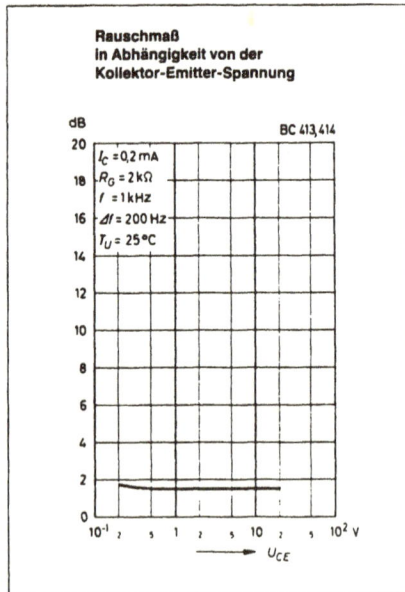

Rauschmaß
in Abhängigkeit von der
Kollektor-Emitter-Spannung

dB

BC 413, 414

$I_C = 0,2\,mA$
$R_G = 2\,k\Omega$
$f = 1\,kHz$
$\Delta f = 200\,Hz$
$T_U = 25\,°C$

U_{CE}

BC 413, BC 414

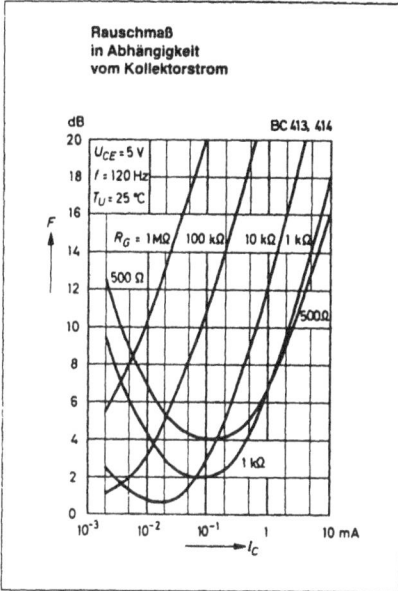

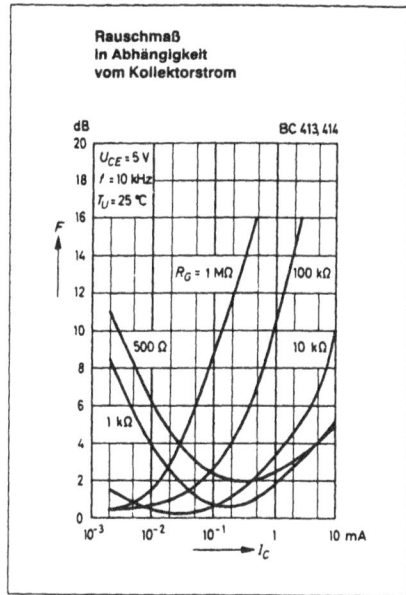

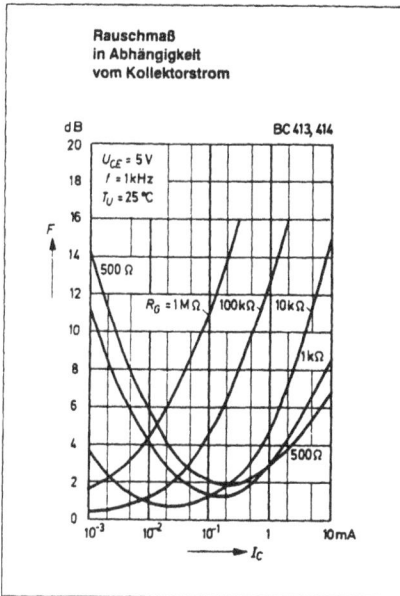

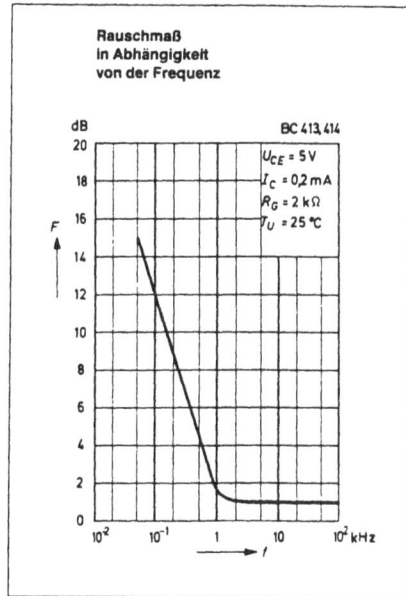

A.4 Schaltungsdateien zum Simulationsprogramm MICRO-CAP VIS

Die dem Buch beiliegende Diskette (1,44 MByte) enthält im Verzeichnis DATAKA Schaltungsdateien, die Sie mit dem Simulationsprogramm MICRO-CAP VIS der Firma Spectrum aufrufen und bearbeiten können. Gehen Sie wie folgt vor:

- Installieren Sie auf Ihrer Festplatte das Simulationsprogramm MICRO-CAP VIS im Verzeichnis MC4S (Vorschlag von MICRO-CAP).
- Erstellen Sie im Verzeichnis MC4S das Unterverzeichnis DATAKA.
- Kopieren Sie von der Diskette die Dateien im Verzeichnis DATAKA in das Verzeichnis MC4S\DATAKA auf der Festplatte.

Auf der Diskette sind im Verzeichnis DATAKA folgende Dateien in alphabetischer Ordnung enthalten:

B2-GLR1.CIR (Aufgabe 3.12)
Brücken-Gleichrichter ohne Glättungskondensator mit ohmscher Last.
Spannungs-Zeit-Diagramme und Strom-Zeit-Diagramme der Schaltung;
TRANSIENT ANALYSIS.

B2-GLR2.CIR (Aufgabe 3.13)
Brücken-Gleichrichter mit Glättungskondensator und ohmscher Last.
Spannungs-Zeit-Diagramme und Strom-Zeit-Diagramme der Schaltung;
TRANSIENT ANALYSIS.

Diode_IU.CIR (Aufgabe 3.9)
Gleichrichter-Diode.
Dioden-Kennlinie $I_A = f(U_{AK})$; DC ANALYSIS.

Diode_R.CIR (Aufgabe 3.10)
Gleichrichter-Diode mit ohmschem Lastwiderstand.
Spannungs-Zeit-Diagramme und Strom-Zeit-Diagramme der Schaltung;
TRANSIENT ANALYSIS.

E-GLR1.CIR (Aufgabe 3.11)
Einweg-Gleichrichter mit Glättungskondensator und ohmscher Last.
Spannungs-Zeit-Diagramme und Strom-Zeit-Diagramme der Schaltung;
TRANSIENT ANALYSIS.

GKUP.CIR (Aufgabe 5.14)
Operationsverstärker mit Spannungs-Reihen-Gegenkopplung.
Spannungs-Zeit-Diagramme und Übertragungs-Kennlinie der Schaltung;
TRANSIENT ANALYSIS.
Frequenzgang; AC ANALYSIS.

OP_L1.CIR (Aufgabe 5.3)
MICRO-CAP-Modell LEVEL 1 des Operationsverstärkers.
Spannungs-Zeit-Diagramme; TRANSIENT ANALYSIS.
Übertragungs-Kennlinie; DC ANALYSIS.

OP_L3.CIR (Aufgabe 5.12)
MICRO-CAP-Modell LEVEL 3 des Operationsverstärkers.
Spannungs-Zeit-Diagramme und Eingangs-Kennlinien; TRANSIENT ANALYSIS.

OP_L3-RO.CIR (Aufgabe 5.13)
Ausgangswiderstand des Operationsverstärkers.
Ausgangs-Kennlinie des Operationsverstärkers; TRANSIENT ANALYSIS.

SCHMITT1.CIR (Aufgabe 5.2, 5.9)
Schmitt-Trigger, realisiert mit einem Operationsverstärker in Spannungs-Reihen-Mitkopplung.
Übertragungs-Kennlinie; TRANSIENT ANALYSIS.

STAB_Z.CIR (Aufgabe 3.27)
Spannungsstabilisierung mit einer Z-Diode.
Ausgangsspannung = f(Eingangsspannung); DC ANALYSIS.

T-AUS.CIR (Aufgabe 4.6)
Ausgangs-Kennlinienfeld eines npn-Transistors.
$I_C = f(U_{CE}, I_B)$; DC ANALYSIS.

T-EIN.CIR (Aufgabe 4.5)
Eingangs-Kennlinie eines npn-Transistors.
$I_B = f(U_{BE})$; DC ANALYSIS.

TSCH_I.CIR (Aufgabe 4.10, 4.12)
Stromgesteuerter Transistorschalter ohne/mit Übersteuerung.
Spannungs-Zeit-Diagramme und Strom-Zeit-Diagramme; TRANSIENT ANALYSIS.

TSCH_R.CIR (Aufgabe 4.12)
Transistorschalter für kleine Schaltzeiten (RC_Kombination in der Basis-Leitung).
Spannungs-Zeit-Diagramme und Strom-Zeit-Diagramme; TRANSIENT ANALYSIS.

TSCH_RC1.CIR (Aufgabe 4.14)
Transistorschalter mit ohmscher Last und Kapazität parallel zur CE-Strecke.
Spannungs-Zeit-Diagramme, Strom-Zeit-Diagramme und dynamische Last-Kennlinie; TRANSIENT ANALYSIS.

TSCH_RC2.CIR (Seite 159)
Transistorschalter mit ohmscher Last und Kapazität parallel zum Lastwider-
stand.
Spannungs-Zeit-Diagramme, Strom-Zeit-Diagramme und dynamische Last-
Kennlinie; TRANSIENT ANALYSIS.

TSCH_RL.CIR (Aufgabe 4.15)
Transistorschalter mit ohmscher und induktiver Last. Spannungs-Zeit-
Diagramme, Strom-Zeit-Diagramme und dynamische Last-Kennlinie;
TRANSIENT ANALYSIS.

TSCH_U.CIR (Aufgabe 4.11)
Spannungsgesteuerter Transistorschalter ohne/mit Übersteuerung.
Spannungs-Zeit-Diagramme und Strom-Zeit-Diagramme; TRANSIENT
ANALYSIS.

Literaturverzeichnis

Bystron, K.; Borgmeyer, J.: Grundlagen der Technischen Elektronik.
Hanser, München, Wien 1988

Hering, E.; Bressler, K.; Gutekunst, J.: Elektronik für Ingenieure.
VDI Verlag, Düsseldorf 1994

Tietze, U.; Schenk, Ch.: Halbleiter-Schaltungstechnik.
Springer-Verlag, Berlin, Heidelberg, New York, Tokyo, 1993

Roden, M. S.: The Student Edition of MICRO-CAP IV.
The Benjamin/Cummings Publishing Company, Redwood City, California,
1993

Spectrum: Micro-Cap IV, Electronic Circuit Analysis Program, Tutorial
Manual.
Spectrum Software, 1992

Spectrum: Micro-Cap IV, Electronic Circuit Analysis Program, Reference
Manual.
Spectrum Software, 1992

ITT INTERMETALL: Dioden, Z-Dioden, Gleichrichter; Datenbuch 1987.
Druckhaus KG, Freiburg i. BR., 1987/4

ITT INTERMETALL: Transistoren; Datenbuch 1985.
Druckhaus KG, Freiburg i. BR., 1985/2

SIEMENS: Bauelemente, Technische Erläuterungen und Kenndaten für Stu-
dierende.
SIEMENS AG, Technische Erläuterungen und Kenndaten für Studierende,
Bereich Bauelemente, München 1990

Sachverzeichnis

www.ingramcontent.com/pod-product-compliance
Lightning Source LLC
Chambersburg PA
CBHW030242230326
41458CB00093B/581